Irmtraut Meister / Lukas Salzburger

AVR-Mikrocontroller-Kochbuch

Irmtraut Meister / Lukas Salzburger

AVR-
Mikrocontroller-Kochbuch

Entwurf und Programmierung praktischer Anwendungen

FRANZIS

Bibliografische Information der Deutschen Bibliothek

Die Deutsche Bibliothek verzeichnet diese Publikation in der Deutschen Nationalbibliografie; detaillierte Daten sind im Internet über http://dnb.ddb.de abrufbar.

Hinweis: Alle Angaben in diesem Buch wurden von den Autoren mit größter Sorgfalt erarbeitet bzw. zusammengestellt und unter Einschaltung wirksamer Kontrollmaßnahmen reproduziert. Trotzdem sind Fehler nicht ganz auszuschließen. Der Verlag und die Autoren sehen sich deshalb gezwungen, darauf hinzuweisen, dass sie weder eine Garantie noch die juristische Verantwortung oder irgendeine Haftung für Folgen, die auf fehlerhafte Angaben zurückgehen, übernehmen können. Für die Mitteilung etwaiger Fehler sind Verlag und Autoren jederzeit dankbar. Internetadressen oder Versionsnummern stellen den bei Redaktionsschluss verfügbaren Informationsstand dar. Verlag und Autoren übernehmen keinerlei Verantwortung oder Haftung für Veränderungen, die sich aus nicht von ihnen zu vertretenden Umständen ergeben. Evtl. beigefügte oder zum Download angebotene Dateien und Informationen dienen ausschließlich der nicht gewerblichen Nutzung. Eine gewerbliche Nutzung ist nur mit Zustimmung des Lizenzinhabers möglich.

Satz: DTP-Satz A. Kugge, München
art & design: www.ideehoch2.de
Druck: C.H. Beck, Nördlingen
Printed in Germany

ISBN 978-3-645-65126-4

Vorwort und »Gebrauchsanweisung«

Ein gutes Kochbuch erkennt man an zwei Dingen: Zum einen verfügt es über einen allgemeinen Teil, der nützliche grundlegende Tipps und Anweisungen rund ums Kochen enthält, ohne deren Kenntnis das tollste Rezept nicht gelingt. Darunter fallen beispielsweise die korrekte Zubereitung der verschiedenen Fleischsorten, die Lagerung von Gemüse oder einige einfache Saucen. Zum anderen sollen die Rezepte selbst von einer Qualität sein, die es erlaubt, aus möglichst einfachen Zutaten ohne großen Aufwand ein möglichst schmackhaftes Ergebnis zu zaubern. Idealerweise gefolgt von möglichen Variationen, falls eine Zutat gerade nicht zur Hand ist.

Die Grundlagen sind zwar vielleicht für erfahrene Hobbyköche eher uninteressant. Aber wenn sie nicht vorhanden sind – und der eine oder andere Hinweis ist mit an Sicherheit grenzender Wahrscheinlichkeit für jemanden neu – so können neue Versuche an Kleinigkeiten scheitern und rasch macht sich Frustration breit.

Nach dieser Logik haben wir den ersten Teil des Buches gestaltet. Die Grundlagen sollen eine gemeinsame Basis schaffen und Einsteigern Konzepte vermitteln, auf denen alles Weitere aufbaut. Auf diese folgen einfache Anwendungen, in welchen die Umsetzung der theoretischen Konzepte an einfachen praktischen Beispielen demonstriert wird.

Den Einstieg bilden also *Mikrocontroller-Grundlegenden (Kapitel 1)*, gefolgt von Allgemeinem zur *Programmierung und Implementierung (Kapitel 2)*, von Bitoperationen bis zu einfachen Codegerüsten, die den Brückenschlag zwischen den theoretischen Grundlagen und der realen Umsetzung bilden sollen. Letzteres geht auf *Erste Schritte (Kapitel 2.5)* mit einem Mikrocontroller ein, den *Allgemeinen Programmaufbau (Kapitel 2.6)* sowie detailliert auf die allgemeine Implementierung der einzelnen Peripherieeinheiten und *Grundbausteine (Kapitel 2.7)*.

Schließlich kommen wir zu den eigentlichen »Rezepten« (Kapitel 3 bis 12), anhand derer wir unsere Mikrocontroller-»Süppchen« nach Lust und Laune kochen können. Hier finden sich Beispiele zum Schalten von LEDs und anderen Lasten, zur Messung verschiedener Größen (Strom, Spannung, Kapazität, Temperatur, Frequenz, …), zum Erzeugen von Signalen oder zur Kommunikation über diverse Schnittstellen – um einige zu nennen.

Wir haben versucht, eventuell auftretende Unklarheiten an Ort und Stelle etwa durch angeführte Beispiele im Text zu beseitigen. Für den Fall, dass trotzdem welche auftreten, bildet ein Anhang mit verschiedenen Hinweisen und Tabellen den Abschluss *(Kapitel 13).*

Die Autoren möchten sich bei all jenen bedanken, die bei der Entstehung dieses Buches mitgewirkt und es dadurch erst ermöglicht haben.

Abschließend bleibt uns nur noch, dem Leser viel Freude und Erfolg auf dem spannenden Gebiet der Mikrocontrollerprogrammierung zu wünschen, und wir hoffen, mit diesem Buch dazu beizutragen.

Sicherheitshinweis:
Unfälle mit Strom können schmerzhaft oder sogar tödlich sein, daher ist besondere Vorsicht geboten. Bestehende Normen und Sicherheitsrichtlinien zum Umgang mit dem elektrischen Strom sind unbedingt zu konsultieren und zu beachten, folgende Hinweise gelten nur als Richtlinie.
Niedrige Spannungen unter 25 V Wechselspannung beziehungsweise 60 V Gleichspannung gelten als ungefährlich. Unter außerordentlichen Bedingungen kann aber auch eine geringe Wechselspannung unter Anderem den Herzrhythmus stören. Vor allem Mischspannungen (Gleichstrom mit Wechselstromanteil) sind gefährlich.
Zudem gelten viele in der Elektronik eingesetzte Chemikalien als gesundheitsschädigend, insbesondere Blei und Kadmium in Lötzinn. Daher sind diesbezüglich ebenfalls Vorsichtsmaßnahmen zu treffen.

Einführung

Mikrocontroller können als kleine Computer verstanden werden, die im Gegensatz zu ihren großen Verwandten gezielt für spezielle, mehr oder weniger komplexe Aufgaben eingesetzt werden. Sie bilden den Kern von vielen *Eingebetteten Systemen (Embedded Systems)*, welche für die Funktion der meisten modernen elektronischen und mechatronischen Systeme verantwortlich sind, die inzwischen so selbstverständlich zum alltäglichen Leben gehören.

Die möglichen Einsatzszenarien sind so vielseitig, dass es womöglich einfacher wäre, jene modernen technischen Geräte herauszupicken, in denen ausnahmsweise *kein* Mikrocontroller steckt.[1] Von MP3-Playern und Handys über Haushaltsgeräte und Kraftfahrzeugkomponenten bis hin zu Kraftwerken und Industrie-Großanlagen – Mikrocontroller übernehmen eine kaum überschaubare Vielzahl unterschiedlichster Aufgaben. Allein in einem modernen Personenkraftwagen können über 100 Mikrocontroller verbaut sein.

Ein Mikrocontroller ist insofern mit einem *Personal Computer* vergleichbar, als er aus ähnlichen Komponenten aufgebaut ist: Ein Prozessor bildet sein Herzstück, es gibt einen Arbeits- und einen dauerhaften Programmspeicher sowie Zusatzperipherie wie beispielsweise Ein- und Ausgabeeinheiten. Man spricht allerdings erst von einem Mikrocontroller, wenn all diese Bausteine auf einem einzelnen Chip integriert sind.[2] Im Laufe des folgenden Abschnitts *Grundlegende Konzepte* wird genauer auf die Bestandteile und Charakteristiken eingegangen, die für das Verständnis der Funktionsweise, der Möglichkeiten und Grenzen eines Mikrocontrollers essenziell sind.

Zur Erläuterung wurden *AVR®-Mikrocontroller* von *Atmel®* gewählt, da sie weit verbreitet und leicht erhältlich sind. Auch ist der Umgang mit ihnen einfach zu erlernen, da sie einen eleganten und vergleichsweise einfachen Aufbau haben. Die Codebeispiele wurden in der Programmiersprache C geschrieben, um dem Industriestandard gerecht zu werden. Die Grundlagen und Beispiele gelten aber auch für Mikrocontroller anderer Hersteller beziehungsweise sind, mit geringen Abweichungen, auf jene übertragbar. Gerade dieses erste Kapitel ist so ausgelegt, dass es den Leser befähigen soll, sich rasch

[1] Neben Mikrocontrollern gibt es beispielsweise noch ASICs, FPGAs und DSPs , welche eine vergleichbare beziehungsweise spezialisiertere Rolle übernehmen können und je nach Anwendung vorzuziehen sind.

[2] Hier gibt es auch Ausnahmen, etwa ältere oder besonders leistungsstarke Mikrocontroller, bei welchen der Speicher auch extern angeschlossen werden kann. Die genannte Definition ist auch nur eine der möglichen.

auch in »fremde« Mikrocontroller einzuarbeiten sowie deren Besonderheiten zu erkennen.

Falls der Leser bereits einen Blick in einschlägige Internetforen geworfen hat, werden ihm womöglich die beinahe religiös anmutenden Diskussionen rund um die Frage auffallen: »Welche Mikrocontroller sind die besten?« Generell kann man diesen Punkt – wie bei den meisten ähnlich lautenden Fragen – nur beantworten mit: »Es kommt darauf an«.

Mikrocontroller werden je nach Anwendung bezüglich Architektur, Speicher und Zusatzfunktionen sowie Kosten, Leistungsverbrauch und Verfügbarkeit ausgewählt (nach Abschluss des Grundlagenkapitels wird das verständlicher). Üblicherweise hat jeder große Hersteller eine Vielzahl vergleichbarer Lösungen parat, wodurch es letztendlich nicht selten auf persönliche Präferenzen hinausläuft, ob man nun einen Mikrocontroller von *Atmel*®, *Freescale*™, *Microchip*, *NXP*, *Renesas*, *Texas Instruments* oder einem anderen »Global Player« wählt.

Dieses Buch setzt Basiskenntnisse in der Programmiersprache C voraus. Zum Erlernen sei auf entsprechende Fachbücher und Online-Tutorials verwiesen. Die Grundlagen werden jedoch auch in einem eigenen Abschnitt kurz wiederholt und um mikrocontrollerspezifische Details erweitert.

Hinweis:
Wir haben viele generell für Mikrocontrolleranwendungen wichtige Maßnahmen an der Stelle beschrieben, an der sie das erste Mal auftauchen beziehungsweise von elementarer Bedeutung sind. Das bedeutet nicht, dass sie nicht auch für andere Anwendungen zu beachten sind – wir benutzen daher viele Querverweise und haben uns bemüht, ein möglichst umfangreiches Stichwortverzeichnis zu pflegen, damit jeder Hinweis und jede Erklärung auffindbar sind.

Inhaltsverzeichnis

1 Mikrocontroller-Grundlagen

1.1 Was ist ein Mikrocontroller?

Man spricht von einem Mikrocontroller (μC, MicroController Unit MCU), wenn außer dem *Mikroprozessor* selbst noch Peripherieeinheiten in einen Chip integriert sind. Dieses erste Kapitel dient dem genaueren Verständnis der grundlegenden Funktionen, Möglichkeiten und Grenzen eines Mikrocontrollers. An dieser Stelle wird vieles noch bewusst vereinfacht dargestellt, auf das in späteren Kapiteln noch genauer eingegangen werden soll.

Das Herzstück einer jeden MCU ist der beinhaltete *Prozessor* oder *Kern (Core)*, also die für die Ausführung der Programme zuständige Recheneinheit. Je nach Anzahl der auf einmal verarbeitbaren Bits spricht man von 4-, 8-, 16- oder 32-Bit-Mikrocontrollern. Ein *Bit (Binary Digit)* ist die kleinste Informationseinheit in digitalen Systemen, mit der ein Prozessor auf unterster Ebene rechnet. Es kann entweder den Wert *null* oder *eins* haben[3]. Jeder Befehl eines Programms, jede Form von gespeicherten Daten – also alles, was eine digitale Recheneinheit verarbeiten soll – wird letztendlich in mehr oder weniger komplexe Bitmuster aus Einsen und Nullen umgewandelt, die der Prozessor dann der Reihe nach bewältigen kann.

Zum Betrieb benötigt ein Prozessor außerdem einen *Takt*, also ein Signal bestehend aus periodischen Taktimpulsen (abwechselnd 1 und 0) in einer gewissen Geschwindigkeit. Der Takt kann entweder intern generiert oder extern zugeführt werden. Angegeben wird er in *Hertz* (1 Hz = 1/s), also in Taktimpulsen pro Sekunde.

Da wir aber nur selten mit so niedrigen Frequenzen zu tun haben, findet man eher Angaben in kHz (Kilo-Hertz, also 1.000 Hertz) oder MHz (Mega-Hertz, also 1.000.000 Hertz). Signalen im GHz-Bereich (Giga-Hertz, 1.000.000.000 Hertz) wiederum begegnet man nur in Ausnahmefällen.

---

[3] Wie »null« oder »eins« physikalisch aussehen, dazu gibt es eine Vielzahl möglicher Umsetzungen. Auf einer Signalleitung wird bei »eins« ein festgelegter Spannungspegel über- bzw. bei »null« unterschritten. Sollen Daten gespeichert werden, so hängt es von der Technologie des Speichers ab, auf welche Art jede seiner Speicherzellen den Wert »null« oder »eins« annimmt.

> **Hinweis:**
> Im Zusammenhang mit Datenübertragung werden Taktfrequenzen eher in *Baud* (1 Bd = 1/s) angegeben. Ein Baud entspricht also einem Hertz und wird auch gleichermaßen skaliert (1 kBd = 1.000 Bd etc.).
> Bei der Angabe von Übertragungsgeschwindigkeiten kann man auch von einer *Baudrate* anstatt einer Taktrate sprechen.

Mehr Hertz bedeuten also mehr Taktimpulse pro Sekunde und daher einen schnelleren Takt und eine größere *Ausführungsgeschwindigkeit*, also mehr Rechenoperationen pro Sekunde.

Die zuvor in Verbindung mit dem Prozessor erwähnte Bit-Zahl sagt nun aus, wieviele Bits ein Prozessor mit einem Taktschritt verarbeiten kann. Arbeitet beispielsweise ein 8-Bit-Mikrocontroller mit 20 MHz (Mega-Hertz), so kann er 20 Millionen Mal pro Sekunde jeweils 8 Bits verarbeiten.[4] Der AVR® ist ein Vertreter der Gattung der 8-Bit-Prozessoren.

Prozessoren, die mehr Bits gleichzeitig verarbeiten können (etwa 32 statt 8), sind also leistungsfähiger. Die Ausführungsgeschwindigkeit des Programms steigt außerdem mit dem Takt, mit dem der Prozessor betrieben wird. Ein 32-Bit-Prozessor ist aber bei gleichem Takt nicht automatisch viermal so schnell wie ein 8-Bit-Prozessor, da viele Faktoren eine Rolle spielen.

Bei der Angabe von Geschwindigkeiten und Stromverbrauch gilt bei vielen Mikrocontrollern die alte Steigerungsregel: Notlüge, Lüge, Benchmark. Nicht dass wir den Herstellern unterstellen würden, gefälschte Werte zu veröffentlichen, es wird aber so stark geschönt und für das eigene Produkt vorteilhaft gemessen, dass ein konkreter Vergleich zwischen den unterschiedlichen Architekturen und Herstellern nur sehr schwer möglich ist.

Aus Kosten- und Komplexitätsgründen wird tendenziell für eine gewisse Anwendung jener Mikrocontroller ausgewählt werden, der die Mindestanforderungen an Prozessorleistung, Speicher und Peripherie gerade noch erfüllt. Warum also einen 32-Bit-Prozessor benutzen, wenn auch ein 8-Bit-Prozessor ausreicht? 8- und 32-Bit-Prozessoren sind inzwischen gebräuchlicher als jene mit 4 oder 16 Bit. Für die meisten einfacheren Anwendungen genügen die tendenziell stromsparenderen 8-Bit-Prozessoren, und falls

---

[4] Dies ist eigentlich eine grobe Vereinfachung, mit der wir uns aber für den Anfang zufrieden geben. Der extern zugeführte Takt muss zudem nicht mit dem internen Takt übereinstimmen, mit dem der Prozessor tatsächlich arbeitet. Darüber hinaus wird nicht jeder Befehl in genau einem Taktzyklus ausgeführt, manche können etwa bis zu vier Taktzyklen benötigen.

nicht, springt man meistens gleich zu 32-Bit-Prozessoren, weil der Fertigungsaufwand und damit auch der Preis für 16-Bit-Prozessoren kaum geringer ist.

Abgesehen von wenigen Ausnahmen gibt es außerdem keine 8-Bit-Mikrocontroller, die mit mehr als 50 MHz getaktet werden. Der Grund liegt darin, dass es ab einer gewissen Taktrate einfach effizienter ist, einen 32-Bit-Mikrocontroller einzusetzen. Es sei aber auch erwähnt, dass es Mischformen gibt, also z. B. 8-Bit-Controller, die teilweise 16 Bit parallel verarbeiten können.

Ergänzend zum Prozessor enthält ein moderner Mikrocontroller auch zwei verschiedene Speicher: den *Arbeitsspeicher (Random Access Memory, RAM)* und den *Programmspeicher.* Sie unterscheiden sich dadurch, dass der Arbeitsspeicher die darin abgelegte Information bei Unterbrechung der Stromversorgung verliert (man sagt: »er ist *flüchtig*«), während der Programmspeicher sie behält (»er ist *nicht-flüchtig*« oder »*statisch*«). An dieser Stelle ist die Frage berechtigt, wieso nicht ausschließlich nicht-flüchtiger Speicher benützt wird – wozu soll ein Speicher gut sein, der beim »Ausschalten« des Mikrocontrollers seine Daten verliert?

Zur Beantwortung müssen wir etwas ausholen: Man spricht vom *Programmieren* des Mikrocontrollers, wenn ein zuvor erstelltes *Programm* (der Code dafür, was der Mikrocontroller »machen soll«) in den nicht-flüchtigen Programmspeicher geschrieben wird. Dieser kann allerdings technologiebedingt im Laufe seiner Lebenszeit lediglich rund 10.000 bis 100.000 Mal beschrieben werden. Deshalb werden sich häufig ändernde Daten im flüchtigen Arbeitsspeicher zwischengelagert, der (nahezu) unbegrenzt viele Schreibzyklen erlaubt. Hinzu kommt bei schnelleren, komplexeren Mikrocontrollern, dass die höhere Zugriffsgeschwindigkeit auf den Arbeitsspeicher zur Leistungsfähigkeit des Gesamtsystems beiträgt.

Außer Prozessor, Arbeits- und Programmspeichern beinhaltet ein Mikrocontroller eine oder mehrere Zusatzeinheiten und damit -funktionalitäten. Dazu zählen beispielsweise *digitale* und/oder *analoge Ein- und Ausgänge, Timer* und diverse Schnittstellen – dies wird später noch im Detail behandelt.

Vorerst genügt es, zu wissen, dass es diverse Zusatzfunktionen gibt, welche es ermöglichen, mit einem einzelnen Mikrocontroller bereits viele spezialisierte Aufgaben zu lösen, ohne dass eine aufwendige Zusatzbeschaltung oder zusätzliche Chips nötig sind.

Wir fassen zusammen:
Ein Mikrocontroller (µC, MCU) vereint einen Mikroprozessor und einige Peripherie auf einem Chip. Mikrocontroller unterscheiden sich durch:
- die Anzahl der Bits, die ein Controller in einem Taktschritt bearbeiten kann. Es gibt 4-, 8-, 16- und 32-Bit-µC.
- die Größe des internen Arbeits- und Programmspeichers
- die integrierten Zusatzbausteine und -funktionen, welche für die Anforderung benötigt werden; z. B. digitale und analoge Ein- und Ausgänge, Timer, Schnittstellen etc.

Bei der konkreten Auswahl eines Mikrocontrollers müssen diese Eigenschaften und zusätzliche wichtige Punkte wie Bauform, Betriebsspannungsbereich, Lieferbarkeit und natürlich der Preis berücksichtigt werden.

Nachdem wir nun wissen, was einen Mikrocontroller ausmacht, können wir im nächsten Abschnitt genauer ins Detail gehen.

1.2   Grundlegende Konzepte

1.2.1   Die Prozessorarchitektur

Generell unterscheidet man bei Prozessoren zwei verschiedene Architekturen. Die Prozessoren der meisten aktuellen Computer (z. B. der x86-Familie) basieren auf der *Von-Neumann-Architektur*. Sie besteht aus einer *CPU (Central Processing Unit)*, welche den Prozessor und das Steuerwerk umfasst, der *I/O Unit* (für *Input/Output*, also für die Kommunikation mit der Außenwelt) und dem Speicher. CPU und I/O Unit bzw. Speicher kommunizieren über ein gemeinsames Bussystem, über das sowohl Daten als auch Befehle ausgetauscht werden. Programme können problemlos auch im Datenspeicher ausgeführt werden.

Die *Harvard-Architektur* hingegen, welche für eine Vielzahl von Mikrocontrollern einschließlich der AVRs® typisch ist, besitzt zwei getrennte Bussysteme sowie getrennten Speicher für Daten und Programme. Das hat den Vorteil, dass simultan Befehle ausgeführt und Daten ausgelesen oder geschrieben werden können. Der Datenspeicher kann allerdings auch nicht einfach als Programmspeicher genutzt werden.[5]

---

[5]   Zwischen diesen beiden Architekturen kann in der Praxis oft nicht so einfach unterschieden werden, da es inzwischen eine Vielzahl von Mischformen gibt.

Unter dem Familiennamen AVR® fasst Hersteller Atmel® mehrere Mikrocontroller-typen mit 8-, 8/16- oder 32-Bit-Harvard-Architektur zusammen. Wir werden uns im Rahmen dieses Buchs auf die »klassischen« 8-Bit-AVRs beschränken[6]. Dabei sind vor allem zwei Serien für unsere Zwecke interessant:

Die ATtiny-Serie umfasst die günstigeren und teilweise sehr stromsparenden oder mit Sonderfunktionen ausgestatteten Modelle. Sie tragen die Bezeichnung *ATtiny[x][y]* mit der Zahl [x] und eventuell einem Buchstaben [y], welche den konkreten Mikrocontroller genauer spezifizieren (Variante, Leistungsaufnahme, Spezialfunktionen). Beispiele sind der winzige *ATtiny10* oder der *ATtiny261A*.

Die Mikrocontroller der ATmega-Serie verfügen über deutlich mehr Peripherieeinheiten und Speicher, ihr Kern kennt einige Befehle mehr und besitzt eine Hardwaremultiplikationseinheit. Die Bezeichnung folgt demselben Schema, also *ATmega[x][y]* mit der Zahl [x] und dem/den Buchstabe/n [y] gemäß seiner Spezifikation. Ein Vertreter ist der *ATmega48*, der auch im Kapitel *2.5 Erste Schritte – ein einführendes Programm* verwendet wird.

Die Bezeichnung AT90 trugen die ersten Controller mit dem AVR-Kern. Heute wird dieser Name jedoch für »Spezialtypen« mit z. B. USB, CAN oder speziellen PWM-Einheiten verwendet.

Das Namensschema ist ziemlich kompliziert und auch nicht wirklich durchgängig. Wenn man einen geeigneten Mikrocontroller für den jeweiligen Einsatzzweck sucht, verwendet man am besten die – leider nicht besonders durchdachte – parametrische Suche auf der Atmel®-Webseite.

Im Hobbybereich, aber durchaus auch im professionellen Umfeld, sind der ATmega8 und seine »Nachfolger« ATmega48, -88, -168 und -328 in allen Varianten beliebt, vor allem da sie im 28Pin-DIP-Gehäuse erhältlich und recht preiswert sind. Ein weiterer Vorteil ist die Kompatibilität der Baureihe, deren Modelle sich nur im Speicherausbau (und einigen kleinen Details) voneinander unterscheiden. Man kann daher die Entwicklung mit der größten Variante beginnen und das Endprodukt dann nach Möglichkeit mit einer Version mit weniger Speicher (also billiger) ausliefern, ohne die Soft- oder andere Hardware zu ändern.

---

[6] Außerdem gibt es noch die 32-Bit-AVR-UC3-Familie, welche mit den hier behandelten, abgesehen vom Namen, nicht viel gemeinsam hat, und die 8/16-Bit-AVR-XMEGA-Reihe.

Hinweis

Es gibt laufend neue Typen und Modelle in den AVR®-Serien. So ist etwa der *ATmega48A* ein Nachfolger des *ATmega48*, der mit einem neuen Herstellungsprozess gefertigt wurde und zusätzlich zu einigen Detailverbesserungen ab 1,8 V statt 2,7 V betrieben werden kann. Die Varianten *ATmega48P* beziehungsweise *ATmega48PA* sind die zugehörigen stromsparenden Varianten mit einigen Zusatzfunktionen für diesen Einsatzbereich.

Controller wie der *ATmega328* allerdings haben keinen unmittelbaren Vorgänger. Obwohl kein »A« angehängt ist, wird er nach dem gleichen, neuen Herstellungsprozess gefertigt und läuft ab 1,8 V. Man sieht, die Mikrocontrollerbezeichnungen sind eine Wissenschaft für sich, daher sollten immer Hersteller-Homepages und Datenblätter konsultiert werden.

1.2.2   Gehäuse (Package)

Wie die meisten massengefertigten ICs[7] sind AVR®-Mikrocontroller in verschiedenen *Packages*, den Gehäusetypen, erhältlich. Der eigentliche Controller nimmt als *Die* (engl.: Chip, Halbleiterplättchen) nur sehr wenig Platz im finalen Gehäuse ein. Dieses übernimmt gewissermaßen die Aufgabe, den Halbleiterchip gegen äußere Einflüsse zu schützen und den Einbau in eine Schaltung zu ermöglichen.

Um die Funktionen des Chips zugänglich zu machen, muss er *gebondet* werden (eingedeutschter Begriff, von engl. *Bonding*: Binden, Verbindung), also mittels dünner Drähte eine Verbindung zwischen den Kontaktflächen des Halbleiterchips und den Außenkontakten des Gehäuses – den *Pins* – hergestellt werden.[8]

Der Anfänger wird wahrscheinlich als erstes mit AVRs im DIP-Package zu tun haben *(Abb. 1.1)*. DIP steht für *Dual In-line Package* und bezeichnet, wie der Name sagt, einen länglichen Gehäusetyp mit paarweisen Pins an jeder Seite.

---

[7] IC steht für *Integrated Circuit,* bezeichnet also eine in einen einzelnen Baustein integrierte Schaltung.

[8] Mit »Pin« ist also meistens der »physikalische«, äußere Kontakt eines Controllers gemeint. Es muss aber nicht immer jeder Pin am Gehäuse eine elektrische Funktion haben. Es gibt auch nicht verbundene (not connected; NC) Pins, die z. B. nur eine mechanische Funktion haben.

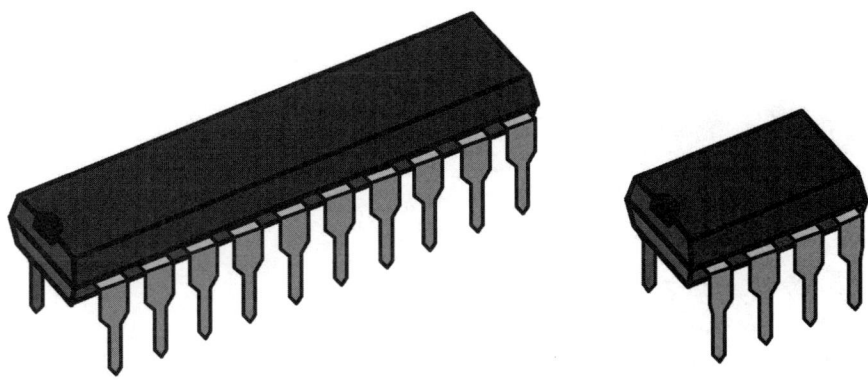

Abb. 1.1: 20- und 8-Pin-DIP-Gehäuse

Das ist der »größte« und »bastlerfreundlichste« Gehäusetyp, die Pins sind verhältnismäßig große, nach unten abgeknickte Kontaktstifte, mit denen der Controller etwa in Steckbretter oder Lochrasterplatinen passt. Bauelemente, die zum Schaltungsaufbau »in Löcher gesteckt« werden können, werden auch als »Through-Hole«-Komponenten bezeichnet. Daher (und weil sie ihrer Größe wegen einfacher zu handhaben und schwerer zu verlieren sind) eignen sich DIP-Gehäuse gut für erste Schaltungsexperimente und Prototypen.

Bausteine im DIP-Gehäuse sind zudem sockelbar, das heißt anstatt des Bausteins selbst kann auch ein Sockel eingelötet werden (*Abb. 1.2*). Der Baustein, beispielsweise der Mikrocontroller, kann daraufhin in den Sockel eingesetzt und wie gewohnt genutzt werden. Wird er beschädigt oder soll er aus einem anderen Grund ausgetauscht werden, so kann er einfach wieder aus dem Sockel gelöst werden, ohne dass aufwendiges und materialbeanspruchendes Löten notwendig ist.

Abb. 1.2: Sockel für DIP-Bauteile

Professionelle Schaltungen beinhalten heutzutage kaum mehr Bauelemente in DIP-Gehäusen. Anders als bei Through-Hole-Komponenten sind bei der Oberflächenmontage (SMT, *Surface Mount Technology*) keine Bohrungen nötig und die Schaltung kann wesentlich kompakter ausgeführt werden. Die hierbei verwendeten Bauteile werden als SMD (*Surface Mounted Device*) bezeichnet. Ihre Anschlusspins sind so gefertigt, dass sie plan auf dafür vorgesehenen *Pads* auf den Platinen zu liegen kommen und an diesen angelötet werden können. Es gibt mehrere Bauformen von SMD-Bauteilen in unterschiedlichen Größen. SO-Gehäuse (*Small Outline*) sind die »größten« SMD-Gehäuse und noch sehr gut per Hand lötbar (*Abb. 1.3*). Ihr Pinabstand ist halb so groß wie bei den DIP-Gehäusen.

Abb. 1.3: 20- und 8-Pin-SO-Gehäuse

Neben dem geringeren Platzbedarf haben SMD-Komponenten auch elektrisch bessere Eigenschaften als ihre großen Verwandten. So sind beispielsweise Hochfrequenzschaltungen in der Regel mit DIP-Bauteilen undenkbar. Wenn es die Anforderungen hingegen erlauben, spricht nichts dagegen, Entwicklung und Programmierung zunächst mit einem

Controller in DIP-Bauform vorzunehmen und später, falls die Schaltung in Massenfertigung hergestellt werden soll, denselben Controller in einem SO-Package oder einem noch kleineren SMD-Gehäuse vorzusehen,[9] etwa in einem QFP-Gehäuse (*Quad Flat Package*, Abb. 1.4a). Bei den AVR®-Mikrocontrollern verbreitet ist die dünnere Bauform TQFP (*Thin Quad Flat Package*) mit 0,8 mm bis 0,5 mm Pinabstand. Benötigt man noch kleinere Gehäuse, greift man zum »beinchenlosen« QFN (*Quad-Flat No-leads package*) oder den fast nur mit professioneller Ausrüstung zu verarbeitenden BGA-Gehäusen (*Ball Grid Array*), wo die Anschlüsse auf der Unterseite positioniert sind (Abb. 1.4b).

a)   b)

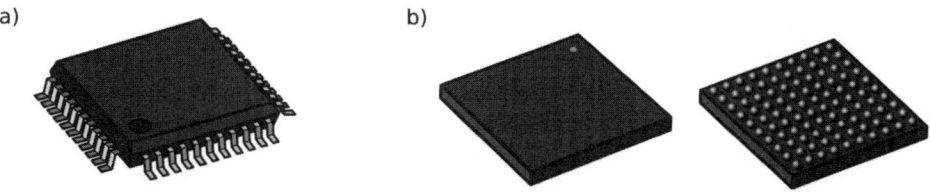

Abb. 1.4: QFP und BGA

Wir fassen zusammen:
Ein und derselbe Mikrocontroller kann in verschiedene Gehäuse eingebaut sein. Für einfache Prototypen sowie zu Experimentierzwecken eignet sich insbesondere das verhältnismäßig große DIP-Gehäuse, welches sich in Steckbretter und Lochrasterplatinen einsetzen lässt.
Im professionellen Bereich hingegen kommen hauptsächlich SMD-Gehäuse zum Einsatz, welche kleiner sind und bessere elektrische Eigenschaften aufweisen. Sie werden plan auf der Platine aufgelötet, Bohrungen wie beim Einsatz von Through-Hole-Bauteilen wie DIP-Gehäusen sind nicht nötig.

1.2.3 Datenblätter, Manuals und Errata

Jeder Controller hat ein Datenblatt, in dem (idealerweise) alle seine relevanten technischen Daten aufgelistet werden. Wie von nahezu jedem elektronischen Bauteil findet man sie zum kostenlosen Download auf der Webseite des Herstellers, in diesem Fall also bei Atmel® (www.atmel.com/avr).

---

[9] Natürlich darf deswegen nicht auf entsprechende Tests verzichtet werden – eine Schaltung kann sich auf dem Steckbrett signifikant anders verhalten als auf einer professionell gefertigten Platine!

Der Leser mag sich vielleicht wundern: Datenblätter, so »früh« im Buch? Tatsächlich ist ein gut geschriebenes und strukturiertes Datenblatt im Idealfall ein Crashkurs für Betrieb und Programmierung des jeweiligen Mikrocontrollers, bei dem kaum Fragen offen bleiben. Viele Informationen und Erklärungen aus diesem Buch ließen sich auch aus einem guten Datenblatt extrahieren. Die Voraussetzung dafür – und das kann nicht oft genug betont werden – ist natürlich, dass das Datenblatt auch gelesen wird. Wenn dem Entwickler zum ersten Mal ein Mitglied einer neuen Mikrocontrollerfamilie unterkommt, ist es sehr hilfreich, das Datenblatt zumindest einmal grob zu überblicken. Viele Fragen könnten geklärt, Fehler von vornherein vermieden und damit so einiger frustrierender Erfahrung vorgebeugt werden, wenn Datenblätter gewissenhafter konsultiert würden.

Sehen wir uns ein solches Datenblatt also genauer an: Auf der ersten Seite steht üblicherweise eine kurze Zusammenfassung aller wichtigen Eigenschaften wie Speichergrößen, Geschwindigkeit, Betriebsspannung, Leistungsaufnahme und eine Liste der Peripherieeinheiten.

Daneben sind alle Mikrocontroller-Typen aufgelistet, für die das Datenblatt gültig ist. Sehr viele Mikrocontroller unterscheiden sich nämlich nur im Speicherausbau und höchstens noch einigen Details und werden daher gemeinsam behandelt. Eine Software, die für einen Controller dieser Familie geschrieben wurde, kann meist ohne Änderungen am Code auf ein anderes »Familienmitglied« portiert werden (natürlich nur, wenn der Speicher ausreicht).

Von einigen Controllern gibt es auch besonders stromsparende Varianten, welche mit einer niedrigeren Versorgungsspannung auskommen. Diese werden im gleichen Datenblatt behandelt, wobei abweichende Werte für den jeweiligen Untertyp einzeln angegeben werden. Als Nächstes im Datenblatt folgt die Pinbelegung für alle erhältlichen Gehäusearten und eine Beschreibung aller Anschlusspins. Anschließend wird ein Überblick über die AVR-Architektur gegeben.

Praxistipp:
Meistens gibt es (abgesehen von Masse- und Versorgungsspannungsanschlüssen) pro Pin mehrere Möglichkeiten, wie dieser intern belegt werden kann. So könnte ein und derselbe »physikalische« Pin beispielsweise als allgemeiner Ein-/Ausgang (GPIO, General Purpose Input/Output), als ADC-Eingang oder als Datenleitung für eine Schnittstelle gewählt werden.[10]

---

[10] Es liegt am Entwickler, die Belegung sinnvoll zu wählen, damit nicht plötzlich ein ADC benötigt wird, nachdem sämtliche in Frage kommenden Pins als GPIO eingesetzt wurden.

In der Praxis hat es sich daher bewährt, die Pinbelegung des verwendeten Prozessors möglichst groß auszudrucken. Dadurch hat man die Anschlüsse auf einen Blick vor sich, was dabei hilft, bei Beschaltung und Programmierung Fehler zu vermeiden und rasch Kontrollmessungen durchzuführen.

Von der Informationsdichte und dem enormen Umfang des Datenblattes darf man sich nicht abschrecken lassen. Sehr viele Dinge erledigt ein moderner Hochsprachencompiler automatisch. Für uns interessant sind daher zunächst nur die Beschreibungen der Peripherieeinheiten, die wir benötigen, wie z. B. I/O-Ports, Timer oder USART-Schnittstelle. Auf diese Einheiten wird später detailliert eingegangen.

Für den Schaltungsentwurf wichtig sind neben der Pinbelegung die *Electrical Characteristics*. Dort werden detailliert alle elektrischen Spezifikationen inklusive der Grenzwerte und maximalen Abweichungen aufgelistet. Die *Electrical Characteristics* geben also einerseits an, wie der Controller versorgt werden muss, und andererseits, wie sich der Controller selbst etwa hinsichtlich Strom- und Leistungsaufnahme verhält.

Einer der wichtigsten Punkte hierbei sind die *Absolute Maximum Ratings*. Wird der Controller, auch nur kurzzeitig, außerhalb der dort angegebenen Grenzwerte betrieben, kann er beschädigt oder zerstört werden. Es handelt sich daher auf keinen Fall um zulässige Betriebsparameter.

Es gehört zu den typischen Erfahrungen, die ein Entwickler früher oder später macht: Irgendein Fehler ist aufgetreten, das Datenblatt wird konsultiert, Messungen werden vorgenommen und alle möglichen Fehlerquellen der Reihe nach ausgeschlossen – ohne Erfolg. Bis er irgendwann nach langwieriger Recherche auf den Hinweis stößt: Es könnte ein Fehler im Mikrocontroller selbst sein.

Von nicht zu unterschätzender Bedeutung sind daher die *Errata*. In dieser Sektion am Ende des Datenblattes (bei manchen Herstellern ist es ein eigenes Dokument) sind die bekannten Fehler des jeweiligen Controllers aufgelistet. Hierauf folgt meistens eine Beschreibung, wie diese behoben (*Fix*) bzw. umgangen (*Workaround*) werden können. Sehr wichtig ist hierbei, die jeweilige Revision (Version) des eigenen Controllers zu kennen, da viele Fehler in nachfolgenden Fertigungsserien behoben werden. Wo Revision und Herstellungsdatum zu finden sind, steht im Datenblatt.[11]

Ebenfalls interessant ist die *Datasheet Revision History*. Dort werden alle Änderungen zwischen den verschiedenen Versionen des Datenblattes aufgelistet. Nicht nur die Con-

---

[11] In sehr seltenen Fällen, vor allem bei ganz neuen Controllern, kann es vorkommen, dass man einen noch unbekannten Fehler entdeckt hat. Das ist aber wirklich unwahrscheinlich und sollte sehr gewissenhaft verifiziert werden, bevor man den Fehler beim Hersteller meldet.

troller haben Fehler, auch Datenblätter werden von Menschen geschrieben, die Fehler machen können. Generell empfiehlt es sich, vor jedem neuen Projekt eine aktuelle Version des Datenblattes herunterzuladen, auch wenn man nicht den aktuellsten Controller verwendet. Häufig werden Datenblätter in neuen Versionen auch mit zusätzlichen Informationen ergänzt oder beschreiben Eigenheiten des Controllers, die erst nach einer gewissen Zeit am Markt aufgefallen sind.

Übrigens hat nahezu jeder etwas komplexere Baustein mehr oder weniger schwerwiegende Fehler, die Probleme der kleinen AVRs sind vergleichsweise harmlos. Eine kleine Eigenheit von Atmel® scheint es jedoch zu sein, die Datenblätter sehr lange als »Preliminary«, also als vorläufig, zu bezeichnen, obwohl sie durchaus voll verwendbar sind.

Hinweis:
Auf der zum Chip gehörenden Seite gibt es bei Atmel® noch als »Summary« bezeichnete Zusammenfassungen der Datenblätter. Diese sind aber für die Softwareentwicklung unzureichend. Im Zeitalter der Breitbandanschlüsse sollte man daher gleich das vollständige (und aktuelle!) Datenblatt laden. Eine Umbenennung auf einen sinnvollen Dateinamen, der die Bezeichnung des Mikrocontrollers enthält, kann nützlich sein, um den Überblick zu behalten.

Bei den Controllern der XMEGA-Familie und auch bei vielen (größeren) Controllern von anderen Herstellern sind die Informationen auf zwei Dokumente aufgeteilt: Ein Datenblatt mit allen elektrischen und controllerspezifischen Parametern und ein Manual (Handbuch), in dem die Peripherieeinheiten beschrieben werden und das sich alle Controller einer Serie teilen.

1.2.4   Versorgungsspannung und Signalpegel

Dieser Abschnitt ist weniger für die Programmierung als vielmehr für den Schaltungsentwurf wichtig. Der Mikrocontroller muss mit einer stabilen Gleichspannung (Betriebsspannung oder Versorgungsspannung VCC) innerhalb der vorgegebenen Grenzen versorgt werden. Diese liegt z. B. zwischen 1,8 und 5,5 V oder zwischen 2,7 und 5,5 V, je nach Modell. Genau nachzulesen sind die Werte und die zusätzlichen Bedingungen unter dem Stichwort *Operating Voltage*.

Ein wichtiger Wert ist die maximale Betriebsspannung, im Datenblatt *Maximum operating voltage* im Abschnitt *Absolute Maximum Ratings* (z. B. 6,0 V). Die danebenstehende Warnung besagt recht deutlich, dass diese Werte *unter keinen Umständen auch nur kurzfristig überschritten* werden dürfen, da ansonsten der Mikrocontroller beschädigt werden könnte. Bleiben wir also im erlaubten Bereich und stellen das auch durch geeignete Maßnahmen wie einen geeigneten Spannungsregler sicher.

Von der Versorgungsspannung hängt es auch ab, wie LOW-Pegel (0) und HIGH-Pegel (1) definiert sind. Das ist insbesondere wichtig für die Kommunikation zwischen verschiedenen ICs, damit ein gewisser Spannungswert auch von beiden Kommunikationspartnern korrekt als HIGH beziehungsweise LOW interpretiert wird.

Worauf wir also achten müssen, ist, dass die Signalpegel der Ein- und Ausgänge unserer MCUs und der angeschlossenen Bausteine alle im erlaubten Bereich liegen. Die Spezifikationen dazu finden sich üblicherweise im Datenblatt bei den *DC Characteristics*. So wird z. B. beim AVR® und auch vielen anderen in CMOS-Technik hergestellten ICs eine Signalspannung von weniger als 0,2 • VCC bis 0,3 • VCC als LOW, eine von mehr als 0,6 • VCC bis 0,7 • VCC als HIGH interpretiert (*Abb. 1.5*).

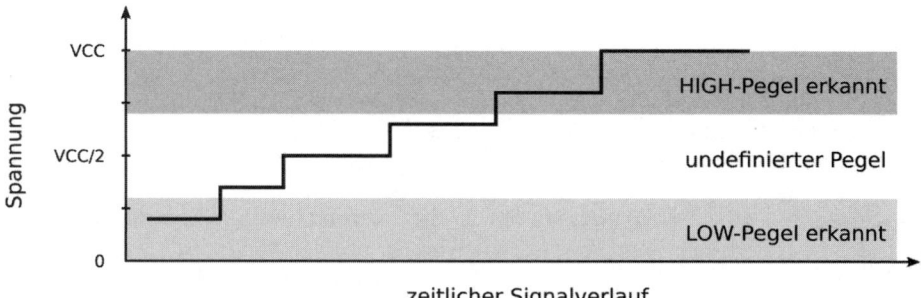

Abb. 1.5: HIGH- und LOW-Pegel im Verhältnis zur Versorgungsspannung

Liegt an den Pins eine Spannung größer als Betriebsspannung +0,5 V oder kleiner als −0,5 V an, beginnen die internen Schutzdioden des Mikrocontrollers zu leiten. Da es sich prinzipbedingt nur um sehr leistungsschwache Dioden handelt, die eigentlich zum Ableiten von ESD-Ereignissen gedacht sind, kommt es ab einem Fehlerstrom von mehr als circa 1 mA zu mehreren negativen Effekten bis hin zu einer Zerstörung des Pins oder des ganzen ICs. Dieser Fall muss also unbedingt vermieden werden.

Bei manchen Schaltungen (auch von Atmel® selbst) werden diese Dioden allerdings bewusst verwendet, um größere Eingangssignalpegel zu verarbeiten. Der Strom wird dann aber (hoffentlich) über einen richtig dimensionierten Widerstand auf deutlich unter 1 mA begrenzt. Unsere Empfehlung lautet jedoch, diese »Billiglösung« nicht zu benutzen und stattdessen eine vernünftige Schutzschaltung zu verwenden, etwa durch externe Dioden und/oder Spannungsteiler.

Bei ICs mit »TTL-kompatiblen« (TTL: Transistor-Transistor-Logik) Ein- und Ausgängen liegen die Schaltschwellen anders als bei ICs mit CMOS-Ausgängen (wie dem AVR®) bei einer festen Spannung:

Tabelle 1.1: Standard-TTL-Signalpegel

	HIGH-Pegel TTL	*LOW-Pegel TTL*
Eingangsspannung	$U_E > 2{,}0$ V	$U_E < 0{,}8$ V
Ausgangsspannung	$U_A > 2{,}4$ V	$U_A < 0{,}4$ V

Achtung:
Ein mit 3,3 V betriebener AVR® kann den Eingang eines TTL-kompatiblen ICs direkt ansteuern (LOW: unter $0{,}3 \cdot 3{,}3$ V = 1,1 V, HIGH: über $0{,}6 \cdot 3{,}3$ V = 2,0 V).
Der Ausgangspin eines beliebig versorgten TTL-kompatiblen Baustein kann jedoch nicht direkt an einen mit einer niedrigeren Spannung versorgten AVR® angeschlossen werden, da der Pegel nach Spezifikation eben nur höher als 2,4 V sein muss und daher auch so hohe Spannungen annehmen kann, dass der AVR® beschädigt wird.

Oberhalb und unterhalb dieser Grenzwerte ist die Interpretation des Signals eindeutig – liegt der Signalpegel allerdings dazwischen, wird es problematisch. Ist der Signalpegel undefiniert, so ist das Verhalten des ICs unvorhersehbar. Er kann dann das Signal als HIGH oder LOW interpretieren oder unerwartetes Verhalten zeigen, das sich auch noch mit Temperaturänderungen oder Spannungsschwankungen ändern kann. Daher sollte sichergestellt werden, dass die digitalen Eingangssignale stets im erforderlichen Spannungsbereich liegen oder ein *Pegelwandler* eingesetzt wird (siehe Abschnitt *3.1 Pegelwandler*).

Beim Einsatz eines digitalen Ausgangs hätten wir diesen natürlich am liebsten möglichst stabil bei beliebiger Belastung. Doch in der Realität wird es sich leider so verhalten, dass nur ein minimal belasteter Ausgang[12] eine Signalspannung nahe VCC bereitstellen kann. Dies ist begründet im Spannungsabfall an der internen Ausgangsstufe, der höher ausfällt, je mehr Strom von der extern angeschlossenen Last gezogen wird.

---

[12] Am besten offen oder mit einer Folgebeschaltung, die weniger als 1 mA an Strom zieht.

Beispiel:
Nehmen wir an, wir betreiben unsere MCU mit 5 V und wollen den Ausgangspin nutzen. Ohne Last können wir nahezu den gesamten Spannungshub zwischen 0 V und VCC, also 5 V nutzen. Fließen aber aufgrund der Beschaltung beispielsweise 20 mA, so kann unser Ausgangsspannungsbereich nur noch zwischen vom Hersteller garantierten 0,7 V und 4,2 V liegen.

Auch bei den Ausgangsströmen müssen Maximalwerte beachtet werden (siehe *Absolute Maximum Ratings* im Datenblatt), diese liegen beispielsweise bei den meisten AVRs bei 40 mA für I/O-Pins und 200 mA bei Versorgungspins. Werden diese Werte überschritten, so kann der Mikrocontroller beschädigt werden. Dazu kommen noch weitere Einschränkungen je nach Typ und Gehäuse. Diese Maximalgrenzen sollten für einen sicheren Betrieb niemals ausgereizt werden.

Bei größeren Lasten muss eine Treiberschaltung verwendet werden, die Vorgehensweise ist ausführlich im Kapitel *3.3 Schalten großer Lasten* beschrieben. Low-Current-LEDs (2 mA) oder ähnliche Komponenten können aber bedenkenlos direkt angeschlossen werden.

Wir fassen zusammen:
Um korrekt zu funktionieren, benötigt ein Mikrocontroller eine stabile Gleichspannungsversorgung innerhalb seines spezifizierten Bereichs. Von der Versorgungsspannung hängen auch die HIGH- und LOW-Pegel der Eingänge ab. Zwischen diesen Pegeln ist das Verhalten undefiniert.
Ausgangspins können nur eine von ihrer Beschaltung beziehungsweise Belastung abhängige Signalspannung bereitstellen. Darüber hinaus muss beachtet werden, welche Spannungen und Ströme an den einzelnen Pins anliegen dürfen. Gegebenenfalls ist eine geeignete Schutzschaltung vorzusehen.

Für Fortgeschrittene
Aufmerksame Leser des Datenblattes werden bemerken, dass der Reset-Pin oft gesondert spezifiziert wird. Das liegt daran, dass er eine spezielle Funktion bei der High-Voltage-Programmierung übernimmt und dabei auf bis zu 12 V gezogen werden kann. Daher verfügt er über einen etwas anderen internen Aufbau.

1.2.5 Speicher

In einem Mikrocontroller können mehrere unterschiedliche Speicher integriert sein, deren Art und Größe wichtige Differenzierungs- und Auswahlkriterien und damit häufig

Teil der Modellbezeichnung sind. Grundsätzlich unterscheidet man zwei Speichertypen: Nicht-flüchtige Speicher behalten einmal abgelegte Daten, während flüchtige Speicher sie bei Ausfall ihrer Stromversorgung verlieren.

Nichtflüchtige Speicher

EPROM

Erasable Programmable Read-Only Memory hat eigentlich nur mehr eine historische Bedeutung. Dieser nicht-flüchtige Speicherbaustein besteht aus einem Array von Speicherzellen, in denen jeweils ein Transistor ein Bit repräsentiert. Charakteristisches Merkmal der EPROM-Speicherbausteine (oder auch der mit EPROM ausgestatteten Mikrocontroller) ist das im Gehäuse eingebettete Quarzglas, durch das das gebondete Halbleitermaterial sichtbar ist. Diese Freilegung ermöglicht das Löschen der Daten mittels UV-Strahlung[13], wobei EPROMs 100 bis 200 Löschvorgänge verkraften. Mittels einer UV-Lampe dauert die Löschung einige Minuten, unter Tageslicht können die Daten unter Umständen jahrelang erhalten bleiben.

EPROM wurden inzwischen aufgrund ihrer teuren Herstellung (Quarzglas) von EEPROM und Flash-Speicher abgelöst. Eine kostengünstige Variante des EPROM war der OTP (One Time Programmable) steht. Dazu wurde das Quarzglas weggelassen und der Speicherbaustein war demzufolge nur ein einziges Mal beschreibbar.

EEPROM

Electrically Erasable Programmable Read-Only Memory ist die Weiterentwicklung des EPROM und ähnelt diesem in Aufbau und Funktionsweise. Dabei wird der Effekt der Feldemission, der für die Löschung durch Photonenbestrahlung beim EPROM verantwortlich ist, beim EEPROM elektrisch herbeigeführt und für Programmierung und Löschung genutzt.

Aufgrund des Siegeszuges des schnelleren und günstigeren Flash-Speichers werden EEPROMs nur noch dort eingesetzt, wo ihre Vorteile, beispielsweise der höhere zulässige Temperaturbereich, überwiegen. Bei Mikrocontrollern kommt häufig ein EEPROM zusätzlich zu Flash-Speicher zum Einsatz, da er byteweise beschrieben werden kann – wenn auch mit längeren Zugriffszeiten. Flash-Speicher kann hingegen nur blockweise beschrieben werden. Dabei ist zu beachten, dass eine Speicherzelle eines EEPROMs etwa 100.000 Schreibzyklen übersteht, Spezialversionen auch etwas mehr.

---

[13] Genau genommen führen eindringende Photonen zu einer Ionisation und damit zur Dissipation der am Floating Gate des Transistors aufgebrachten Ladung, wodurch die Speicherinformation verloren geht.

EEPROMs eignen sich also insbesondere zum Ablegen kleiner Datenmengen (Konfigurationseinstellungen, Kalibrierinformationen etc.), die auch nach dem Trennen der Versorgungsspannung erhalten bleiben sollen.

Flash

Flash-Speicher wiederum ist eine Art weiterentwickeltes EEPROM, welches etwa auch in USB-Sticks und SSD-Laufwerken eingesetzt wird (NAND-Typ). Flash kann nur in größeren Blöcken gelöscht werden, was aber auch in signifikant geringeren Zugriffszeiten und einem geringeren Schaltungsaufwand resultiert, insbesondere beim Hantieren mit größeren Datenmengen. Ein Flash kann beliebig oft gelesen, aber nur bis zu 10.000 (Spezialtypen auch öfter) mal beschrieben werden.

Flash-Speicher wird bei Mikrocontrollern primär als Programmspeicher eingesetzt. Die maximal möglichen Schreibzugriffe begrenzen, wie oft eine MCU neu programmiert werden kann, was aber praktisch durch die vielen möglichen Zyklen kein allzu großes Problem darstellt.

MRAM und FRAM

Das *Magnetoresistive Random-Access Memory* basiert auf dem Prinzip, dass gewisse Materialien beim Anlegen eines Magnetfeldes ihren elektrischen Widerstand verändern. MRAM hat das Potenzial, die Vorteile von SRAM (siehe nächstes Kapitel) und Flash zu verbinden, da es nicht nur unbegrenzt oft beschreibbar, sondern auch schnell und nichtflüchtig ist.

Ferroelectric Random-Access Memory hat ähnliche Eigenschaften, basiert aber auf ferroelektrischen Materialien. Sie funktionieren ähnlich wie seinerzeit Magnet-Ringkernspeicher, indem kleine Magnete ihre Polarität behalten und somit Informationen speichern.

Beide Technologien werden zum Zeitpunkt der Entstehung dieses Buches in ersten Baureihen von Mikrocontrollern und Speicherbausteinen eingesetzt und müssen sich erst noch in der Praxis bewähren und zeigen, dass sie die bewährten Technologien wirklich verdrängen können.

Flüchtige Speicher

Random Access Memory-Speicher können theoretisch beliebig oft gelesen und geschrieben werden, behalten ihre Daten aber nur so lange, wie ihre Stromversorgung aufrecht erhalten wird. Man unterscheidet einige Typen:

SRAM

Bei *Static Random Access Memory* werden Bits in Flip-Flops gespeichert. Die Information bleibt daher so lange erhalten, wie Spannung am SRAM anliegt. Im inaktiven

Zustand hat diese Art von Speicher eine sehr geringe Stromaufnahme, während Lese- und Schreibzugriffen steigt sie allerdings signifikant an. Dafür kann ein SRAM theoretisch beliebig oft beschrieben werden, und das bei niedrigen Zugriffszeiten.

SRAMs sind bei Mikrocontrollern als Arbeitsspeicher im Einsatz, solange nicht zu viel davon benötigt wird. Zumindest ein kleines SRAM ist jedoch meist vorhanden, das dem Prozessor als Cache dient. Da sie im Gegensatz zur großen Gruppe der Dynamic RAMs keine getaktete Refresh-Spannung benötigen, sind sie bei mit niedriger Frequenz betriebenen MCUs Speicher der Wahl. Gleiches gilt für Low-Power-Anwendungen, da trotz eines sich im Sleep-Modus befindenden Mikrocontrollers, bei geringstem Stromverbrauch (im nA-Bereich), der Speicherinhalt erhalten bleibt.

DRAM

Beim *Dynamic Random Access Memory* wird ein Bit durch den Ladungszustand eines Kondensators repräsentiert, welcher von einem Transistor gesteuert wird. Da der Kondensator aufgrund von Leckströmen seine Ladung und damit die gespeicherte Information mit der Zeit verlieren würde, wird außer der Versorgungsspannung noch ein periodisches Auffrischungssignal (*Refresh*) benötigt, das die Kondensatoren wieder vollständig lädt.

DRAM muss zudem über diverse verschiedene Signale so angesteuert werden, dass der Speicherinhalt in den einzelnen Zellen durch Multiplex der Adressen zeitnah aktualisiert und daher gewährleistet bleibt, was einen gewissen Steuerungsaufwand mit sich bringt, der sich erst für größere Speichermengen lohnt. Bei wenig Speicherbedarf ist es effizienter, SRAM zu verwenden, auch wenn dieses pro Bit mehr Transistoren braucht. Dafür benötigt es keine Refreshschaltung.

Die Entwicklung von DRAM erlaubte es, kostengünstige RAM mit kurzen Zugriffszeiten und hoher Speicherkapazität bei gleichzeitig hoher Datendichte (kleine Struktur) herzustellen. Trotz des umständlichen Refreshs hat sich das Prinzip rasch als Arbeitsspeicher in größeren Geräten durchgesetzt. Inzwischen wurde DRAM meist durch weiterentwickelte Typen abgelöst.

SDRAM

Beim *Synchronous Dynamic RAM* wurde den Nachteilen von DRAM dadurch begegnet, dass sämtliche Kommunikation und Steuerung nun synchron mit dem Systemtakt erfolgt. Dadurch erhöhte sich die Datentransfergeschwindigkeit und verringerte sich die Reaktionszeit, während die Ansteuerung gleichzeitig einfacher wurde.

Das Prinzip von SDRAM liegt den aktuellen Arbeitsspeichern zugrunde, die von leistungsstärkeren und nicht besonders stromsparenden Mikrocontrollern bis zum Großrechner eingesetzt werden.

Um die gleiche Speicherkapazität zu erreichen, werden für SDRAM ein Transistor und für SRAM sechs Transistoren (ein Flip-Flop) benötigt. Daher nimmt SRAM physikalisch mehr Platz ein. Platz wiederum ist bei den kleinen Mikrocontrollern, in welchen SRAM zum Einsatz kommt, knapp bemessen – sie haben daher gerade so viel Speicher wie nötig und um Dimensionen weniger als beispielsweise ein PC-RAM.

DDR-SDRAM

Beim *Double Data Rate SDRAM* (kurz *DDR-RAM*) wird ein Wort bei jeder Taktflanke übertragen – und somit zwei Wörter pro Takt. Dadurch ergibt sich im Idealfall ein doppelter Datendurchsatz.[14]

Seit der ersten im Jahr 2000 verabschiedeten DDR-Spezifikation sind wir inzwischen beim vierten Standard DDR4 angelangt (voraussichtlich 2013). Mit jedem neuen Standard haben sich dabei bei fast gleichbleibendem inneren Takt und gleicher Anschlussspezifikation die Busfrequenz und Transferrate jeweils verdoppelt, während die Versorgungsspannung gesenkt werden konnte.

1.2.6 Takt und Taktgenerierung

Wie in der Einleitung kurz erwähnt, versteht man unter einem Takt ein Signal aus periodischen binären Impulsen (abwechselnd HIGH und LOW) mit einer gewissen Geschwindigkeit. Der Prozessor eines Mikrocontrollers benötigt einen Takt zum Betrieb, mit jedem Taktimpuls wird dabei ein Rechenschritt mit 8 oder 32 Bit ausgeführt.

Ein höherer Takt bedeutet also, dass der Prozessor schneller arbeitet. Die maximal zulässige CPU-Taktrate hängt von der Prozessorarchitektur und Fertigungstechnologie ab, ist also vom Hersteller vorgegeben. Bei älteren AVR-Modellen waren es 16 MHz beziehungsweise 10 MHz für die Low-Power-Varianten. Ein neuer Herstellungsprozess erlaubt zum momentanen Zeitpunkt eine Taktrate von bis zu 20 MHz.

Die erlaubten Taktraten sind zudem von der Betriebsspannung abhängig. Das bedeutet qualitativ, dass ein Mikrocontroller, der mit einer niedrigeren Spannung versorgt wird, nicht mit maximaler Taktrate betrieben werden darf. Im Datenblatt finden sich unter dem Stichwort *Speed Grades* Diagramme, aus denen die erlaubten Geschwindigkeiten abgelesen werden können.

Mit höherer Geschwindigkeit steigt somit aber auch die Leistungsaufnahme. Zum effizienten Umgang mit der elektrischen Leistung sollte sie also so niedrig wie möglich gewählt werden, je nach Anforderungen an die benötigte »Rechenpower« beziehungs-

---

[14] Die Ansteuerung ist dabei die gleiche wie beim SDRAM, für Steuersignale gilt daher die »alte« Geschwindigkeit von einem Befehl pro Takt.

weise Geschwindigkeit der Peripheriemodule. Werte zur Leistungsaufnahme in Abhängigkeit von Taktrate und Betriebsspannung finden sich im Datenblatt unter *Active Supply Current.*

Woher kann nun aber dieser Takt kommen? In der Regel wird dazu ein Oszillator benötigt, also eine Einheit, die unabhängig von der Implementierung ein *oszillierendes* – also mit konstanter Geschwindigkeit zwischen zwei Werten schwingendes – Signal erzeugt. Dieses kann beispielsweise durch Einsatz eines *Komparators*[15] in ein binäres Taktsignal umgewandelt werden (*Abb. 1.6*).

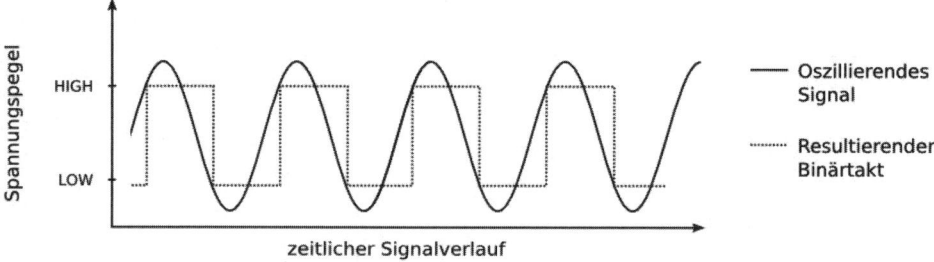

Abb. 1.6: Generierung des digitalen Taktsignals

Um an einen Takt zu kommen, bietet der AVR® verschiedene Möglichkeiten an. Die gewünschte Taktquelle wird mit den CKSEL-Bits eingestellt. Dabei handelt es sich um sogenannte *Fuses*, also nur durch einen Programmieradapter verstellbare Werte (genau erklärt wird dies in Abschnitt 2.2.4). Bei Oszillatoren, die eine Wartezeit benötigen, bis ihr Ausgangssignal stabilisiert ist, wird mit den SUT-Bits die entsprechende Wartezeit eingestellt. Mit dem CLKPR(Clock Prescale)-Register kann der Takt der Taktquelle heruntergeteilt werden und ergibt dann die eigentliche Betriebsfrequenz (CPU-Takt).

Im Abschnitt *0 Anpassung der Taktrate* wird näher erklärt, wie die Taktteilung im laufenden Betrieb genutzt werden kann.

Bei der Auslieferung ist bei vielen AVR-Modellen die CKDIV8-Fuse gesetzt, das heißt der ausgewählte Takt wird nach dem Einschalten durch 8 geteilt, indem standardmäßig der entsprechende Wert im CLKPR-Register gesetzt wird. Will man diese Teilung nicht, muss die Fuse mit dem Programmiergerät zurückgesetzt werden – oder man überschreibt die Einstellung beim Starten des Programms durch Setzen des CLKPR-Regis-

---

[15] Ein Komparator ist ein Baustein, der sein Eingangssignal mit einem vorgegebenen Schwellenwert vergleicht und dementsprechend HIGH oder LOW am Ausgang ausgibt.

ters. Allerdings verfügen einige Modelle nicht über Funktionen zum Teilen des Eingangstakts und haben dann auch keine CKDIV8-Fuse.

Es gibt auch Mikrocontroller, die mit einer PLL (siehe Abschnitt 1.7.2) den Eingangstakt mit einem Faktor multiplizieren können. Auch einige AVRs verfügen über eine PLL, allerdings »nur« für den IO-Takt.

Natürlich ist es auch möglich, einen Mikrocontroller zu *übertakten*, also mit einer höheren Frequenz zu betreiben als vorgesehen. Anders als bei übertakteten PC-Prozessoren wird es dabei nicht einmal zu einer Überhitzung kommen. Es werden aber Timing-probleme und damit »merkwürdige« Fehler auftreten, und zwar tendenziell zuerst beim Speichersystem (Flash und EEPROM). Für Versuchszwecke, mit einer sauberen Betriebsspannung und in einem eingeschränkten Temperaturbereich, kann es aber durchaus funktionieren, einen ATmegax8 auch mit beispielsweise 24 MHz zu betreiben.

Im Folgenden wollen wir uns einige mögliche Taktquellen sowie ihre Vor- und Nachteile näher ansehen.

Interner Oszillator

Die einfachste, billigste und meist auch stromsparendste Möglichkeit ist es, den internen RC-Oszillator des Mikrocontrollers zu verwenden. Dieser läuft, je nach Modell, beispielsweise mit einer Frequenz von 8 MHz und ist standardmäßig als Taktquelle vorkonfiguriert.[16] Leider ist er mit einer Frequenzabweichung von ±3 % bis ±10 % sowie einer hohen Temperaturabhängigkeit für zeitkritische Aufgaben (beispielsweise getaktete Kommunikation über eine serielle Schnittstelle) nur eingeschränkt nutzbar.[17] Allerdings benötigt der interne RC-Oszillator auch nur weniger als zehn Taktzyklen, bis er stabil schwingt – wesentlich weniger als etwa Keramik- oder Quarzoszillatoren –, und der Stromverbrauch ist sehr niedrig. Zudem ist er bereits auf dem Chip integriert, also gratis dabei.

Schwingquarze

Wesentlich genauere Taktgeber sind Schwingquarze (engl. *crystal oscillators*). Sie können ihre Nominalfrequenz mit unter 100 ppm (also einer Maximalabweichung von < 1/10 %) genau einhalten, und das bei geringer Temperaturabhängigkeit. Dafür benötigen sie eine gewisse Zeit (durchaus mehr als 10.000 Taktzyklen, also einige Millisekun-

---

[16] Manche Modelle verfügen über einen zusätzlichen »Low Power«-RC-Oszillator. Dessen Genauigkeit ist nochmals deutlich schlechter als die des »kalibrierten« RC-Oszillators, dafür ist er noch stromsparender.

[17] Den Schwankungen kann teilweise durch regelmäßige Kalibration mit einem geeigneten Referenzsignal entgegengewirkt werden.

den) zum *Einschwingen*, das heißt bis sie ihre Frequenz und die nötige Amplitude erreicht haben und auch stabil halten können.

Leicht erhältliche und in der Fertigung ausgereifte Quarze gibt es im Frequenzbereich zwischen circa 4 MHz und 20 MHz in verschiedenen Ausführungen. Auf den ersten Blick auffällig sind die »krummen« Quarzfrequenzen wie beispielsweise 7,3728 MHz, 14,7456 MHz oder 18,432 MHz. Der Sinn dahinter erschließt sich, wenn man eine serielle Schnittstelle implementiert: als sogenannte Baudratenquarze sind sie ideal zur Erzeugung gebräuchlicher Übertragungstaktraten, worauf wir unter *Einstellung der Baudrate* im Abschnitt *2.7.9 UART/USART* noch näher eingehen werden.

Die meisten Schwingquarze benötigen zum Anschwingen eine externe Beschaltung mit zwei kleinen Lastkondensatoren (typischerweise 22–33 pF) auf Masse, siehe dazu das jeweilige Datenblatt. Im Schaltungsdesign sollten sie zusammen mit den Kondensatoren möglichst nahe am Mikrocontroller positioniert werden, da ansonsten die langen Taktleitungen Störungen einfangen oder andere Schaltungsteile negativ beeinflussen können.

Etwas anders behandelt wird ein externer »Low frequency crystal oscillator«, auch bekannt als »Uhrenquarz« mit einer Schwingfrequenz von 32,768 kHz. Vor dem Einsatz dieser oder anderer spezieller Oszillatoren sollte man einen Blick ins Kapitel *2.2.4 Fuses* und in das Datenblatt werfen.

Keramikresonatoren

Als Alternative zu Quarzoszillatoren werden auch gerne Keramikresonatoren eingesetzt, da sie billiger und im Extremeinsatz etwas weniger anfällig gegenüber Stößen und Vibrationen sind. Sie schwingen deutlich schneller an als Quarze. Ihre Frequenz und Amplitude sind also bereits nach kürzerer Zeit (»nur« einige 1000 Taktzyklen) stabil. Keramikresonatoren sind ungenauer als Quarze, aber immer noch viel präziser als ein einfacher RC-Oszillator wie der im Mikrocontroller verbaute. Sie stellen somit eine recht gute Kompromisslösung dar.

Als Taktquelle werden Keramikresonatoren vom AVR® übrigens genauso behandelt wie Quarze, auch die Fuse-Einstellungen sind die gleichen. Die Start-Up-Zeit kann bei ihnen auf das Minimum gesetzt werden.

Externes Taktsignal

Eine weitere Möglichkeit zum »Takten« des Mikrocontrollers ist die Einspeisung eines externen Taktsignals am vorgesehenen Pin (XTAL1). Soll dieses Signal über weitere Strecken auf der Leiterplatte oder gar auf dem Steckbrett übertragen werden, muss man besonders sorgfältig auf Störabstrahlungen achten.

Für Fortgeschrittene: Genauigkeit des RC-Oszillators

Der interne RC-Oszillator wird bei der Herstellung kalibriert (*factory calibration*). Laut Datenblatt wird diese Kalibrierung beispielsweise beim ATmega48A bei 25 °C und 3 V Betriebsspannung durchgeführt und soll besser sein als ±10 %.

Sehr aufschlussreich sind diesbezüglich die Diagramme *Calibrated 8 MHz RC Oscillator Frequency vs. Temperature* und *Calibrated 8 MHz RC Oscillator Frequency vs. VCC* im Datenblatt. Daraus wird ersichtlich: Der RC-Oszillator der Atmel® AVR® hat eine sehr bescheidene Leistung, das haben andere Mikrocontrollerhersteller deutlich besser gelöst.

Entscheidet man sich dafür, den RC-Oszillator selbst nachzukalibrieren, kann man jedoch eine Genauigkeit im Bereich von ±1 % erreichen. Die Temperaturabhängigkeit des RC-Oszillators kann man aber nur durch eine regelmäßige Kalibrierung im laufenden Betrieb kompensieren. Dazu benötigt man eine Taktreferenz, entweder einen externen Quarz oder einen von einem System mit genauem eigenem Takt versendeten Synchronisierungspuls.

Will man den Takt nur bei einer einzelnen Temperatur einstellen, geht das am schnellsten mit einem Programmieradapter und dem Atmel®-Studio. Zunächst wird der RC-Oszillator als Taktquelle ausgewählt und die *CKOUT*-Fuse gesetzt, wodurch der aktuelle Takt am Pin *CLKO* (PB0 beim ATmegax8) ausgegeben wird. Diese Frequenz muss nun möglichst genau gemessen werden, entweder mit einem Oszilloskop oder (meist genauer) mit einem Frequenzmessgerät.

Die Einstellung der Frequenz selbst erfolgt durch Schreiben eines Wertes in *OSCCAL* (*Oscillator Calibration Register*). Wie man in den Diagrammen *Calibrated 8 MHz RC Oscillator Frequency vs. OSCCAL Value* im Datenblatt erkennen kann, ist der Zusammenhang zwischen Oszillatorfrequenz und OSCCAL-Wert (dort auch als OSCVAL bezeichnet) aber nicht ganz linear und es gibt einen Punkt, an dem die Frequenz sogar springt.

Manche (ältere) AVRs haben mehrere RC-Oszillatoren, jedoch ist nur einer davon im Werk kalibriert. Wählt man einen anderen RC-Oszillator als den primären (siehe jeweiliges Datenblatt), wird aber trotzdem beim Start des Mikrocontrollers der Kalibrierwert für den Hauptoszillator geladen, was nicht unbedingt der richtige Wert für die anderen sein muss. In diesem Fall muss das OSCCAL-Register also ebenfalls manuell gesetzt werden, wenn man auf eine etwas höhere Taktgenauigkeit angewiesen ist.

Der Programmieradapter kann den Werkskalibrierwert auslesen, also jenen Wert, der beim Start einfach in OSCCAL geladen wird. Diesen kann man nicht verändern, es ist jedoch möglich, einen eigenen Kalibrierwert an einer Adresse im Flash oder EEPROM zu speichern.

Dieser Wert muss dann anschließend vom Programm auf dem Mikrocontroller in OSCCAL geladen werden, im folgenden Beispielcode liegt der Kalibrierwert auf Adresse 1 im EEPROM:

```
OSCCAL = eeprom_read_byte( (uint8_t*)0x01 );
```

Eine Kalibrierung im laufenden Betrieb ist deutlich aufwendiger, wird jedoch beispielsweise beim LIN-Bus oft eingesetzt. Dazu wird vor jedem Datenpaket vom Master, der eine genaue Taktreferenz haben muss, die Bitfolge »01010101« (0x55) gesendet. Die Slaves messen die »Periodenlänge«, also den Abstand zwischen den Flanken der Taktreferenz, und gleichen ihre RC-Oszillatoren damit ab. Es gibt von Atmel® auch Beispielcode, wo diese Vorgehensweise gezeigt wird (*Run-time calibration of the Internal RC oscillator for LIN applications*).

Gerne wird auch ein 32,768 kHz-Uhrenquarz als Taktquelle für den asynchronen Timer2 genommen. Damit kann dann der interne RC-Oszillator abgeglichen werden. Größere AVR-Modelle haben eigene Pins (TOSC1 und TOSC2) für den Uhrenquarz und müssen diese nicht wie z. B. der ATmegax8 mit dem »normalen« Quarz teilen, was eine gemeinsame Verwendung unmöglich macht.

1.2.7 Interrupts

Unter einem *Interrupt* versteht man eine beabsichtigte Unterbrechung des gerade laufenden Programmes (engl.: *interrupt* – unterbrechen) durch eine zunächst einmal beliebige Quelle (*Interrupt Source*).

Wird ein Interrupt ausgelöst, wird das Programm angehalten und die entsprechende Interruptroutine wird stattdessen ausgeführt. Wurde sie abgearbeitet, so läuft das Hauptprogramm von dem Punkt aus weiter, an dem es zuvor unterbrochen wurde.

Bei der PC-Programmierung ist die Verwendung von Interrupts unüblich, bei Mikrocontrollern sind sie jedoch ein sehr wichtiger Grundbaustein, daher muss ihnen etwas mehr Aufmerksamkeit gewidmet werden.

Interrupts können überaus nützlich sein, da sie durch externe Ereignisse zeitnah getriggert werden können, ohne dass im Hauptprogramm ständig mühsam eine entsprechende Abfrage aufgerufen werden muss. Sie »warten« also gewissermaßen im Hintergrund auf ihren *Triggerimpuls*.

Jeder AVR-Mikrocontroller verfügt über die Fähigkeit, bei einer Liste definierter Ereignisse Interrupts auszulösen. Dies können abgeschlossene Übertragungen oder Messungen sein, aber auch etwa Pegeländerungen an einem Eingangspin oder Timer-Overflows (vergleiche nächsten Abschnitt).

Hinweis:

Es gibt zwei Arten, eine Aufgabenstellung auf Mikrocontrollern zu programmieren: Entweder *sequentiell* (sämtlicher Code wird in die Endlosschleife der Hauptroutine gepackt beziehungsweise daraus aufgerufen) oder *interruptgesteuert* (in der Hauptroutine läuft dann höchstens der unkritische Code, während Ereignisse, auf die zeitnah reagiert werden muss, einen Interrupt auslösen).

Nehmen wir an, wir haben eine serielle Schnittstelle (zum Beispiel: UART) implementiert und wollen, dass mit jeder erfolgreich abgeschlossenen Übertragung eine LED kurz aufflackert. Das kann ein nützlicher Indikator für laufende Datenübertragungen sein.

Die wenig elegante Lösung wäre, in der Hauptroutine den Status der eingehenden Daten ständig abzufragen und bei abgeschlossener Übertragung die LED zu schalten. Das ist alles andere als effizient und kostet Rechenzeit – diese aber ist gerade in der Mikrocontrollerprogrammierung ein knappes Gut.

Alternativ können wir auch außerhalb des Hauptprogramms eine Interruptroutine schreiben, die automatisch aufgerufen wird, wenn eine Übertragung über UART abgeschlossen ist. Tritt dieses Ereignis ein, so wird das Hauptprogramm kurzzeitig unterbrochen, die Interruptroutine ausgeführt – die LED flackert kurz auf – und anschließend das Hauptprogramm an der gleichen Stelle wieder fortgesetzt. Die ganze Unterbrechung spielt sich dabei in der Regel in nur einigen Mikrosekunden ab.

Interrupts sind standardmäßig deaktiviert. Sollen Interrupts verwendet werden, so muss die gewünschte Quelle – der *Triggerimpuls* für den Interrupt – eingeschaltet (enable) werden. Zudem muss natürlich auch die passende Routine (ISR – Interrupt Service Routine) dazu geschrieben werden. Etwas unsauber wird sie meist als Interruptroutine bezeichnet.

In AVR-Mikrocontrollern kann jeweils nur eine Interruptroutine gleichzeitig ausgeführt werden. Das bedeutet Folgendes: Tritt während der Ausführung einer Interruptroutine ein weiterer Interrupt auf, so wird die gerade laufende Routine weiterhin normal ausgeführt und nicht unterbrochen. Erst nachdem sie abgeschlossen ist, wird der »wartende« Interrupt behandelt. Es gibt also regulär keine »Interrupts von Interrupts«.

Achtung:
Interrupts unterbrechen den »normalen« Programmablauf und sollten daher mit Vorsicht gehandhabt werden. Man muss genau nachdenken, was man bewirken will und welche (ungünstigen) Fälle eintreten können. Interruptroutinen sollten prinzipiell so kurz wie möglich sein. Zudem muss sichergestellt werden, dass sie auch unter allen Umständen sicher wieder verlassen werden können, um ins Hauptprogramm zurückzugelangen. Als Faustregel gilt: Keine (Warte-)Schleifen in Interruptroutinen.

Undefinierte Interruptroutinen werden vom C-Compiler aufgefangen. Dabei geschieht Folgendes: Wird ein Interrupt ausgelöst, dessen zugehörige Interruptroutine nicht definiert wurde, wird der ursprüngliche Programmablauf automatisch wieder aufgenommen. Auf diese Weise wird verhindert, dass aufgrund einer nicht vorhandenen Interruptroutine das Programm unterbrochen und nicht weiter fortgeführt wird.

Zur konkreten Umsetzung sei auf Kapitel *2.7.1 Interrupts* verwiesen.

1.2.8 Timer (Zähler)

Ein Timer ist eine Zusatzeinheit, die selbständig mit einem gegebenen Takt hochzählt. Dadurch lassen sich verschiedene Funktionalitäten umsetzen, beispielsweise Zähler oder Zeitmesser, oder das Ausführen einer bestimmten Aufgabe in regelmäßigen Abständen. Das Hochzählen erfolgt dabei mit dem Systemtakt[18] und unabhängig – da außerhalb – vom restlichen Programmablauf.

Timer werden in Form eines Registers umgesetzt (siehe dazu später), das in der Regel die Länge von 8 oder 16 Bits hat. Man spricht dann von einem 8- bzw. 16-Bit-Timer.

Ein 8-Bit-Timer ist also ein Register, mit dem man bis $2^8 = 256$ (bei einem 16-Bit-Timer bis $2^{16} = 65536$) zählen kann. Es »zählt also bis 255«[19], bevor es sich wieder auf 0 zurücksetzt und von vorne beginnt. Tritt dies auf, so spricht man von einem *Overflow*. Ein Timer Overflow kann, falls gewünscht, einen Interrupt und damit eine zeigesteuerte Ausführung eines Codesegments auslösen.

Nehmen wir als Beispiel einen Mikrocontroller mit einem 8-Bit-Timer, den wir mit 4 MHz betreiben. Wird der Timer mit jedem Systemtakt inkrementiert, so bedeutet das, dass 4.000.000 Mal pro Sekunde hochgezählt wird. Dabei kommt es zu 4000000 / 256 = 15625 Zählerüberläufen in einer Sekunde.

---

[18] Oder bei einigen Timern auch alternativ mit einem zusätzlichen Quarz oder externen Taktsignal

[19] Achtung: in der Programmierung beginnt man mit 0 zu zählen. Das heißt an dieser Stelle: 0 bis 255 = 256 Elemente.

Wird kein schnelles Inkrementieren[20] benötigt – etwa, weil es ausreicht, eine Aktion nur ein paarmal pro Sekunde durchzuführen – so bietet sich der Einsatz eines *Prescalers* (Vorteiler) an: Ein Prescaler »teilt« den Timertakt wahlweise etwa durch 8, 64, 256 oder 1024 (Beispiel ATmegax8, Timer/Counter 0/1).

Wird für unser Beispiel etwa ein Prescaler von 64 eingestellt, so wird der Timer nur noch 4000000 / 64 = 62500 Mal pro Sekunde inkrementiert, es kommt also nur noch zu 62500 / 256 • 244 Overflows pro Sekunde.

Beispiel:
Nehmen wir an, wir möchten, dass eine LED pro Sekunde einmal blinkt. Dazu soll sie jeweils eine halbe Sekunde lang leuchten und eine halbe Sekunde lang nicht. Dafür steht uns eine mit 8 MHz betriebene MCU mit 16-Bit-Timer zur Verfügung.
Bei einem Prescaler von 256 ergibt sich für uns ein neuer Takt von 8000000 / 256 = 31250 Hz. Der Timer führt also 31250 Zählschritte pro Sekunde aus, das entspricht 15625 Zählschritten pro halber Sekunde.
Nun müssen wir den Timer-Startwert auf 2^{16} – 15625 = 65536 – 15625 = 49911 setzen und definieren, dass bei einem Overflow (also nach 15625 Schritten = ½ Sekunde) eine *Interruptroutine* aufgerufen wird, die in unserem Beispiel die LED toggelt[21].
Würden wir für die gleiche Aufgabe einen 8-Bit-Timer verwenden, so käme es bereits nach 2^8 = 256 Schritten zu einem Overflow. Bei gleichem Takt und Prescaler, also 15625 Zählschritten pro halber Sekunde, wären das rund 15625 / 256 • 61 Overflows pro halber Sekunde.
Das können wir beispielsweise dadurch lösen, dass wir eine Zählvariable i einführen, die bei 0 startet und bei jedem Overflow um 1 erhöht wird. Erst wenn die Variable den Wert 60 erreicht hat, schalten wir die LED an. Dann wird bei jedem Überlauf weitergezählt, bei i = 120 die LED wieder ausgeschaltet und die Zählvariable i auf 0 gesetzt.

Wie die Timer konkret eingesetzt werden, ist im Kapitel *2.7.2 Timer* beschrieben.

---

[20] Inkrementieren bedeutet jeweils um 1 hochzählen, dekrementieren jeweils um 1 herunterzählen.

[21] »Toggeln« bedeutet bei einer Variablen, die zwei Werte annehmen kann, dass ihr Wert auf den jeweils anderen wechselt. Ein Bit toggeln bedeutet also: Ist es gerade 0, so wird es auf 1 gesetzt. Ist es aber gerade 1, wird es auf 0 gesetzt. Eine LED toggeln heißt analog: Ist sie gerade an, so wird sie ausgeschaltet, und umgekehrt.

1.2.9 Register

Als Register (Steuerregister) werden (bei einer 8-Bit-Architektur) 8 Bit lange Speicherelemente bezeichnet, durch deren Manipulation das Verhalten des Mikrocontrollers beeinflusst werden kann. Man spricht in diesem Zusammenhang vom »Setzen eines *Flags*«, was nichts anderes als das Schreiben von 0 oder 1 an der entsprechenden Stelle im Register bezeichnet.

Das Konzept eines Registers wird am ehesten anhand eines Beispiels ersichtlich:

Beispiel:
Im letzten Kapitel haben wir erfahren, dass zum Nutzen von Interrupts diese erst aktiviert und der entsprechende Triggerimpuls erlaubt werden muss. Die generelle Aktivierung von Interrupts erfolgt bei AVR-MCUs im Statusregister SREG (*Abb. 1.7*). Im Datenblatt wird es folgendermaßen dargestellt:

7	6	5	4	3	2	1	0	Bit
I	T	H	S	V	N	Z	C	**SREG**
R/W	R/W	R/W	R/W	R/W	R/W	R/W	R/W	Read/Write
0	0	0	0	0	0	0	0	Initial Value

Abb. 1.7: Registerbeschreibung SREG

Die Kästchen symbolisieren die von 0 bis 7 durchnummerierten Flags des Registers. Darunter folgt ein Hinweis, ob das Flag nur ausgelesen (»R«, *Read*), oder auch geschrieben werden kann (»R/W«, *Read/Write*). Den Abschluss bildet der Standardwert (*Initial Value*), den das Flag nach dem Einschalten hat.
Im Statusregister, das wir hier betrachten, können also alle Flags gelesen und gesetzt werden. Standardmäßig sind sie auf »0« gesetzt.
Für uns von Interesse ist hier *Bit 7 – I : Global Interrupt Enable*. Seine Funktion ist im Datenblatt direkt unter der Registerdefinition näher erläutert, wie für alle anderen Flags dieses Registers auch. Um die Interrupts nutzen zu können, muss also das Bit 7 des AVR®-Status-Registers auf »1« gesetzt werden. Das Setzen von Bits erfolgt mit Hilfe von Bitoperationen, wie sie in Kapitel *2.4 Bitoperationen* näher behandelt werden. Für unser Beispiel könnte das so aussehen:
```
SREG |= (1 << I); //setze Bit mit Bezeichnung "I" auf 1
```

Ein Register kann man sich einfach als eine Speicherstelle vorstellen. Bei der 8-Bit-AVR-Architektur ist jedes Register 8 Bit breit. Auf ein Register wird in einem einzigen CPU-

Taktzyklus zugegriffen, man bezeichnet diese Operation daher auch als *atomar* (vom altgriechischen »atomos« für »unteilbar«).

Register gibt es für eine Vielzahl von Einstellmöglichkeiten und Mikrocontrollerfunktionen. Über Register werden Pins gewisse Funktionen zugewiesen (beispielsweise um sie als Ein- oder Ausgänge zu definieren), Peripherieeinheiten eingeschaltet und konfiguriert (etwa ein Timer mit dem zugehörigen Prescaler) oder generelle Einstellungen für den Mikrocontroller vorgenommen (zum Beispiel die Taktquelle ausgewählt). Gerade die Auswahl der Taktquelle erfolgt jedoch mit speziellen Bits, den Fuses (siehe Kapitel *2.2.4 Fuses*), die nicht direkt aus dem Programm heraus gesetzt werden können und die nichtflüchtig sind.

Wenn wir beginnen, mit Mikrocontrollern zu arbeiten, werden Register und deren Benutzung allgegenwärtig sein. Besonders elegant lassen sie sich mit Hilfe von Bitmanipulationen setzen, siehe dazu Kapitel *2.4 Bitoperationen*. Im weiteren Verlauf des Buches sowie in der Erläuterung der Funktionen und Peripherieeinheiten der MCU im Datenblatt werden die jeweils zugehörigen Register sowie die Möglichkeiten, die sie eröffnen, näher erläutert.

Erwähnenswert sind die drei General Purpose I/O Register (GPIOR0, 1 und 2) der neueren AVR-Modelle. Dabei handelt es sich um 8-Bit-Register ohne besondere Verwendung, die sehr gut für globale Zustandsvariablen geeignet sind, da sie mit beliebigen Werten beschrieben werden können (näheres siehe Abschnitt *2.7.18 General Purpose I/O Register und Fehlerbehandlung*).

Wir fassen zusammen:
Ein Register ist eine Speicherzelle, mit deren Hilfe durch Setzen ihrer einzelnen Bits (der sogenannten Flags) das Verhalten des Mikrocontrollers oder seiner Peripherieeinheiten beeinflusst werden kann. So können durch Bitoperationen gewisse Funktionen oder Peripherieeinheiten eingeschaltet, konfiguriert oder Pins zugewiesen werden.

Für Fortgeschrittene: 16-Bit-Register

Manche Register, z. B. die von 16-Bit-Zählern, sind breiter als 8 Bit. Das ist aber »nur« ein Trick, um den Zugriff zu erleichtern. Intern bestehen diese Register immer aus zwei getrennten 8-Bit-Registern mit der Bezeichnung H (HIGH) und L (LOW). Auf beide zusammen kann nicht atomar in einer einzigen Operation zugegriffen werden. Die AVRs verfügen jedoch über einen Mechanismus zum Umgehen des Problems: Wird ein 16-Bit-Register geschrieben, werden beim ersten Zugriff die oberen 8 Bit in ein temporäres Register geschrieben. Im 2. Taktzyklus werden die unteren 8 Bit übertragen und gleichzeitig mit den oberen 8 Bit aus dem temporären Register in das 16-Bit-Register geschrieben.

In C muss man sich um diesen Mechanismus nicht kümmern, das erledigt der Compiler. Es gibt jedoch ein potenzielles Problem: Alle Peripherieeinheiten mit 16-Bit-Registern haben nur ein gemeinsames temporäres Register. Wenn also im Hauptprogramm und in Interruptroutinen auf 16-Bit-Register derselben Peripherieeinheit zugegriffen wird, kann es zu Konflikten kommen, wenn der Interrupt während des Zugriffs des Hauptprogramms auf ein langes Register auftritt. Dies kann man entweder durch ein geschicktes Programmdesign verhindern oder man deaktiviert die Interrupts vor dem Zugriff auf das 16-Bit-Register in der Hauptroutine und aktiviert sie anschließend wieder. Die Interruptroutine kann bekanntlich im Normalfall nicht unterbrochen werden, sodass man dort keine Maßnahmen beim Zugriff treffen muss.

2 Programmierung und Implementierung

2.1 Allgemeines zur Programmierung

Verständlicherweise können wir an dieser Stelle keine umfassende Einführung in die *Programmiersprache C* geben. Doch dazu gibt es sehr viele andere Quellen. Es soll daher hier nur auf die für die Programmierung von Mikrocontrollern[22] relevanten Punkte und Eigenheiten eingegangen werden.

An dieser Stelle sollten wir darauf hinweisen, dass wir in diesem Buch nicht das von Atmel® propagierte AVR® Framework benutzen, sondern die freie AVR Libc. Diese erlaubt mehr Einstellungen und damit größere Freiheiten in der Programmierung. Als Compiler verwenden wir den GCC, beim aktuellen Atmel® Studio werden beide Komponenten mitinstalliert.

> **Hinweis:**
> Während im Text Fließkommazahlen in der im deutschsprachigen Raum üblichen Schreibweise mit dem Komma als Dezimaltrennzeichen angegeben werden (»2,3«), muss im C-Code stattdessen die englische Schreibweise mit einem Punkt (»2.3«) verwendet werden.

Die Programmbeispiele sind, soweit nicht anders angegeben, für die ATmegax8-Serie (ATmega48, 88, 168 und 328) in ihren verschiedenen Ausführungen (»normal«, Revision A und PicoPower®-Variante P) geschrieben. Diese Controllerbaureihe ist modern, günstig und weit verbreitet (unter Anderem durch ihren Einsatz auf vielen »*Arduino*«-Boards). Zudem verfügen sie über die »neuen« Registerbezeichnungen und Registereinteilungen, sodass eine Portierung auf viele aktuelle Modelle problemlos möglich ist. Die verwendeten Pins müssen natürlich angepasst werden. Es empfiehlt sich aber prinzipiell,

---

[22] Genau gesagt, gilt das für »kleine« Mikrocontroller. Sobald ein Betriebssystem auf einem Controller läuft, gelten wieder etwas andere Regeln.

einen Blick in den jeweiligen Abschnitt des Datenblatts des letztendlich verwendeten Controllers zu werfen.

Bei den Programmbeispielen wird bei den Initialisierungen der Register schrittweise vorgegangen. Der erste Befehl setzt dabei alle Bits außer dem gewünschten auf 0, während bei den nachfolgenden Befehlen eine OR-Verknüpfung durchgeführt wird, sodass nur das jeweilige Bit gesetzt wird (siehe Abschnitt *2.4 Bitoperationen*). Die Befehle, um die Bits in einem Register zu setzen, können natürlich auch zu einer einzigen Anweisung zusammengefasst werden, was in den erweiterten Beispielen auch gemacht wird. Globale Einstellungen wie z. B. die Taktrate werden nicht bei jedem Beispiel nochmals gezeigt.

Es werden bewusst keine realen externen ICs angesteuert. Das würde aufgrund der sehr hohen Anzahl an existierenden Bauteilen nur für Verwirrung sorgen. Daher werden »generische« Bauteile verwendet und die verschiedenen alternativen Methoden angesprochen. Manchmal werden auch ICs mit einem standardisierten Protokoll (»Industriestandard«) angesteuert, ohne den konkreten Typ zu spezifizieren.

Bei den Beispielen werden zur Verbesserung der Übersichtlichkeit nur die gerade für das Beispiel relevanten Anschlüsse gezeigt. Andere Anschlüsse und die Spannungsversorgungen wurden nicht notwendigerweise mitgezeichnet, müssen aber natürlich ebenfalls angeschlossen werden. Falls es nicht explizit so gekennzeichnet wurde, sind die grafischen Darstellungen nicht als Pinbelegungen zu verstehen, sondern dienen dazu, den Sachverhalt zu erklären.

> **Hinweis:**
> Zum besseren Verständnis der internen Funktionsweise der jeweils genutzten AVR®-Peripherie oder Funktionalität ist es sehr hilfreich, den entsprechenden Abschnitt im Datenblatt oder die zugehörigen *Application Notes* des Herstellers durchzulesen. Die Datenblätter sind in der Regel sehr ausführlich und erklären genau, warum und zu welchem Zweck welche Bits wie zu setzen sind, um das gewünschte Verhalten zu erreichen. Auch die Application Notes können sehr gut sein, es gibt bei ihnen aber große Qualitätsunterschiede.

2.1.1 Eigenheiten der Mikrocontrollerprogrammierung

Hinweis:
Die folgenden Kapitel 2.1.x sind insbesondere für diejenigen Leser gedacht, die bereits versiert im Umgang mit der Programmiersprache C sind. Programmier-Einsteiger sollten sich nicht davon abschrecken lassen, wenn sie mit dem einen oder anderen Begriff oder Schlüsselwort noch nichts anfangen können. Bei den jeweiligen Beispielimplementierungen werden wir noch genauer erklären, was warum auf welche Art gelöst wird.

Bei der Programmierung von AVRs (aber auch bei anderen Mikrocontrollern) benötigt man nur einen kleinen Teil des Sprachumfangs von C. C hat darüber hinaus die Besonderheit, dass sehr viele Funktionen in die »C standard library« ausgelagert wurden. Aus Speichergründen muss diese auf Mikrocontrollern »etwas schlanker«, also einfacher, ausfallen.

So darf man – außer in Ausnahmefällen und wenn man ganz sicher ist, was man tut – auf Mikrocontrollern keine dynamische Speicherverwaltung verwenden. Malloc, free und andere »Gemeinheiten«, die C-Programmierer auf dem PC beschäftigen und für viele Fehler und Bugs mitverantwortlich sind, kommen also schlicht nicht vor. Ebenso ist die Benutzung von Pointern (Zeigern) nur beschränkt sinnvoll und somit kaum gebräuchlich. Das stimmt zwar nicht ganz, da z. B. Register intern natürlich über Adresszeiger gehandhabt werden, aber der Programmierer kommt damit im Normalfall nicht in Berührung. Der Rat der Autoren lautet daher auch, auf »Tricks« mit Zeigern tendenziell zu verzichten.

2.1.2 Schlüsselwörter

volatile

Besonders wichtig bei der Mikrocontrollerprogrammierung ist das Schlüsselwort »volatile«. Es wird bei der Variablendeklaration angegeben. Also beispielsweise:

```
volatile int MeineVariable;
```

Zur Erklärung nehmen wir an, dass wir eine globale Variable *MeineVariable* haben. Das Hauptprogramm »wartet« in diesem einfachen Beispiel in einer Schleife darauf, dass eine Interruptroutine diese Variable ändert. Der Compiler »kennt« aber keine Interruptroutinen – er »sieht« gewissermaßen nur die Variable und das Hauptprogramm, in dem sich die Variable nicht ändern kann. Daher entfernt er während der

Optimierung die entsprechende, aus seiner Logik heraus sinnlose Schleife. Dadurch entsteht ein Problem für uns, da sich das Programm ja nun anders verhält als erwartet.

Das Schlüsselwort `volatile` sagt dem Compiler aber nun, dass er bei dieser Variable auf sämtliche Optimierungen verzichten und ihren Wert bei jedem Zugriff darauf neu lesen muss.

Also kurz gesagt: Eine Variable muss mit `volatile` deklariert werden, wenn sie sowohl in einer Interruptroutine, als auch an einer anderen Stelle (im Hauptprogramm oder in anderen Interruptroutinen) verwendet wird.

Die Zugriffsvariablen auf die Register sind im *Headerfile* des Controllers übrigens ebenfalls als `volatile` deklariert, da sich ihre Werte ja ebenfalls ohne »Wissen« des Compilers ändern können und er ansonsten beispielsweise eine Warteschleife, in der auf die Änderung eines Pinzustandes gewartet wird, einfach wegoptimieren würde.

#define

Besonders vorsichtig muss man bei der Verwendung von `#define` sein. Das ist eine auf Mikrocontrollern sehr gerne verwendete Möglichkeit, um etwa Konfigurationseinstellungen übersichtlich am Anfang des Programms zusammenzufassen, beispielsweise

```
#define BAUDRATE 9600;
```

Zu beachten ist dabei, dass mit `#define` nur eine reine Textersetzung vor dem Kompilieren durchgeführt wird.

Man kann natürlich auch mathematische Ausdrücke mit `#define` angeben. Die alles umschließende Klammer darf dabei aber niemals vergessen werden, da es bei der Textersetzung ansonsten zu einer unvorhersehbaren Ausführungsreihenfolge kommen würde, wenn der Compiler die Ausdrücke auswertet (Punktrechnung vor Strichrechnung etc.).

Da vor dem endgültigen Kompiliervorgang alle auswertbaren Ausdrücke, also vereinfacht gesagt alle Berechnungen mit bereits bekannten Werten, berechnet werden, führen mathematische Ausdrücke mit konstanten Werten zu keinerlei Performancenachteil im kompilierten Code und sollten daher nach Möglichkeit verwendet werden.

Also besser, da übersichtlicher:

```
#define SEKUNDEN_PRO_TAG (60UL * 60UL * 24UL)
```

anstatt direkt:

```
#define SEKUNDEN_PRO_TAG 86400UL
```

Wenn der C-Compiler auf Zahlenwerte im Quellcode trifft, muss er für diese einen geeigneten Datentyp annehmen. Er nimmt dabei automatisch den kleinstmöglichen Datentyp, der die Zahl aufnehmen kann. Standardmäßig wird aber von *Signed*-Werten ausgegangen, sodass man bei Bedarf durch ein angehängtes U den Compiler darauf hinweisen muss, dass er den Wert als *Unsigned* zu behandeln hat. UL zeigt ein *Unsigned Long* an.

Gibt es Nachkommastellen, wird automatisch *Double* angenommen. Bei einem angehängten F wird *Float* statt Double verwendet, allerdings hat Float auf dem AVR® dieselbe Größe wie Double (4 Byte). Auf anderen Systemen kann Double aber 8 Byte groß sein, sodass die explizite Angabe, dass man mit Float rechnen will, Speicherplatz auf Kosten der Rechengenauigkeit spart.

const

Darf sich ein Wert nicht ändern, bietet sich stattdessen auch das Schlüsselwort `const` an. Der Wert wird dann auch nicht im RAM, sondern im Flash gespeichert, was vor allem bei längeren Texten Speicherplatz spart.

Also statt

```
#define WOCHENTAGE 7
```

kann man auch

```
static const uint8_t Wochentage = 7;
```

verwenden, wobei allerdings für »einfache« Anwendungen eher `#define` verwendet wird. `const` sollte übrigens nicht als »konstant« übersetzt und interpretiert werden, sondern besser als »nur Lesezugriff«. Das vereinfacht einige Überlegungen.

Damit lässt sich auch die klassische Frage beantworten, die einen PC-Programmierer von einem Mikrocontrollerprogrammierer unterscheidet: Einem PC-Programmierer fällt kein Beispiel für eine »`volatile const`«-Variable ein, während ein Mikrocontroller-programmierer dabei etwa an ein Statusregister denkt.

2.1.3 Portierbarkeit von Code

> **Hinweis:**
> Folgende Hinweise gelten für das gesamte Buch: Register- und Bitbezeichnungen sind häufig generell angegeben. Ein »n« steht für eine Zahl ab 0, also steht beispielsweise TCNTn für ein beliebiges Timer/Counter-Register, beginnend mit TCNT0 für Timer/ Counter 0. Im Code allerdings muss natürlich der exakte Registernamen stehen.

Der Beispielcode wurde für den ATmega48/88/168/328 geschrieben, im Folgenden als ATmegax8 bezeichnet. Er sollte aber auch für andere Controller portierbar sein, vor allem wenn die in diesem Kapitel erwähnten Hinweise zur erleichterten Portierbarkeit berücksichtigt werden.

Wie bereits erwähnt, haben Mikrocontroller unterschiedliche Architekturen. Das führt neben anderen Schwierigkeiten zu dem Problem, dass der Datentyp *Integer* (int) nicht überall gleich breit, also nicht gleich viele Bits lang ist. Im C-Standard ist nur die Bedingung

$$char \ \leq \ int \ \leq \ long$$

spezifiziert, es werden keine expliziten Längen der Datentypen vorgegeben.

Um Komplikationen zu vermeiden – aber auch um bewusster und damit besser mit dem stets knappen Speicher umzugehen – bietet sich die Verwendung von Datentypen mit expliziter Angabe der Bitanzahl an. Wir schreiben also beispielsweise

```
uint8_t Variablenname
```

und definieren damit einen *Unsigned* (ohne Vorzeichen) *Integer*-Typ mit einer Länge von 8 Bit.

Für eine Übersicht der Typen sei auf den Abschnitt Integer Typdefinitionen in den Dateien *inittypes.h* sowie *stdint.h* verwiesen.

Im Quellcode sollten Pins nicht direkt geschaltet werden. Vor allem wenn wir viele Pins nutzen und diese unter diversen Bedingungen schalten, sollten wir es nicht unmittelbar machen.[23] Die Verwendung von #define bietet sich hier an, damit Änderungen schnell und weniger fehleranfällig geschehen können.

Anstatt

```
PORTD |= (1<<PD2); //schalte LED
```

schreiben wir also in größeren Projekten besser:

```
#define LEDPORT PORTD
#define LEDPIN PD2

LEDPORT |= (1<<LEDPIN); //schalte LED
```

---

[23] In den Beispielen wird das zwecks Einfachheit und Übersichtlichkeit aber doch getan.

Bei der Portierung müssen wir somit Pin und Port nur an einer Stelle ändern, was uns viel Ärger ersparen kann.

2.1.4 Codeoptimierung

Im Gegensatz zur »normalen« Programmierung für Desktop-PCs oder vergleichbar leistungsfähige Rechner kann es bei der Mikrocontrollerprogrammierung wesentlich schneller vorkommen, dass die Ressourcen knapp werden. Es ist also hilfreich, sich auf die »alten Tugenden« zum sparsamen Umgang mit Speicherplatz und Rechenkapazität zurückzubesinnen. Man muss aber immer bedenken, dass die meisten Geschwindigkeitsoptimierungen Nachteile wie schlechte Lesbarkeit, schlechte Portierbarkeit oder mehr Speicherverbrauch mit sich bringen. Die Optimierungen sollten also eher dort durchgeführt werden, wo sie wirklich sinnvoll sind, also bei häufig ausgeführten Funktionen sowie in den Interruptroutinen und nicht im Initialisierungscode.

Fließkommarechnung

Fließkommarechnungen, auch als Gleitkommarechungen oder als »Rechnungen mit Nachkommastellen« bezeichnet, können im Vergleich zum Rechnen mit ganzen Zahlen einen empfindlich erhöhten Rechenaufwand bedeuten. Eine sehr beliebte und auch häufig verwendete Optimierungsmethode ist daher der Verzicht auf Nachkommastellen durch eine geeignete Skalierung der Einheiten. Man rechnet also beispielsweise statt in Volt in mV oder gar in µV.

Oft ist es auch gar nicht nötig, Messwerte im Programm von Counts (vergleiche *2.7.5 AD-Wandler*) etwa in Spannungen in Volt umzurechnen, was oft mit ungünstigen Umrechnungsfaktoren erfolgen muss. Man kann auch direkt mit den »Rohwerten« weiterrechnen und sie erst bei Bedarf – wenn beispielsweise ein Mensch den Messwert zu Gesicht bekommt – in eine verständlichere und interpretierbare Form bringen.

Sehr oft wird (auch in diesem Buch) – teils aus Gründen der Verständlichkeit, teils aber auch, weil kein Bedarf nach einer schnelleren oder effektiveren Lösung besteht – dennoch auf eine Rechnung mit Fließkommazahlen zurückgegriffen, auch wenn die AVR-Modelle keine Fließkommaeinheit besitzen und daher eine recht aufwendige Emulierung derselben durch den Compiler vorgenommen werden muss. Sehr häufig erreicht dieser durch eingebaute Optimierungen und »Rechentricks« aber durchaus eine beachtliche Geschwindigkeit, sodass man das Ergebnis bei allen »Handoptimierungen« stets kritisch mit dem Resultat des Compilers vergleichen sollte.

Anderseits kann man vor allem bei aufwendigen Divisionen oft noch sehr viel herausholen.

Das Grundrezept lautet, die Division irgendwie auf eine Bitschiebeoperation zu bringen, also eine Division durch wahlweise 2, 4, 8, 16, 32, 64, 128, 256 und so weiter durchzuführen. Dazu muss der zu teilende Wert mit einem entsprechenden (ganzzahligen!) Faktor multipliziert werden. Am einfachsten geht das, wenn man die (ohnehin oft sinnvolle) Mittelwertbildung eines Messwerts hierfür benutzt. Das folgende Beispiel verdeutlicht diese Vorgehensweise:

Beispiel

Als Beispiel haben wir einen Spannungswert zwischen 0 und 5 V, der durch 2,45 geteilt werden soll. Dazu nehmen wir ein Tabellenkalkulationsprogramm und probieren aus, bei welcher Zweierpotenz der Divisionsrest Null oder möglichst klein wird. Wir entscheiden uns beispielsweise für 32, da

$$\frac{32}{2,45} = 13,06122$$

Also multiplizieren wir den Messwert mit 13 (beziehungsweise messen 13 Mal und summieren das Ergebnis jeweils auf) und teilen ihn anschließend durch 32. Dadurch erhalten wir unser Ergebnis bei einem maximalen Fehler von 0,0096 – und somit weniger als 0,2 % Rundungsfehler.

Manchmal muss man auch kleinere Ungenauigkeiten in der Berechnung in Kauf nehmen beziehungsweise kann kleinere Rundungsfehler vernachlässigen, da der größte Fehler normalerweise ohnehin im analogen Teil der Schaltung, also außerhalb des Mikrocontrollers, passiert.

2.1.5 Compilereinstellungen

Ein Compiler gehört zu den komplexesten Stücken Software. Um das volle Potenzial auszunutzen, gibt es meist umfangreiche Einstellmöglichkeiten und verschiedene Parameter, um den schnellsten oder den speichereffizientesten Code zu erzeugen. Auch der GCC hat eine Menge Optionen, von denen die wichtigsten in den einstellbaren Optimierungsleveln O0, O1, O2, O3 und Os zusammengefasst sind. Im Atmel® Studio findet man diese Einstellungen in den Optionen im Abschnitt AVR/GNU C Compiler unter *Optimization*.

O0 bedeutet keine Optimierung und O1 wählt eine niedrige Optimierungsstufe. Nur diese beiden Optionen sollten eingestellt werden, wenn der Code *durchgesteppt* werden soll. Ansonsten kann es zu auf den ersten Blick merkwürdigen Effekten kommen, da der simulierte Code sich nicht so verhält wie der C-Code in der Entwicklungsumgebung.

Die meist sinnvollste Option ist Os. Dabei wird auf minimalen Speicherbedarf optimiert, was beim AVR® auch oft zum schnellsten Code führt. O2 und O3 führen zu einem deutlich größeren Code, der – wenn überhaupt – nur geringe Geschwindigkeitsvorteile hat, die aber oft entscheidend sein können. Die ideale endgültig verwendete Stufe kann man nur durch Ausprobieren ermitteln.

Wenn wirklich schneller Code benötigt wird, wird oft in Assembler, also in Maschinensprache oder Maschinencode, programmiert. Dazu ist zu sagen, dass ein guter, moderner Compiler mit den richtigen Einstellungen oft besseren Code generiert als ein durchschnittlicher Assemblerprogrammierer und erst recht als ein C-Programmierer, der nur gelegentlich mit Maschinencode arbeitet.

2.2   Programmierung des Mikrocontrollers

Hiermit ist nicht das Schreiben des Codes gemeint, sondern ein wesentlicher Schritt: Das fertige und hoffentlich korrekt und fehlerfrei kompilierte Programm muss in den Speicher des Mikrocontrollers geladen werden. Auch hierfür hat sich die Bezeichnung *Programmieren* eingebürgert, als Alternative wird oft auch vom *Flashen* gesprochen, weil das Programm ja in den Flash-Speicher geladen wird.

Die Datei liegt nach dem Kompiliervorgang je nach Einstellung als *.hex* oder *.elf* (Executable and Linkable Format) vor. Die Daten sind jedoch anders kodiert als auf dem Mikrocontroller und die Datei enthält zusätzliche Informationen, sodass man von ihrer Größe nicht auf den von ihr belegten Flash-Speicher im Mikrocontroller schließen kann. Diese Information bekommt man vom Compiler, meistens als letzte Ausgabe beim Kompilieren, geliefert.

Der Inhalt dieser Datei muss dann vom Programmieradapter über ein vom Mikrocontroller unterstütztes Programmierverfahren in den Flash-Speicher geladen werden. Wie das genau funktioniert und welche zusätzlichen Schritte ausgeführt werden müssen, kann recht ausführlich im Datenblatt unter »Memory Programming« nachgelesen werden, ist aber nur dann wirklich wichtig, wenn man sich selbst einen Programmieradapter bauen will.

2.2.1 Programmierumgebung

Während man den C-Code natürlich in einem Editor seiner Wahl schreiben kann, sind spätestens dann Zusatztools notwendig, wenn dieser Code auch auf dem internen Speicher des Controllers landen soll. Bei diesem Prozess kann manches schief gehen, etwa wenn man Fuses[24] falsch setzt und daraufhin der Controller womöglich gar nicht mehr beschrieben werden kann.

Von Atmel® gibt es das *AVR-Studio 4.x* beziehungsweise den deutlich umfangreicheren Nachfolger *Atmel® Studio*[25], welcher fast alle Mikrocontroller von Atmel® kennt und auch programmieren kann. Diese Umgebungen sind sehr hilfreich, da sie dem Nutzer einiges an Arbeit beim Setzen der korrekten Einstellungen für die jeweilige Programm/MCU-Kombination abnehmen.

Die Tools von Atmel® sind es auch, die wir als Autoren empfehlen wollen. Trotz des Enthusiasmus für Open Source (AVR-Studio und Atmel® Studio sind zurzeit nur für Windows erhältlich) ist die Originalsoftware ungemein hilfreich dabei, Fehler zu vermeiden. Gerade für einen Anfänger ist es hilfreich, sich zunächst nur mit den ersten eigenen Programmen zu befassen, anstatt womöglich ein Vielfaches der Zeit damit zu verbringen, diese mit mehr oder weniger funktionierenden Tools erfolgreich auf den Controller zu transferieren.

Fortgeschrittene können natürlich auch Toolsets wie beispielsweise *AVRDUDE* verwenden. Zur Zeit der Entstehung dieses Buches sind allerdings AVR-Studio und Atmel® Studio dem produktiven Arbeiten wesentlich förderlicher. Da jedes komplexe Softwareprojekt mit Fehlern kämpft, ist es empfehlenswert, immer die aktuellste Version bzw. regelmäßige Updates herunterzuladen. Leider verlangt Atmel® eine (kostenlose) Registrierung vor dem Download.

Für Details sei auf die jeweils aktuellen Dokumentationen, Manuals und Tutorials von Atmel® verwiesen, da es an dieser Stelle nicht viel bringt, das Buch mit Screenshots einer bald veralteten Softwareversion zu füllen.

2.2.2 Programmieradapter

Bei Programmieradaptern handelt es sich um die notwendige Hardware, die es ermöglicht, ein Programm über eine Schnittstelle vom Rechner aus auf den Mikrocontroller zu schreiben. Das kann dadurch geschehen, dass der Mikrocontroller physikalisch in den Adapter eingesetzt wird. Das funktioniert aber nur bei gesockelten DIP-Bausteinen gut.

---

[24] Für Details siehe *2.2.4 Fuses*

[25] Zum Zeitpunkt der Entstehung dieses Buches ist die aktuelle Version das Atmel® Studio 6.

Die Alternative nennt sich *In System Programming*. Dabei wird der Mikrocontroller programmiert, wenn er bereits in der Schaltung eingebaut ist (siehe dazu Kapitel *2.2.3 ISP*).

Dabei ist es natürlich von Vorteil, wenn mit einem Programmieradapter möglichst viele Typen von Mikrocontrollern programmiert werden können. Aufgrund der unterschiedlichen Spezifikationen sind Programmieradapter jedoch oft auf den jeweiligen Hersteller beschränkt, wenn nicht gar auf eine begrenzte Anzahl von Mikrocontrollern.

Ein sehr preiswerter und universeller Programmieradapter ist der *AVR Dragon*. Er kann bis auf ein paar Ausnahmen (größere oder Spezialmodelle) alle AVRs auf mehrere verschiedene Arten programmieren und debuggen. Er hat aber kein Gehäuse und ist daher etwas empfindlich gegenüber ESD *(ElectroStatic Discharge[26])* und Berührungen an der falschen Stelle (in der Nähe der Spannungsregler). Da beim Entwickeln erfahrungsgemäß nicht immer rücksichtsvoll mit den Werkzeugen umgegangen wird, empfiehlt es sich, ihn in ein passendes Gehäuse einzubauen. Nahezu ideal geeignet ist die Hülle einer Audiokassette (die Älteren unter uns werden sich erinnern ...). Zudem wird der AVR Dragon ohne Kabel geliefert, er ist aber aufgrund des Preises und der Universalität trotzdem sehr empfehlenswert.

Es gibt auch zahlreiche Programmieradapter von anderen Herstellern für den AVR® und noch viel mehr »Bastelschaltungen«. Ein sehr großer Vorteil der Originallösungen ist aber, dass es direkte Updates aus dem AVR/Atmel® Studio heraus gibt und die Programmiergeräte somit auch neue AVR-Modelle »erlernen« können. Zudem werden sie sehr gut von den Atmel®-Softwaretools unterstützt, was bei Geräten aus anderen Quellen nicht immer gegeben ist.

2.2.3 ISP

ISP steht für *In System Programming*, also das Einspielen des Programms in den Mikrocontroller, während dieser bereits in der Schaltung verbaut ist. Vor nicht allzu langer Zeit steckte der Mikrocontroller noch in einem Sockel und wurde zum Programmieren aus der Schaltung genommen. Oder das Programm war auf einem externen Baustein gespeichert. ISP hat also sozusagen uns Mikrocontrollerprogrammierern das Leben wesentlich leichter gemacht.

Doch zurück zum Thema: Im *RESET-Zustand*, also wenn der RESET-Pin LOW ist[27], kann der Speicher des AVRs über ein serielles Protokoll ausgelesen und beschrieben

---

[26] Elektrostatische Entladung, zu der es aufgrund eines Stromflusses bei Kontakt von Objekten mit Potenzialdifferenz kommt. Schaltungen oder Bausteine können dadurch sehr schnell zerstört werden.

[27] Streng genommen ist es also ein negiertes RESET, da es aktiv ist, wenn der Pin LOW ist anstatt HIGH. Bei Mikrocontrollern ist es allerdings Standard, dass der RESET-Pin als »active-LOW« ausgeführt ist.

werden. Das ist die übliche Programmiermethode und wird von einer Vielzahl von Programmiergeräten in diversen Preisklassen unterstützt.

Die dazu benötigten Pins werden auch als ISP-Pins bezeichnet und auf den *ISP-Header* (eine Buchsenleiste) herausgeführt, wo der ISP-Adapter angesteckt wird (*Abb. 2.1*). Es gibt eine 6-polige und eine 10-polige Variante, die aber beide dieselben Pins herausführen. Die 10-polige Variante hat lediglich mehr Masse- und Versorgungsspannungspins, was bei langen Programmierkabeln[28] die Verbindungssicherheit erhöht und eine höhere Übertragungsgeschwindigkeit erlaubt.

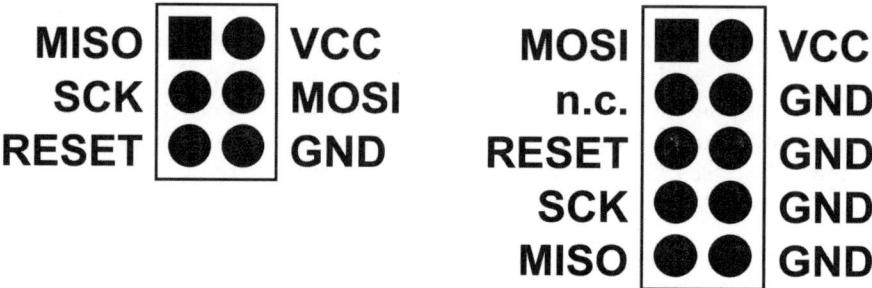

Abb. 2.1: Pinbelegung ISP-Header 6- und 10-polig

Bei den meisten Modellen (aber nicht bei allen!) werden die drei Pins der SPI-Schnittstelle *(Serial Peripheral Interface)* MOSI, MISO und SCK für ISP benutzt. Daneben ist natürlich noch der RESET-Pin auf den Header herausgeführt sowie Masse- und Versorgungsspannung.

> **Achtung:**
> Die Taktgeschwindigkeit, mit der über die ISP-Schnittstelle programmiert wird, darf nicht mehr als ein Viertel des Systemtaktes betragen.

> **Achtung:**
> Es ist nicht vorgesehen, dass die Schaltung über den Programmieradapter mit der Versorgungsspannung versorgt wird. Der Programmieradapter misst am VCC-Pin des Programmieranschlusses die Versorgungsspannung des Mikrocontrollers, um die Signalpegel der anderen Leitungen entsprechend einzustellen.

---

[28] Besser ist es natürlich, von vornherein keine langen Programmierkabel zu verwenden.

Daneben gibt es noch die JTAG-Schnittstelle (Joint Test Action Group), die zumindest auf der physikalischen Ebene standardisiert ist. Jedoch verfügen nur die größeren AVR-Modelle über diese Programmier- und Debugschnittstelle, da sie 4 Pins benötigt. Näheres hierzu im Abschnitt *2.3 Debugging*.

Sehr kleine ATtiny mit 6 Pins werden über das *Tiny Programming Interface (TPI)* mit nur drei Leitungen (Reset, TPICLK und TPIDATA) programmiert. Allerdings unterstützen nur wenige Programmieradapter dieses Protokoll (der AVR Dragon etwa unterstützt es nicht).

Für Fortgeschrittene: High-Voltage-Programmierung

Die High-Voltage-Programmierung ist notwendig, wenn der RESET-Pin als IO-Pin verwendet werden soll/muss, indem die Fuse RSTDISBL gesetzt und die RESET-Funktion damit deaktiviert ist. Dann kann der Mikrocontroller ja verständlicherweise nicht mehr in den RESET-Zustand und damit in den Programmiermodus gehen, wenn dieser Pin auf LOW geht. Der Programmiermodus wird in diesem Fall gestartet, wenn 11,5–12,5 V an den RESET-Pin angelegt werden. Das erklärt auch die unterschiedliche interne Beschaltung dieses Pins und die dadurch bedingte unterschiedliche Spezifizierung im Datenblatt (man beachte das »except RESET« bei vielen Angaben).

Etwas unpraktisch ist, dass bei sehr vielen AVRs nur PP (Parallel Programming) möglich ist, das mit anderen Pins als ISP funktioniert. Bei Modellen mit wenigen Pins gibt es hingegen das High Voltage Serial Programming (HVSP), das mit denselben Pins wie ISP funktioniert und daher eine auch in der Praxis leicht einsetzbare Lösung ist, wenn man den RESET-Pin für andere Zwecke benutzen muss.

Den High-Voltage-Modus beherrschen nur wenige preiswerte Geräte (z. B. der AVR Dragon), er sollte im Normalfall aber auch nicht wirklich nötig sein.

2.2.4   Fuses

Als *Fuse-Bytes* werden spezielle, nicht-flüchtige Register bezeichnet, die *nicht* vom Programmcode beeinflusst werden können. Die *Fuse-Bits* müssen also extern gesetzt werden – bei AVR/Atmel® Studio und kompatiblen Programmieradaptern direkt im Programmierdialog, bei anderen Lösungen manuell oder toolbasiert.

Achtung:
Falsch gesetzte Fuses können zu gravierenden Problemen führen. Kritische Einstellungen sind beispielsweise:

Taktquelle
Ist eine externe Taktquelle eingestellt *(external clock)*, so funktioniert der AVR® nur noch, wenn am XTAL1-Pin ein Taktsignal anliegt. Er kann dann nicht mehr mit einem Quarz starten.

RESET
Wird der RESET-Pin deaktiviert, kann der AVR® nicht mehr im normalen ISP-Modus angesprochen werden. In diesem Fall muss auf die High-Voltage-Programmierung zurückgegriffen werden (siehe *Für Fortgeschrittene: High-Voltage-Programmierung* in *Kapitel 2.2.3*), wofür neben einem geeigneten Programmieradapter auch die hierfür vorgesehenen Pins verfügbar sein müssen.
Beim AVR/Atmel® Studio werden Fuses komfortabel in einem Auswahlfenster mit passenden Erklärungen gesetzt und beim Versuch, kritische Einstellungen zu ändern, wird gewarnt.

Über Fuses können die Taktquelle sowie deren Konfiguration eingestellt werden. Der AVR® unterscheidet zwischen *Low Power Crystal Oscillator* und *Full Swing Crystal Oscillator*. Der Unterschied liegt in der Treiberleistung der Oszillatorstufe. Für normale Einsätze ist »Low Power« die richtige Wahl, bei der Anwesenheit von starken externen Störquellen oder besonderen Quarztypen muss man auf »Full Swing« zurückgreifen und auf die größere Störabstrahlung und den höheren Stromverbrauch Rücksicht nehmen.

Dazu kommt die Einstellung der *Einschwingzeit*, also der Zeitspanne, die der Controller nach dem Einschalten wartet, bis er die definierte Taktquelle verwendet. Die Einschwingzeit ist abhängig von Stabilität der Versorgung und Art der Taktquelle zu wählen, da verschiedene Quellen unterschiedlich lange brauchen, bis sie stabil schwingen (siehe Kapitel *1.2.6 Takt und Taktgenerierung*). Eine Überprüfung des Einschwingvorgangs mit dem Oszilloskop ist im Zweifel empfehlenswert (Tastkopfeinstellung 1:10 für geringere kapazitive Belastung). Spielt die Dauer der Zeitspanne für die Anwendung keine Rolle, so kann sie sicherheitshalber auf den Maximalwert gesetzt werden.

> **Hinweis:**
> Wenn beim Programmier-Tool die Fuses per Hand gesetzt werden müssen, so ist zu beachten, dass eine unprogrammierte (nicht-gesetzte) Fuse den Wert 1 und eine programmierte (gesetzte) Fuse den Wert 0 hat. Der Grund liegt darin, dass sie wie EEPROM gefertigt sind, also regulär (unprogrammiert) 1 sind und nach dem Setzen 0.

Nach demselben Prinzip wie Fuse-Bits funktionieren auch die *Lock-Bits*. Sie dienen aber nicht dazu, den Chip zu konfigurieren, sondern dazu, das kompilierte Programm im Mikrocontroller vor dem Auslesen durch Dritte zu schützen. Der Chip kann mit dem Programmieradapter dann nur noch komplett gelöscht werden *(Erase Device)*[29]. Dadurch funktioniert auch der Verifiziervorgang *(Verify)* beim Programmieren nicht mehr, da das Programm aus dem Mikrocontroller ja nicht mehr ausgelesen und mit den Originaldaten verglichen werden kann.

Allzu hilfreich für Nachbauer ist die aus dem Flash-Speicher des Mikrocontrollers ausgelesene Datei allerdings auch wieder nicht, da sie ja nur die kompilierten Anweisungen im Maschinencode enthält. Variablennamen, Kommentare, Strukturierung des Programms und so weiter fehlen. Ein Konkurrent hätte also noch einen weiten Weg vor sich, um die Funktion des Programms zu rekonstruieren und das Produkt nachzubauen.

2.2.5 Bootloader

Bei einigen Mikrocontrollertypen mit Flash-Speicher über 4 kB gibt es die Möglichkeit, einen Bootloader zu implementieren. Dabei handelt es sich um ein spezielles kleines Programm, das in einem definierten Speicherbereich sitzt und nach dem Einschalten des Controllers einem individuellen, vordefinierten Ablauf folgt.

So kann ein Bootloader beispielsweise nach jedem neuen Einschalten den Status eines bestimmten Pins abfragen oder einige Millisekunden auf eine gewisse Befehlssequenz an einer seriellen Schnittstelle warten, die ihm mitteilt, ob etwa ein Programmupdate verfügbar ist und über eine definierte Schnittstelle bezogen werden kann. Ist die Bedingung erfüllt, so schreibt er das neue Programm in den Speicher und startet es anschließend. Ist dies nicht der Fall beziehungsweise verstreicht der Zeitabschnitt ohne ein Ereignis, so startet er das alte, im Speicher befindliche Programm.

---

[29] Lock-Bits bieten keine absolute Sicherheit. Wenn sich jemand wirklich die Mühe machen will, kann er das Chipgehäuse aufschleifen oder wegätzen und die Daten mit speziellem Equipment direkt aus dem Speicher auslesen.

> **Hinweis:**
> Der ATmega48 verfügt über einige Einschränkungen bezüglich des Einsatzes eines Bootloaders. Man kann diesen sinnvoll nur auf den größeren Modellen (ATmega88/ 168/328) einsetzen.

2.3   Debugging

Es folgt ein Abschnitt, von dem viele glauben, ihn nicht zu brauchen – bis in einem kritischen Moment ein Fehler auftritt und man um jede zusätzliche Hilfe bei der Fehlersuche froh ist. *Debugging* bezeichnet das Auffinden und Beseitigen von Fehlern im Code oder Systemaufbau.

> **Anmerkung:**
> Die Bezeichnung *Bug* für einen Fehler stammt laut einer Anekdote übrigens aus der Zeit, in der Computer noch große, begehbare und vollständig per Hand verkabelte Geräte mit Röhren statt Transistoren waren. So suchte die Informatikpionierin *Grace Hopper* eines Tages nach einem Fehler im Programmablauf eines *Harvard Mark II*-Rechners und fand ihn schließlich in Form eines Krabbeltiers, das sich ins Rechnerinnere verirrt und zu einem Kurzschluss geführt hatte. Sie bezeichnete das Beseitigen des Fehlers daher als *Debugging* (von *bug* engl. Käfer/Insekt, »de-bugging« ist also das Entfernen des Käfers) und prägte damit die heute gängige Bezeichnung.
> Das besagte Insekt wurde übrigens neben der entsprechenden Notiz ins Systemlogbuch geklebt und ist heute noch zu besichtigen.

2.3.1   Printf-Debugging

Der Name stammt vom C-Befehl *printf*, der dazu da ist, Nachrichten auszugeben. Beim PC geschieht dies auf der Konsole am Bildschirm, bei Mikrocontrollern über die UART-Schnittstelle, da sie üblicherweise keinen Bildschirmanschluss besitzen. Dabei wird der Fehler eingegrenzt, indem im Programmcode mittels *printf* beispielsweise Zwischenergebnisse ausgegeben werden. Printf-Debugging hat aber einen gravierenden Nachteil:

Durch die zusätzlichen Debug-Ausgaben kann der Programmablauf gestört oder unterbrochen werden[30].

Der übliche Weg bei begrenztem Speicher ist, eine einfache Ausgaberoutine zu schreiben. Ein Beispiel hierfür findet sich unter *11.1 Eigenes »printf()«*.

Das »originale« `printf` und seine zahlreichen verwandten Befehle in der Standard C Library sind sehr »mächtig« und daher auch speicherintensiv. In den Standardeinstellungen fehlen zudem die Befehle zur Ausgabe von Fließkommazahlen. Braucht man diese Funktion, muss sie in den Compilereinstellungen explizit angewählt werden, was den kompilierten Quelltext nochmals beträchtlich vergrößert. Daher sollte sie nur verwendet werden, wenn es keine anderen Möglichkeiten gibt.

Statusausgaben können bei der Fehlersuche in einem fertigen Produkt sehr nützlich sein. Wenn im Betrieb ein unerklärlicher Fehler auftritt, kann man diesen anhand der ausgegebenen Statusmeldungen meist recht schnell eingrenzen.

Unter manchen Programmierern gilt Printf-Debugging als »unsaubere« Lösung und wenn man über einen Hardware-Debugger verfügt (siehe Kapitel *2.3.3 JTAG und DebugWIRE*), sollte man auch tendenziell diese Lösung nutzen.

2.3.2 Software-Emulator

In einem Emulator wird der AVR-Chip in Software auf dem PC nachgebildet. Ein kompiliertes Programm kann damit zeilen- oder blockweise ausgeführt werden. Man spricht dann vom »*Durchsteppen*« des Programms. Daneben gibt es noch ausgefeiltere Methoden, z. B. den Programmablauf unter gewissen Bedingungen zu stoppen oder den Code bis zu einer bestimmten Zeile im Quellcode auszuführen.

Hier bietet vor allem das AVR-Studio beziehungsweise das neuere Atmel® Studio enorme Möglichkeiten. Da diese Programme einer stetigen Weiterentwicklung unterliegen, soll auf die jeweils aktuelle Version mit ihrer jeweils aktualisierten Hilfefunktion samt Erklärungen verwiesen werden.

Während der Ausführung des Codes im Atmel® Studio wird auch der Inhalt aller Register dargestellt, man kann den Registerinhalt zu Testzwecken oder um bestimmte Ereignisse zu simulieren sogar verändern. Wenn man also z. B. das Interruptbit manuell setzt, wird der Emulator die dazugehörige Interruptroutine ausführen, so als würde der Interrupt von einer externen Quelle aufgerufen werden.

---

[30] Zudem müsste eigentlich ein Pegelkonverter (RS-232-Konverter, beispielsweise MAX323) auf der Platine vorgesehen werden, um die Nachricht an den Rechner weiterschicken zu können. Der kann aber auch auf einer eigenen Debugplatine aufgebaut werden.

Beim »Durchsteppen« des Programms muss man aber einige Dinge beachten: Echtzeitfehler, also alle Fehler, die durch ein fehlerhaftes Timing entstehen, können mit dieser Methode natürlich nicht gefunden werden. Der Grund liegt darin, dass die Ausführungszeiten nicht mit denen auf dem Mikrocontroller übereinstimmen und externe Hardware nur unzureichend simuliert werden kann.

Sehr wichtig ist es auch, die Codeoptimierung des Compilers (siehe auch *2.1.5 Compilereinstellungen*) auszuschalten, da der Compiler ansonsten eventuell mehrere Codezeilen zusammenfasst, aufteilt oder die Reihenfolge ändert, wenn er der Meinung ist, dass es einen Geschwindigkeitsvorteil bringt. Man muss immer beachten, dass ja nicht der C-Code auf dem Mikrocontroller läuft, sondern dass dieser in Maschinensprache übersetzt wird, also in direkt vom AVR® ausführbare Befehle.

Wenn man diese Punkte beachtet, ist das »Durchsteppen« eine sehr mächtige und wichtige Methode. Auch zu Übungszwecken kann es interessant sein, ein einfaches Programm (z. B. mit ein paar blinkenden LEDs) auf diese Art zu durchlaufen und sich die Auswirkungen der einzelnen Befehle anzusehen.

2.3.3   JTAG und DebugWIRE

Nahezu alle modernen Mikrocontroller verfügen über eingebaute Debugschnittstellen. Damit kann über ein geeignetes Gerät der aktuelle Speicherinhalt ausgelesen und sogar verändert werden. Das bedeutet, dass man ein Programm nicht nur im Emulator, sondern auch direkt auf der Zielhardware durchsteppen kann.

Das Ausführen auf dem Mikrocontroller erlaubt das Miteinbeziehen von externer Peripherie bei der Fehlersuche, ist aber dafür langsamer und deutlich aufwendiger als die Softwareemulation. Vorher sollte man das Programm daher besser im Emulator prüfen, um sicherzustellen, dass nicht doch »nur« ein Programmierfehler die Ursache für das Problem ist.

Da die Kommunikation über die Debugschnittstelle wesentlich langsamer ist als die normale Ausführung, kann man Fehler im zeitlichen Ablauf auch mit dieser Methode nicht immer finden. In diesen Fällen hilft meist nur das Oszilloskop (siehe Abschnitt *2.3.4 Hardware-Debugging*).

Physikalisch gibt es zwei Debugschnittstellen bei den AVRs. Bekannt und auf vielen verschiedenen Mikrocontrollerarchitekturen verbreitet ist die JTAG-Schnittstelle (IEEE 1149.1). Über JTAG kann sowohl programmiert als auch debuggt werden.

Leider unterscheidet sich das Übertragungsprotokoll bei den unterschiedlichen Mikrocontrollerherstellern und sogar bei unterschiedlichen Mikrocontrollerfamilien eines Herstellers, da der Standard nur physikalisch definiert ist. Daher kann man mit einem beliebigen JTAG-Adapter leider nicht immer alle Mikrocontroller mit JTAG-Schnitt-stelle ansprechen.

Man benötigt zudem eine Software auf dem PC, die auch mit dem JTAG-Adapter kommunizieren kann oder darf. Die kleineren AVR-Modelle verfügen nicht über JTAG, auch weil dieser zur Kommunikation 4 Pins (TDI/TDO/TMS/TCK) benötigt, was bei einem AVR® mit 8 Pins indiskutabel ist und auch bei den Modellen mit 28 Pins noch kritisch wäre. Im »bastlerfreundlichen« DIP-Gehäuse findet man JTAG beispielsweise im ATmega164P/324P/644P mit 40 Pins.

Achtung:

Eine eingeschaltete JTAG-Schnittstelle ist bei diesen Modellen übrigens eine sehr beliebte Fehlerquelle, da JTAG Priorität vor den anderen Funktionen der Pins hat. Wenn sich ein Pin an einem AVR® mit JTAG-Schnittstelle also merkwürdig verhält, sollte man überprüfen, ob die JTAG-Fuse gesetzt ist, was im Auslieferungszustand der Fall ist.

Die »Alternative« zu JTAG für die kleineren Controller nennt Atmel® *DebugWIRE*. Leider verfügen aber nur neuere Modelle über diese Funktion. Das ausgefeilte Protokoll benötigt neben einer Masseverbindung nur die Resetleitung zur bidirektionalen Kommunikation mit dem Mikrocontroller. Man »verschwendet« also keine zusätzlichen I/O-Pins.

DebugWIRE wird aber »nur« zum Debuggen eingesetzt, das Programm muss also weiterhin über die ISP-Schnittstelle eingespielt werden. Zudem ist die Geschwindigkeit begrenzt. Bei der Beschaltung der RESET-Pins ist außerdem Vorsicht geboten: Ein Kondensator oder ein zu kleiner Pullup-Widerstand verhindern eine fehlerfreie Kommunikation. Atmel® empfiehlt daher, nur einen Pullup-Widerstand im Bereich zwischen 4,7 kΩ und 10 kΩ einzusetzen und den im Normalbetrieb empfohlenen Filter-kondensator am RESET-Pin nicht zu bestücken, wenn debuggt werden soll (siehe Datenblatt).

Debug- und Programmieradapter mit Unterstützung für DebugWIRE sind die teuren JTAG ICE mkII und JTAGICE 3, der noch teurere aber sehr universelle AVR ONE! und der preiswerte AVR Dragon. Softwaretechnisch wird das Debugging am besten von den originalen Entwicklungstools von Atmel® unterstützt, es gibt aber auch Open-Source-Lösungen mit mehr oder weniger voller Unterstützung.

2.3.4 Hardware-Debugging

Wenn der Fehler aufgrund von Hardwareproblemen oder kritischen Timings auftritt, »debuggt« man klassischerweise mit einem Oszilloskop. Das muss nicht besonders schnell sein (40 bis 50 MHz Bandbreite genügen meistens), mehrere Kanäle sind aber manchmal praktisch. Wichtig sind umfangreiche Triggermöglichkeiten, um genau das interessante Signal zu erfassen. Mit einem alten analogen Oszilloskop wird man in der Welt der Mikrocontroller eher nicht glücklich.

Wenn man die Schaltung auf einem Steckbrett aufgebaut hat, kann man problemlos die Tastköpfe an die interessanten Signale anschließen. Ein großer Nachteil solcher Aufbauten ist jedoch, dass ein großer Teil der Fehler durch schlechte Kontakte an billigen und/oder alten Steckbrettern entstehen kann. Charakteristisch hierfür ist, dass die Probleme nach dem erneuten Aufbau an einer anderen Stelle nicht mehr auftreten.

Soll eine Platine (PCB) erstellt werden, ist es lohnend, sich schon vorher Gedanken über Testpunkte zu machen, um wichtige, kritische oder interessante Signale einfach messen zu können. Unbelegte Pins am Mikrocontroller kann man auf Pinleisten[31] herausführen.

An diesen Pins kann die Software dann Statusmeldungen ausgeben. Beispielsweise: Ein Pin wird immer dann auf HIGH geschaltet, wenn eine Interruptroutine gestartet wird, und am Ende wieder auf LOW gesetzt. Damit kann man nicht nur die Ausführungszeit und -häufigkeit der Interrupts messen, sondern auch Abweichungen etwa in der Länge feststellen. Das Schalten eines Pins erledigt der AVR® relativ schnell, es kann daher im zeitlichen Ablauf in den allermeisten Fällen vernachlässigt werden.

Meist ist es auch praktisch, mindestens eine LED zu integrieren. Damit kann das Programm Fehlercodes ausgeben oder die normale Ausführung durch Blinkmuster signalisieren. Natürlich sollte diese Statusanzeige auch gut sichtbar sein.

LEDs an Datenleitungen, um das Senden und Empfangen anzuzeigen, können in manchen Fällen sehr hilfreich sein. Aber sehr oft sind die Datenpakete so kurz, dass das menschliche Auge das kurze Aufblinken der Signal-LED nicht wahrnimmt, woraufhin man fälschlicherweise von einem Fehler ausgehen könnte. Die Suche nach nicht vorhandenen Fehlern kann sehr zeitraubend und frustrierend werden, man sollte sich also nicht nur auf diese Art von Anzeige verlassen und eher ein Oszilloskop anschließen.

Der Anschluss von Mess-Equipment (dazu zählen auch LEDs) hat natürlich einen mehr oder weniger gravierenden Einfluss auf das zu untersuchende System. Sehr oft dämpfen oder verstärken die 15 pF Eingangskapazität eines Oszilloskop-Tastkopfes Schwingungen

---

[31] Also Stiftleisten, auf die später Kabel geklemmt oder gelötet werden können, falls man die Pins doch noch einmal benötigt.

im System. Man sollte daher in der Lage sein, zu verifizieren, dass der Fehler auch mit dem aktuellen Messaufbau noch auftritt, bevor man mit der Fehlersuche beginnt.

Viele Probleme aus der Praxis können auch verschwinden, sobald das Gehäuse des Gerätes geöffnet wird. »Heißer« Tipp in einem solchen Fall sind thermische Probleme, die aber von der Softwareseite aus nur schwer in den Griff zu kriegen sind. Aber auch eine (kleinste) Erschütterung kann einen Wackelkontakt kurzzeitig wieder überbrücken und das Gerät funktioniert scheinbar wieder.

Die Fehlersuche in Hardwareschaltungen ist in den meisten Fällen Erfahrungssache, aber es gehört dazu auch eine große Portion »Glück« oder »Intuition« – wie auch immer man es nennen will.

2.4 Bitoperationen

Bei »gewöhnlicher« C-Programmierung am Rechner muss man nur selten einzelne Bits prüfen, setzen, löschen oder verschieben. Daher wird dieser Bereich oft vernachlässigt. In der hardwarenahen Mikrocontrollerprogrammierung aber sind Bitoperationen unerlässlich und machen einen großen Teil des Codes aus. Beispiele dafür sind die Erstellung von Bitmasken, beispielsweise zur Manipulation von Registern, Statusabfragen von Bits oder das Handhaben eingehender ADC-Messwerte. Daher werden wir kurz die wichtigsten bitweisen Operationen behandeln sowie Codesegmente, mit deren Hilfe wir einzelne Bits effizient manipulieren können.

> **Hinweis:**
> Bitoperationen sollten nicht auf vorzeichenbehaftete Datentypen (Signed) angewendet werden, außer man hat sehr gute Gründe dafür und verifiziert das Ergebnis gewissenhaft.
> Der Grund liegt darin, dass vorzeichenbehaftete Datentypen im Zweierkomplement dargestellt werden (vergleiche Kapitel *13.12 Zweierkomplement*), vor allem Schiebeoperationen und Vergleiche führen dabei zu unvorhersehbaren Ergebnissen.
> Sämtliche AVR-Register sind als Unsigned definiert, also kann man bedenkenlos Bitoperationen darauf anwenden.

2.4.1 Bitoperatoren

Hinweis: Wir behandeln hier die bitweisen Operationen, nicht zu verwechseln mit den logischen Verknüpfungen bei Abfragen.

AND &

Die bitweise AND-Verknüpfung (UND-Verknüpfung) verbindet zwei Bitwerte derart, dass das Ergebnis immer 0 ist, außer beide Werte sind gleich 1. Anders ausgedrückt: Das Ergebnis der AND-Verknüpfung ist 0, sobald mindestens einer der verknüpften Bitwerte 0 ist (siehe Wahrheitstabelle AND).

Wahrheitstabelle AND-Verknüpfung

A	B	A & B
0	0	0
0	1	0
1	0	0
1	1	1

Die Syntax ist

```
x = a & b;
```

Um das Ergebnis einer AND-Verknüpfung direkt einer der Variablen zuzuweisen, kann die unter C-Programmierern sehr verbreitete verkürzte Schreibweise verwendet werden:

```
a &= b; //entspricht a = a & b;
```

OR |

Die bitweise OR-Verknüpfung (ODER-Verknüpfung) verbindet zwei Bitwerte derart, dass das Ergebnis immer 1 ist, außer beide Werte sind gleich 0. Anders ausgedrückt: Das Ergebnis der OR-Verknüpfung ist 1, sobald mindestens einer der verknüpften Bitwerte 1 ist.

Wahrheitstabelle OR-Verknüpfung

A	B	A | B
0	0	0
0	1	1
1	0	1
1	1	1

Im Code schreiben wir

```
x = a | b;
```

Um das Ergebnis einer OR-Verknüpfung direkt einer der Variablen zuzuweisen, gilt die verkürzte Schreibweise

```
a |= b; //entspricht a = a | b;
```

NOT ~

Der NOT-Operator (NICHT-Operator) negiert jedes Bit einer Variablen.

Wahrheitstabelle NOT-Operator

A	~A
0	1
1	0

Um den bitweise negierten Wert einer Variablen zu erhalten, schreiben wir

```
b = ~a;
```

XOR ^

Bei der Exclusive OR-Verknüpfung (Exklusives ODER) ist das Ergebnis der Verknüpfung nur dann 1, wenn nur eine der Variablen gleich 1 ist.

Wahrheitstabelle XOR-Verknüpfung

A	B	A ^ B
0	0	0
0	1	1
1	0	1
1	1	0

In Programm schreiben wir

```
x = a ^ b;
```

Um das Ergebnis einer XOR-Verknüpfung direkt einer der Variablen zuzuweisen, gilt die verkürzte Schreibweise

```
a ^= b; //entspricht a = a ^ b;
```

Schiebeoperatoren << >>

Schiebeoperatoren realisieren einen bitweisen Shift (Verschiebung) nach rechts >> oder links <<, wodurch sich folgende Rechenschritte durch einfache Schiebeoperationen umsetzen lassen:

Ergebnisse einer Schiebeoperation

Bezeichnung	Operation	Ergebnis
Left Shift	a << b	$a * 2^b$
Right Shift	a >> b	$a / 2^b$

Schiebeoperatoren sind aber vor allem überaus nützlich beim Erstellen von Bitmasken, so ergibt beispielsweise

Operation	Ergebnis	Bitwert
1 << 0	$2^0 = 1$	0b00000001
1 << 3	$2^3 = 8$	0b00001000

Das bedeutet, mit Schiebeoperationen können auch einfach Bits gesetzt werden, was für eine Vielzahl von Operationen benötigt wird.

2.4.2 Bits setzen, löschen und toggeln

Hinweis
Folgende Beispiele behandeln konkrete Pins und Ports des AVR®. Die Bitoperationen lassen sich natürlich auch auf beliebige Variablen anwenden.

Nehmen wir an, wir möchten beispielsweise im Register PORTB (*Abb. 2.2*) die beiden Bits PB1 und PB2 auf 1 setzen und alle anderen im Register unverändert lassen.

7	6	5	4	3	2	1	0	Bit
PB7	PB6	PB5	PB4	PB3	PB2	PB1	PB0	**PORTB**
R/W	R/W	R/W	R/W	R/W	R/W	R/W	R/W	Read/Write
0	0	0	0	0	0	0	0	Initial Value

Abb. 2.2: Registerbeschreibung PORTB

Eine Möglichkeit, dies möglichst kompakt zu bewerkstelligen, ist folgender Befehl:

```
PORTB |= (1<<PB1) | (1<<PB3);
```

Betrachten wir kurz, wie es funktioniert:

Als Erstes benötigen wir eine Bitmaske, die an den zu setzenden Stellen 1 und an den anderen Stellen 0 ist.

Hinweis
Um das zu tun, müssten wir eigentlich die genaue Position des 8-Bit-Registers sowie der einzelnen Bits wissen. Offensichtlich können wir aber stattdessen auch die Bezeichnung der einzelnen Bits verwenden, um sie in Registern zu setzen. Das ist möglich, wenn wir die Library *io.h* einbinden:
```
#include <avr/io.h>
```
Sie beinhaltet die jeweiligen Zuordnungen zwischen Bezeichnungen und Bitposition bzw. Verweise darauf in Form eines `#define`, beim Kompilieren werden also einfach erstere durch letztere ersetzt. Das kann beispielsweise folgendermaßen aussehen:
```
#define PORTB _SFR_IO8 (0x05) //Speicheradresse
#define PB1 1 //Bit Nummer 1
```

Wie wir im letzten Kapitel festgestellt haben, können wir Bitmasken erzeugen, indem wir Bits mit Hilfe von Schiebeoperatoren setzen.

```
1 << PB1; //ergibt Bitmaske 0x00000010
1 << PB3; //ergibt Bitmaske 0x00001000
```

Die einzelnen Bitmasken werden anschließend bitweise OR-verknüpft, um eine einzelne Maske zu erhalten, welche die beiden zu setzenden Bits enthält:

```
( 1 << PB1) | (1 << PB3); //ergibt Bitmaske 0x0001010
```

Wenn wir nun diese Maske wiederum mit dem Register bitweise OR-verknüpfen, so werden die Bits PB1 und PB3 auf 1 gesetzt (sofern sie nicht bereits 1 sind), die anderen aber unverändert gelassen. Damit die Änderungen wirksam werden, schreiben wir sie direkt ins Register zurück:

```
PORTB |= ( 1 << PB1) | (1 << PB3);
```

Würde das Register beispielsweise den Wert 0x01101101 haben, so hätte es nach der Operation den Wert 0x01101111.

Anmerkung:
In diesem Beispiel haben wir übrigens durch das Setzen von Flags im entsprechenden Register die Pins 1 und 3 vom Ports B als Ausgänge definiert.

Hinweis:
Bei Bitoperationen wird oft statt (1<<n) zum Setzen eines Bits das Makro _BV(n) eingesetzt. BV steht dabei für *Bit Value* und macht nichts anderes als die auch in diesem Buch verwendete »direkte« Schreibweise.

Natürlich gibt es auch entsprechende Befehle für das Löschen bzw. Toggeln von Bits, die analog nachvollzogen werden können:

```
PORTB &= ~(1 << PB1); //Lösche Bit PB1 in Register PORTB
PORTB ^= (1 << PB3); //Toggle Bit PB3 (1 wird 0, 0 wird 1)
```

2.4.3 Bits prüfen

Manchmal kann es erforderlich sein, zu prüfen, ob ein bestimmtes Bit gesetzt ist. Eine Möglichkeit, den Zustand eines Pins zu überprüfen, ist folgende Abfrage:

```
if ( PINB & (1<<PINB1) ) { // PINB1 ist HIGH
  //Reagiere darauf
}
```

Dabei wird die Aktion innerhalb der Abfrage ausgeführt, wenn Bit PINB1, also der Pin PB1, HIGH ist. Alternativ können wir natürlich auch prüfen, ob der Pin LOW ist:

```
if ( !(PINB & (1<<PINB1)) ) { // PINB1 ist LOW
  //Reagiere darauf
}
```

Wir fassen zusammen:

```
Variable |= (1 << 2); //Bit Nummer 2 setzen

Variable &= ~(1 << 3); //Bit Nummer 3 löschen

Variable ^= (1 << 4); //Bit Nummer 4 toggeln

if ( Variable & (1 << 5) ) {
  //führe aus wenn Bit 5 gleich 1
}

if ( !(Variable & (1 << 6) )) {
  //führe aus wenn Bit 6 gleich 0
}
```

Für Fortgeschrittene

Manchmal hört man den »Tipp«, dass man Rechenzeit sparen kann, wenn man Divisionen durch binäre Schiebeoperationen (»shifts«) nach rechts ersetzt. Also

```
Ergebnis = Zahl >> 4;
```

anstatt

```
Ergebnis = Zahl / 16;
```

Das führt zu unleserlichem Code und bringt bei modernen Compilern keinen Geschwindigkeitsgewinn, da diese Optimierung automatisch vorgenommen wird. Darüber hinaus kann es zu Problemen kommen, wenn man Bitschiebeoperationen mit vorzeichenbehafteten Variablen ausführen will oder um mehr Bits *shiften* will, als die Variable lang ist.

Bei Mikrocontrollern ohne Hardwaredivisionseinheit muss der Compiler diese mit geschickt gewählten Schiebeoperationen, Additionen und Multiplikationen nachbilden (»emulieren«). Man kann sich daher vorstellen, dass Divisionen, die nicht direkt als Schiebeoperation darstellbar sind, beträchtliche Rechenzeit benötigen können.

Wenn man also z. B. einen arithmetischen Mittelwert bildet, sollte man diesen über die Summe von 2, 4, 8, 16 etc. Zahlen bilden, damit der Compiler optimieren kann. Mehr dazu in einem eigenen Abschnitt *2.1.4 Codeoptimierung.*

2.5 Erste Schritte – ein einführendes Programm

Als Einstieg werden wir anhand eines einfachen Beispiels die ersten Schritte in der Mikrocontrollerprogrammierung wagen, um den grundsätzlichen Ablauf kennenzulernen. Dabei kommt der in diesem Buch immer wieder verwendete ATmega48[32] zum Einsatz, bei der Wahl eines anderen Controllers können Zusatzbeschaltung, Pinbelegung und Register abweichen.

Für unsere ersten Schritte benötigen wir:

- Einen Programmieradapter (beispielsweise AVR Dragon) mit Anschlusskabel,

- ein Steckbrett mit diversen Kabeln,

- einen AVR®-Mikrocontroller (beispielsweise ATmega48/88/168) im DIP-Gehäuse,

- Bauteile für die Standardbeschaltung des Mikrocontrollers (3 x 100 nF Keramikkondensator, ≥1 µF Elektrolytkondensator, LED mit eingebautem oder zusätzlichen Vorwiderstand, 10 kΩ Widerstand für RESET),

- das Atmel® Studio samt Treibern für den Programmieradapter und C-Compiler (wird mitinstalliert).

2.5.1 Schaltungsaufbau

Beschaltung des AVR®

Als Erstes setzen wir den AVR® in unser Steckbrett ein und bauen rundherum seine Beschaltung auf. Dazu sehen wir uns erst im Datenblatt an, wie die Pins belegt sind. Für den ATmega48/88/168 im DIP-Gehäuse sieht die Pinbelegung so aus wie in *Abb. 2.3* gezeigt.

---

[32] Dieser unterscheidet sich vom ATmega88 bzw. ATmega168 nur durch die Speichergröße (und einige Details). Die Handhabung ist dieselbe. Daher wird im Folgenden die Schreibweise ATmegax8 verwendet.

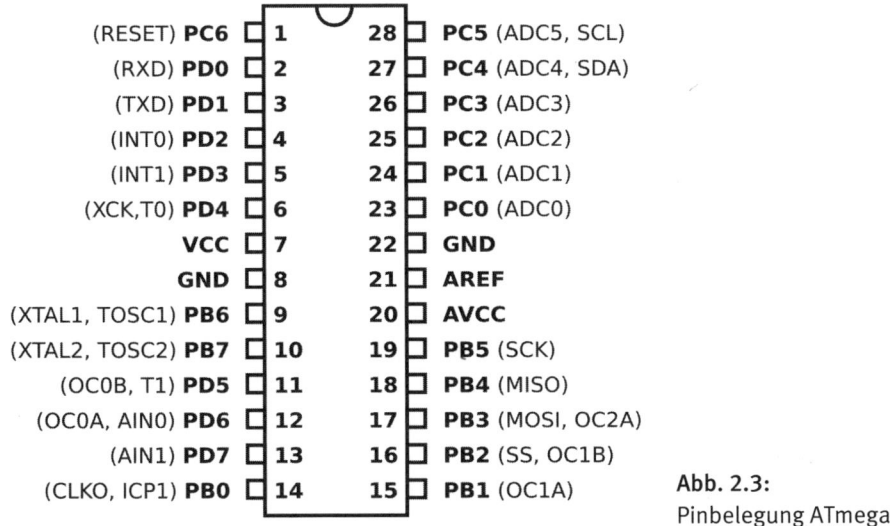

(RESET) **PC6**	1	28	**PC5** (ADC5, SCL)
(RXD) **PD0**	2	27	**PC4** (ADC4, SDA)
(TXD) **PD1**	3	26	**PC3** (ADC3)
(INT0) **PD2**	4	25	**PC2** (ADC2)
(INT1) **PD3**	5	24	**PC1** (ADC1)
(XCK,T0) **PD4**	6	23	**PC0** (ADC0)
VCC	7	22	**GND**
GND	8	21	**AREF**
(XTAL1, TOSC1) **PB6**	9	20	**AVCC**
(XTAL2, TOSC2) **PB7**	10	19	**PB5** (SCK)
(OC0B, T1) **PD5**	11	18	**PB4** (MISO)
(OC0A, AIN0) **PD6**	12	17	**PB3** (MOSI, OC2A)
(AIN1) **PD7**	13	16	**PB2** (SS, OC1B)
(CLKO, ICP1) **PB0**	14	15	**PB1** (OC1A)

Abb. 2.3:
Pinbelegung ATmegax8

Pin 1 gehört prinzipiell zum General Purpose I/O Port (GPIO-Port) C, so wie die Pins 23 bis 28. Pin 1 hat aber auch eine Alternativbelegung, und zwar RESET. Wenn wir uns in Erinnerung rufen, wie etwa die 6-polige ISP-Schnittstelle aufgebaut ist (vergleiche Abschnitt *2.2.3 ISP*), so sehen wir, dass wir den RESET-Pin zum Programmieren benötigen.

Der Pin wird mit einem internen Pullup-Widerstand auf VCC gezogen, allerdings ist dieser mit 30–60 kΩ sehr schwach. Daher sollte im Normalbetrieb ein externer Pullup-Widerstand (zwischen 4,7 kΩ und 10 kΩ) und eventuell ein kleiner Keramik-kondensator auf Masse als Schutzschaltung für den RESET-Pin vorgesehen werden, damit keine unerwünschten Resets durch externe Störungen ausgelöst werden.[33]

Die Pins 2–6 gehören zum GPIO-Port D. Pin 7 wiederum ist essenziell für den Betrieb: VCC ist die Versorgung des Mikrocontrollers, hier müssen wir also unsere Versorgungsspannung zwischen 2,7 V (bzw. 1,8 V) und 5,5 V anschließen. Die Spannung können wir für dieses einfache Beispiel am AVR Dragon abgreifen.[34] Von VCC auf GND sollte ein Keramikkondensator (KERKO) mit ca. 100 nF möglichst nahe am Mikro-controller platziert werden, der während der internen Schaltvorgänge den benötigten

---

[33] Beim Programmieren und Debuggen kann diese Beschaltung allerdings stören und wird daher meist erst nachträglich bestückt.

[34] Es wird allerdings empfohlen, eine externe Spannungsversorgung zu verwenden, wenn möglich mit eingebauter Strombegrenzung (Labornetzteil)

Strom liefert. Ebenso muss Massepin 8 (GND) angeschlossen werden. Die Pins 9 bis 19 sind den GPIO-Ports B oder D zugeordnet. Pins 17 bis 19 haben allerdings wieder eine Alternativbelegung, die uns interessiert, auf sie ist die ISP-Schnittstelle herausgeführt: MOSI, MISO und SCK. Sie werden wir zur Programmierung ebenfalls benötigen.

Pin 20 (AVCC) ist die Versorgung des analogen Teils des Mikrocontrollers. Der Pin muss mit VCC verbunden werden, auch wenn der ADC nicht benötigt wird, da auch andere Funktionen darüber versorgt werden. Oft erfolgt die Verbindung nicht direkt, sondern über eine kleine Induktivität oder einen Widerstand (<100 Ω). Diese Beschaltung glättet die analoge Versorgungsspannung und verhindert, dass Störungen vom Digitalteil den wesentlich empfindlicheren Analogteil beeinflussen.

Pin 21 AREF ist die analoge Referenzspannung des ADC. Da wir ihn in diesem Beispiel nicht benötigen, kann der Pin unbeschaltet gelassen werden.

Hinweis:
Ein ~100-nF-Keramikkondensator auf GND sollte bei allen Versorgungspins nahe am Mikrocontroller vorgesehen werden, auch später in einem professionellen Layout. In unserem Beispiel sind das die Anschlüsse VCC und AVCC. Ein KERKO an AREF wird bei Verwendung des ADCs (*2.7.5 AD-Wandler*) empfohlen. Bei VCC und AVCC als Pufferkondensator, bei AREF zum Herausfiltern von Störungen.
Zusätzlich empfiehlt es sich, zwischen VCC und GND einen ≥1 μF Elektrolytkondensator (ELKO) in Nähe der Schaltung (höchstens einige cm Abstand) zu platzieren, der wiederum die kleinen KERKOs auflädt. Die Kombination aus unterschiedlichen Kondensatortypen ist zudem eine effektive Möglichkeit, unerwünschte Schwingungen zu bekämpfen.

Pin 22 ist ebenfalls ein Ground-Pin (GND) und muss mit Masse verbunden werden. Die restlichen Pins 23 bis 28 gehören zu Port C.[35]

Wenn wir das gerade Beschriebene berücksichtigen, ergibt sich eine Grundbeschaltung gemäß *Abb. 2.4*. Die ISP-Schnittstelle und Versorgung werden mit dem Programmieradapter verbunden.

---

[35] Für unser erstes Beispiel klammern wir Alternativbelegungen, die wir nicht unmittelbar benötigen, aus. Wir sollten allerdings im Hinterkopf behalten, dass es mehrere Belegungen pro Pin gibt, was zu beachten ist, wenn wir einige dieser Funktionen brauchen. Die Pins 23 bis 28 könnten beispielsweise als ADC-Eingänge konfiguriert werden.

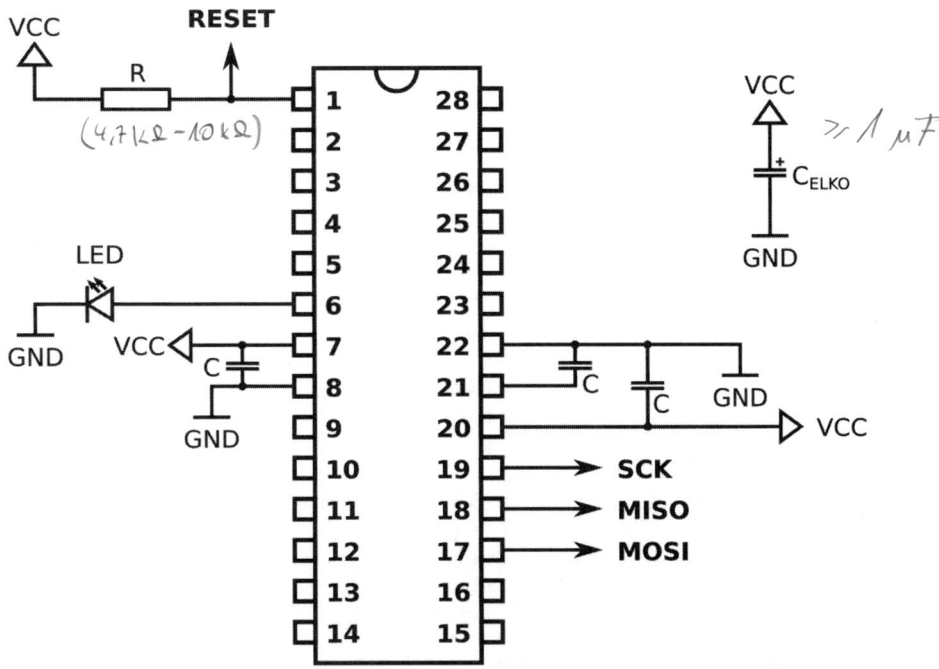

Abb. 2.4: Beschaltung ATmegax8

Die fertig auf einem Steckbrett aufgebaute Schaltung sieht beispielsweise aus wie in *Abb. 2.5*. Zum Verständnis empfiehlt es sich, Abb. 2.4 und Abb. 2.5 zu vergleichen.

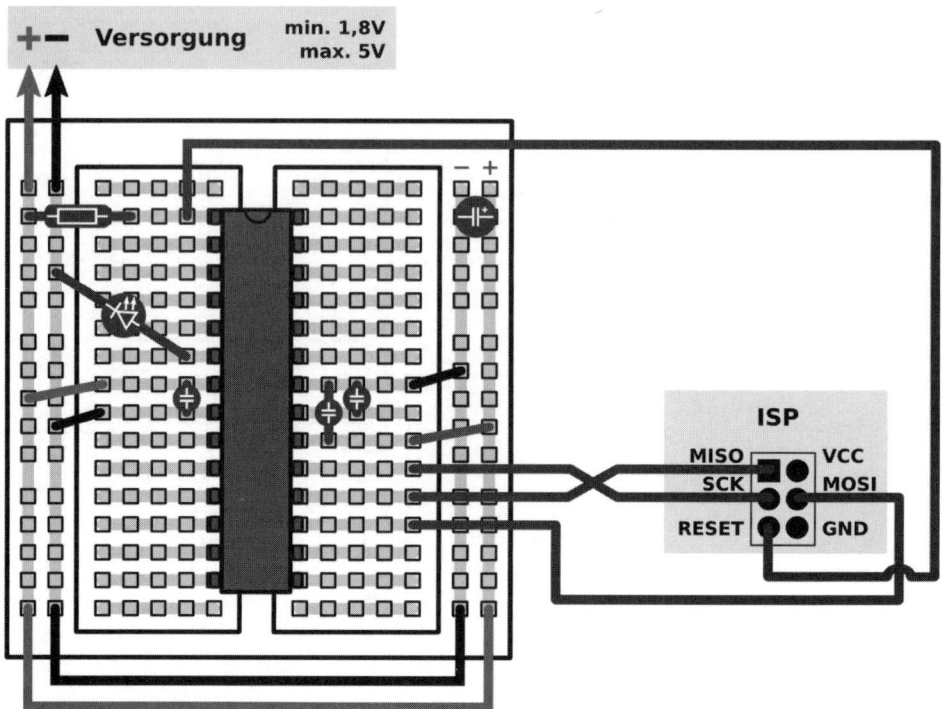

Abb. 2.5: Beschaltung auf Steckbrett

2.5.2   Programmcode

Für die anschließende Programmierung benötigen wir das Atmel® Studio. Wurde es mitsamt den Treibern erfolgreich installiert, sollte unser Programmieradapter gleich beim Verbinden mit dem PC erkannt werden.

Dazu erstellen wir ein *Neues Projekt*[36], und zwar ein *GCC C Executable Project* und wählen einen passenden Namen und Speicherort. Wenn wir das getan haben, können wir aus einer Liste unseren Mikrocontroller (z. B. ATmega48A) auswählen. Nach dem Bestätigen wird der Editor geöffnet, in dem der Main Loop bereits existiert und die erste Library eingefügt wurde. In dieses Grundgerüst schreiben wir unser erstes Programm.

---

[36] Hinweis: Die hier angeführte Beschreibung bezieht sich auf Atmel˙ Studio 6, sie kann von zukünftigen Versionen abweichen.

Wir nehmen also die LED und wählen einen Pin, über den wir sie schalten möchten – beispielsweise gleich Pin 6, also PD4.

Hinweis:
Der »lange« Anschluss der bedrahteten LED ist üblicherweise ihre Anode – also das Ende, das mit der Versorgung verbunden wird, um sie in *Durchflussrichtung* zu betreiben.

Für die ersten Übungen empfiehlt es sich, eine LED mit eingebautem Vorwiderstand zu verwenden – so kann nicht viel schief gehen. Man erspart sich den zusätzlichen Widerstand und damit Platz, Zeit und eine potenzielle Schwachstelle. Erhältlich sind sie in rot, grün und gelb für 12 V und 5 V, wobei die 5-V-Variante bei verringerter Helligkeit auch in 3,3-V-Systemen noch funktioniert.

Falls eine LED ohne Vorwiderstand verwendet wird, ist ein zusätzlicher Widerstand vorzusehen, um den Stromfluss durch die LED zu begrenzen. Wie er bestimmt wird, ist im Kapitel *13.5 LED-Vorwiderstand* genau erklärt.

Schließen wir also unsere LED zwischen Masse und Pin 6, mit dem »kurzen Beinchen« auf Masse. Sie wird dunkel bleiben – um sie einzuschalten, müssen wir den Pin auf HIGH schalten. Das geschieht in unserem Beispiel mit folgendem Code[37]:

```
#include <avr/io.h>

int main(void)
{
  DDRD = (1<< DDD4); //schalte PD4 als Ausgang
  PORTD |= (1<<PD4); //setze PD4 auf HIGH

  while(1) {
    //Hauptschleife
  }
}
```

Dabei erzeugt `while(1)` eine Endlosschleife, in der in unserem Beispiel erst einmal nichts passiert, da wir die Pins nur ein Mal in der Initialisierung außerhalb der Hauptschleife[38] schalten.

---

[37] Wie GPIO-Ports gehandhabt werden, ist in Kapitel *2.7.4 IO-Pins (GPIOs)* im Detail beschrieben.

[38] Beim Atmel® Studio 6 steht beim Erstellen eines neuen Projektes in der Hauptschleife der Kommentar, dass an dieser Stelle der eigene Code einzufügen sei. Dadurch sollte man sich nicht verwirren lassen, natürlich gehören Library-Aufrufe und Initialisierungen wie in unserem Beispiel nicht in eine dauernd laufende Endlosschleife.

In der PC-Programmierung wäre eine Endlosschleife ein Unding, in der Mikrocontrollerwelt aber laufen Programme andauernd, solange der Strom eingeschaltet ist. Daher muss eigentlich jedes Programm auf dem Mikrocontroller eine Endlosschleife besitzen.

Um das Programm zu kompilieren, wählen wir erst *Build Solution* – und wenn diese erfolgreich abgeschlossen wurde, *Compile*.

2.5.3   Programmierung des Controllers

Bevor wir das Programm auf dem AVR® ausführen können, müssen wir unseren Programmieradapter konfigurieren. Das machen wir über *Tools • Device Programming*. Im neuen Fenster können wir unseren Programmieradapter unter *Tool* sowie unseren Controller unter *Device* wählen. Das *Interface* ist ISP. Mit *Apply* bestätigen wir unsere Eingabe. Im nächsten Schritt wird die *ISP-Clock* eingestellt. Als Frequenz sollte höchstens 1/4 des CPU-Takts – im Auslieferungszustand[39] also maximal 250 kHz, besser weniger – gewählt werden.

Um zu prüfen, ob der AVR® korrekt angeschlossen ist, wählen wir *Device signature • Read*. Funktioniert die Kommunikation, so wird die ID des Controllers ausgelesen. Falls nicht – alle Anschlüsse, die Spannungsversorgung und die Bezeichnung des Mikrocontrollers überprüfen!

Nun wählen wir unter *Production file* unsere *.elf*-Datei[40] und setzen ein Häkchen bei *Flash*. Es ist so weit – wir können nun unseren Code mit *Program* auf den Controller schreiben, sowie mit Verify prüfen.

Wenn alles gut gegangen ist, wird eine Bestätigung im Fenster eingeblendet und unsere LED leuchtet.[41]

Gratulation! Wir haben unser erstes Programm geschrieben und erfolgreich auf den Mikrocontroller übertragen (ihn »geflasht«). Was kommt als Nächstes? Einige Ideen:

• die LED toggeln

• die LED über einen Schalter ein- und ausschalten

• die LED mit Hilfe eines Timers blinken lassen

---

[39] Die interne Taktfrequenz des ATmega48 beträgt 8 MHz, wobei das CKDIV8-FUSE gesetzt ist – der Systemtakt beträgt somit 1 MHz.

[40] Standardmäßig wurde sie unter den eigenen Dokumenten in *Atmel Studio*/NAME/NAME/*Debug*/NAME.*elf* unter dem gewünschten Dateinamen abgelegt.

[41] Wenn sie das nicht tut – nochmal die Polarität überprüfen (umdrehen ...)!

Oder einfach einige der Anwendungen in den folgenden Kapiteln ausprobieren.

2.6   Allgemeiner Programmaufbau

Jede AVR-Hauptroutine (gilt auch generell für MCUs) orientiert sich an folgendem Grundgerüst:

```
int main(void) {
  while(1) {
    //Hauptschleife
  }
}
```

Wie wir bereits im einführenden Beispiel gesehen haben, beinhaltet in der Mikrocontrollerprogrammierung jedes Programm eine Endlosschleife. Was in der PC-Programmierung undenkbar wäre, ist hier Teil des Prinzips: solange Strom an der MCU anliegt, arbeitet sie gemäß ihrer Programmierung. Statt while(1) wird auch gerne for(;;) verwendet, was denselben Effekt hat: die Schleife wird nie beendet.

Natürlich muss und soll nicht jeder Befehl in einer Endlosschleife laufen. Interruptserviceroutinen etwa befinden sich außerhalb der Hauptroutine, Initialisierungen außerhalb der Hauptschleife. Die Hauptschleife kann sogar leer sein, wenn wir lediglich auf Interrupts warten – sie darf aber niemals fehlen. Wir unterscheiden und nutzen somit folgenden Aufbau:

```
//außerhalb Hauptroutine: #include, #define, ISR, Funktionen

int main(void) {

//außerhalb Hauptschleife: Initialisierungen

  for(;;) {
    //Hauptschleife, diesmal mit for
  }
}
```

Hinweis:
Für welche der beiden Varianten – for(;;) oder while(1) – man sich entscheidet ist egal, bei beiden sollte ein moderner Compiler denselben Code generieren. Das war aber nicht immer so, daher findet man in älterer Literatur oft noch den Hinweis, dass for(;;) den schnelleren Code erzeugt.

2.6.1 Außerhalb der Hauptroutine

An dieser Stelle fügen wir typischerweise folgende Segmente (bevorzugt in dieser Reihenfolge) ein:

#include

In praktisch allen Programmen werden wir auf einige Dateien und Libraries zurückgreifen, die entweder notwendig sind oder uns das Leben leichter machen. Die stdX.h-C-Libraries[42] wie beispielsweise *stdlib.h, stdio.h* und *stdint.h* werden dabei automatisch eingebunden, wir müssen uns also nicht weiter darum kümmern.

Wir unterscheiden dabei zwei verschiedene Arten, eine Datei aufzurufen. Wenn wir spitze Klammern verwenden, etwa

```
#include <header.h>
```

so werden sämtliche Library-Verzeichnisse nach *header.h* durchsucht. Schreiben wir hingegen

```
#include "header.h"
```

wird im aktuellen (lokalen) Verzeichnis nach der Datei gesucht.

Folgende Libraries werden wir häufig benötigen:

```
#include <avr/io.h>
```

Dieser Befehl ist uns bereits im einführenden Beispiel begegnet. Das Laden von *io.h* ermöglicht uns, Register und GPIOs direkt anhand ihrer Bezeichnung aus dem Datenblatt anzusprechen, ohne die detaillierten Speicheradressen oder Bits wissen zu müssen. Das gelingt mittels #define und ist kurz im Kapitel *2.4.2 Bits setzen, löschen und toggeln* erklärt.

```
#include <avr/interrupt.h>
```

Wird benötigt, sobald wir Interrupts verwenden oder, besser gesagt, auf Hilfsfunktionen hierfür zurückgreifen wollen.

```
#include <avr/sleep.h>
```

Meist ist es nicht nötig, den Controller ständig auf voller Leistung laufen zu lassen. Gerade in Anwendungen, in denen es auf Stromverbrauch und somit etwa auf Batterie-

---

[42] Streng genommen handelt es sich hierbei natürlich nur um die Header. Eigentlich werden die *.c*-Dateien als Libraries bezeichnet.

laufzeit ankommt, werden wir *sleep.h* benötigen, um die Sleep-Modi des AVR® nutzen zu können (siehe Kapitel *2.7.17 Low Power und Schlafzustände*).

Die Liste ist beliebig erweiterbar. Falls wir zur Implementierung einer gewissen Anwendung eine spezielle Library benötigen, so wird das im entsprechenden Kapitel erwähnt. Zudem können wir natürlich auch eigene Dateien einbinden, die sich dann bevorzugt im gleichen Ordner befinden und entsprechend lokal eingebunden werden sollten.

#define

Es folgen die #define-Präprozessoranweisungen, bei Berechnungen spricht man auch von Makros. Hinter dem Schlüsselwort #define steckt eine einfache Textersetzung: #define A B bedeutet einfach, dass wir im Code A verwenden, was aber vollautomatisch vor dem Kompilieren durch B ersetzt wird. Das kann überaus nützlich sein, etwa um häufig wiederkehrende Berechnungen nicht an jeder Stelle im Programm neu ausschreiben zu müssen, oder um Pins oder Konstanten wie beispielsweise die Baudrate zentral an einer Stelle im Programm ändern zu können.

Einige nützliche Anwendungsmöglichkeiten von #define zeigen folgende Beispiele:

```
#define F_CPU 7372800UL //Beispielfrequenz
```

In den allermeisten Fällen werden wir die CPU-Frequenz noch häufiger benötigen, beispielsweise zur Ermittlung der USART-Baudrate (siehe *2.7.9 UART/USART – Einstellung der Baudrate*).

```
#define LEDPORT PORTD
#define LEDPIN PD2
```

Wie im Kapitel *2.1.3 Portierbarkeit von Code* erwähnt, kann es sinnvoll sein, globale Definitionen beispielsweise für Pins vorzunehmen, sodass sie zu einem späteren Zeitpunkt an einer Stelle geändert werden können.

```
#define LOW(x) ((x) & 0xFF) //Lowbyte des Word
#define HIGH(x) (((x) >> 8) & 0xFF) //Highbyte des Word
```

Dies ist ein Beispiel für eine Berechnung. Eine sehr praktische Anwendung von #define (die nebenbei mögliche Fehlerquellen beseitigt) liegt darin, Formeln ein einziges Mal anzugeben. In diesem Fall etwa können wir im Code einfach

```
high_byte_word = HIGH(WordVar);
```

schreiben und erhalten dadurch das Highbyte (also Bits 8 bis 15) unserer Variablen WordVar.

```
#define MIN(A,B) ( (A) <= (B) ? (A) : (B) )
#define MAX(A,B) ( (A) >= (B) ? (A) : (B) )
```

Beispiel für ein mit #define geschriebenes Makro zur Bestimmung der kleineren beziehungsweise größeren von zwei Variablen.

Interruptserviceroutinen

Ebenfalls außerhalb der Hauptroutine befinden sich die ISR. Tritt ein Interrupt auf, so wird die Hauptroutine unterbrochen, die ISR durchgeführt, und anschließend die Hauptroutine wieder an der gleichen Stelle fortgesetzt. Im Gegensatz zu Funktionen können einer ISR allerdings keine Werte übergeben werden, und sie kann auch keine Werte zurückgeben.

Eine Interruptroutine sieht dabei folgendermaßen aus:

```
ISR(Auslösendes_Ereignis) {
  //tu was
}
```

Die konkrete Anwendung von Interrupts ist im Kapitel *2.7.1 Interrupts* beschrieben, ein Beispiel für so eine Serviceroutine in der Anwendung findet sich etwa in Form der ISR zum Empfangen von Daten über USART in Kapitel *2.7.9*.

Eigene Funktionen

Natürlich können außerhalb der Hauptroutine, beziehungsweise ausgelagert in eigenen Dateien (die wiederum mit #include eingefügt werden müssen), wie gewohnt Funktionen geschrieben werden. Diese haben den Aufbau

```
void Funktionsname (Funktionsvariablen) {
  //mach dich nützlich
}
```

Ein Beispiel dafür ist etwa das Senden von Daten über eine USART, siehe dazu Kapitel *2.7.9*.

Natürlich kann die Funktion auch einen Wert zurückgeben, in dem Fall wird der Datentyp angegeben:

```
uint8_t Funktionsname (Funktionsvariablen) {
  uint8_t Ergebnis;
    //Berechne das Ergebnis
  return(Ergebnis); //gib es zurück
}
```

2.6.2 Hauptroutine

Innerhalb der Hauptroutine, aber vor der Endlosschleife, werden einmalige Initialisierungen und lokale Variablen deklariert. Im einführenden Beispiel wird an diese Stelle ein Pin als Ausgang gesetzt.

Variablen

Laut C-Standard werden alle globalen und als *static* deklarierten Variablen beim Programmstart mit 0 initialisiert. Es ist also nicht nötig, diese explizit auf 0 zu setzen. Bei allen anderen Variablen ist der Startwert aber nicht fest vorgegeben. Falls er irgendwie wichtig sein sollte, muss daher eine Initialisierung durchgeführt werden, am sinnvollsten gleich bei der Deklaration.

Im Kapitel *2.1.3 Portierbarkeit von Code* wird zu Beginn erwähnt, dass in der Mikrocontrollerprogrammierung bevorzugt Datentypen mit expliziter Angabe der Bitanzahl verwendet werden. Der Grund dafür liegt einerseits darin, dass der Datentyp Integer je nach Architektur eine andere Länge haben kann. Andererseits müssen wir generell auf den verbrauchten Speicher achten und sollten daher immer die tatsächliche Größe unserer Variablen beachten.

Häufig verwendete Datentypen sind beispielsweise

```
uint8_t   //8-Bit Unsigned Int

uint16_t  //16-Bit Unsigned Int

uint32_t  //32-Bit Unsigned Int

int8_t    //8-Bit Signed Int

int16_t   //16-Bit Signed Int

int32_t   //32-Bit Signed Int
```

Das angehängte t weist darauf hin, dass es sich dabei um einen Typ handelt. *Signed* beziehungsweise *Unsigned* steht dabei für vorzeichenbehaftet beziehungsweise nicht vorzeichenbehaftet: Signed-Variablen können positiv oder negativ sein und werden intern im Zweierkomplement dargestellt (siehe Kapitel *13.12 Zweierkomplement*), während Unsigned-Variablen als positiv angenommen werden, im eigentlichen Sinn aber keine Information zu ihrem Vorzeichen beinhalten.

Hauptschleife

Innerhalb der Hauptschleife ist Platz für Aktionen, die die MCU wiederkehrend ausführen soll, solange sie an der Versorgung hängt. Die Hauptschleife (Endlosschleife) kann häufig einfach nur Abfragen beinhalten, falls lediglich auf bestimmte Ereignisse gewartet wird. Oder sie ist, wie in unserem Einführungsbeispiel, sogar ganz leer und muss lediglich die Funktion erfüllen, die MCU »am Laufen zu halten«, während auf Interrupts gewartet wird.

2.7 Grundbausteine – Funktionsweise und Implementierung

In diesem Kapitel werden die elementaren Bestandteile eines MCU-Programms vorgestellt, auf denen basierend ein Großteil der möglichen Anwendungen umgesetzt werden kann. Um bei der Kochbuch-Analogie zu bleiben: Bevor wir uns ausgefeilten Rezepten widmen, müssen wir grundsätzlich wissen, wie man Fleisch (oder Gemüse) richtig brät, Reis kocht und so weiter – anschließend können wir variieren. Sicherheit kommt dann mit der Erfahrung und Routine.

Gleichermaßen soll dieses Kapitel Lesern mit MCU-Programmiererfahrung ermöglichen, grundlegende Codestrukturen nachzuschlagen sowie die Fehlersuche erleichtern.

2.7.1 Interrupts

Interrupts sind »Unterbrechungen« der Hauptroutine, während derer die entsprechende Interruptserviceroutine (ISR) ausgeführt wird; danach wird wieder an die gleiche Stelle in der Hauptroutine zurückgesprungen. Sie werden implementiert, indem eine ISR außerhalb der Hauptroutine geschrieben wird, die auf einen vordefinierten »Trigger«, die Interrupt-Quelle, reagiert. Interruptroutinen werden also an keiner Stelle »aufgerufen« wie Funktionen – sie »passieren« einfach, wenn zu einem Interruptereignis eine passende ISR existiert. Dabei können (anders als bei Funktionen) einer ISR weder Daten übergeben werden, noch kann die ISR direkt Daten zurückliefern.

Allgemeine Implementierung

Es gibt eine Vielzahl von Ereignissen, die zum Auslösen von Interrupts verwendet werden können. In *Tabelle 2.1* sind die Interrupts der ATmegax8-Reihe aufgelistet. Dabei haben Interrupts mit einer niedrigen Nummer eine höhere Priorität, was wichtig sein kann, wenn mehrere verschiedene Interrupts verwendet werden. Die Interruptquellen werden auch als Interruptvektoren bezeichnet.

Tabelle 2.1: Interruptquellen ATmegax8

Nr.	Bedeutung	Bezeichnung	Alternative Bezeichnung
1	Reset	Nicht verwendbar	
2	Externer Interrupt 0	INT0_vect	SIG_INTERRUPT0
3	Externer Interrupt 1	INT1_vect	SIG_INTERRUPT1
4	Pinchange Interrupt 0	PCINT0_vect	SIG_PIN_CHANGE0
5	Pinchange Interrupt 1	PCINT1_vect	SIG_PIN_CHANGE1
6	Pinchange Interrupt 2	PCINT2_vect	SIG_PIN_CHANGE2
7	Watchdog Timeout	WDT_vect	SIG_WATCHDOG_TIMEOUT
8	Timer 2 Compare Match A	TIMER2_COMPA_vect	SIG_OUTPUT_COMPARE2A
9	Timer 2 Compare Match B	TIMER2_COMPB_vect	SIG_OUTPUT_COMPARE2B
10	Timer 2 Überlauf	TIMER2_OVF_vect	SIG_OVERFLOW2
11	Timer 1 Capture Event	TIMER1_CAPT_vect	SIG_INPUT_CAPTURE1
12	Timer 1 Compare Match A	TIMER1_COMPA_vect	SIG_OUTPUT_COMPARE1A
13	Timer 1 Compare Match B	TIMER1_COMPB_vect	SIG_OUTPUT_COMPARE1B
14	Timer 1 Überlauf	TIMER1_OVF_vect	SIG_OVERFLOW1
15	Timer 0 Compare Match A	TIMER0_COMPA_vect	SIG_OUTPUT_COMPARE0A
16	Timer 0 Compare Match B	TIMER0_COMPB_vect	SIG_OUTPUT_COMPARE0B
17	Timer 0 Überlauf	TIMER0_OVF_vect	SIG_OVERFLOW0
18	SPI Transfer beendet	SPI_STC_vect	SIG_SPI
19	USART hat empfangen	USART_RX_vect	SIG_USART_RECV
20	USART Datenregister leer	USART_UDRE_	SIG_USART_DATA
21	USART Transfer beendet	USART_TX_	SIG_USART_TRANS
22	AD-Wandlung fertig	ADC_vect	SIG_ADC
23	EEPROM bereit	EE_READY_vect	SIG_EEPROM_READY
24	Analogkomparator	ANALOG_COMP_vect	SIG_COMPARATOR
25	TWI-Interrupt	TWI_vect	SIG_TWI
26	Programmspeicher bereit	SPM_READY_vect	SIG_SPM_READY

Zum Schreiben der ISR benötigen wir die Bezeichnung des Interrupts: wollen wir beispielsweise, dass ein Interrupt ausgelöst wird, wenn Daten über die USART empfangen wurden, so wird unsere ISR folgendermaßen aussehen[43]:

```
ISR(USART_RX_vect) {
uint8_t data = UDR0; //Datenregister auslesen
  //Mache irgendwas mit den Daten
}
```

Hinweis:
Interruptserviceroutinen sollten möglichst kurz gehalten werden, insbesondere wenn sie potenziell wichtige oder zeitkritische Funktionen der Hauptroutine unterbrechen können.
Zudem sollte man peinlich darauf achten, dass eine ISR generell immer beendet werden kann. Ansonsten besteht die Gefahr, in der ISR »hängen zu bleiben« und nicht mehr zur Hauptroutine zurückzukehren. Also keine (Warte-) Schleifen in Interruptroutinen.

Hinweis:
Interruptserviceroutinen gehören streng genommen nicht zum C-Standard. Daher werden sie von unterschiedlichen Compilern auch unterschiedlich implementiert. Die hier verwendete Form mit ISR ist spezifisch für den GCC-Compiler mit der AVR Libc.
Bei anderen Compilern muss beispielsweise statt ISR() oft __interrupt() verwendet werden (mit zwei Unterstrichen zu Beginn).

Um Interrupts komfortabel nutzen zu können, muss *interrupt.h* eingebunden werden. Anschließend stehen unter anderem folgende wichtige Funktionen zur Verfügung:

```
#include <avr/interrupt.h>

sei(); //Interrupts erlauben
cli(); //Interrupts sperren
```

Beim Aufruf der Interruptroutine werden die Interrupts automatisch global gesperrt, sodass es nicht zu einer Unterbrechung der Interruptroutine durch einen anderen Interrupt kommen kann. Tritt während des Abarbeitens einer Interruptroutine ein anderer Interrupt auf, wird das entsprechende Flag im Interruptregister gesetzt. Nach Beendi-

---

[43] Die detaillierte Umsetzung der USART-Schnittstelle findet sich im Kapitel *2.7.9 UART/USART*.

gung der Routine werden die Interrupts automatisch wieder erlaubt und der AVR®
führt den »vorgemerkten« Interrupt mit der höchsten Priorität, also mit der niedrigsten
Nummer aus Tabelle 2.1, aus. Sind keine Interruptbits gesetzt worden, wird mit dem
Ausführen der Hauptroutine fortgefahren.

Tritt ein Interrupt in der Zeit, in der die Interrupts global gesperrt sind, mehrmals auf,
kann sein Interruptbit prinzipbedingt nur einmal gesetzt sein und er wird, nachdem die
Interrupts wieder erlaubt wurden, auch nur einmal ausgeführt.

Natürlich gibt es auch die Möglichkeit, die Interruptroutine durch andere Interrupts
unterbrechbar zu machen, indem die Interrupts einfach gleich am Anfang mit `sei()`
wieder erlaubt werden. Dieses Vorgehen empfiehlt sich aber nicht bei Mikrocontrollern
mit eingeschränktem Stackspeicher, da bei jedem Aufruf einer Interruptroutine die
CPU-Register auf dem Stack gesichert werden, um sie anschließend wieder zurück-
schreiben zu können. Bei mehreren geschachtelten Interruptroutineaufrufen kommt es
dann schnell zum gefürchteten Stacküberlauf, da kein Speicher mehr vorhanden ist.

> **Hinweis:**
> Interrupt-Flags werden durch Schreiben einer 1 gelöscht. Das hat unter Anderem
> folgenden Grund: Üblicherweise muss zum Setzen eines Bits in einem Register dieses
> eingelesen und mit dem gesetzten Bit OR verknüpft werden (siehe *2.4.2 Bits setzen,
> löschen und toggeln*). Zwischen Lesen und erneutem Schreiben könnte aber ein Inter-
> rupt ausgelöst worden sein, der ausgelesene Wert stimmt also nicht mehr mit dem
> aktuellen überein und es kommt zu Problemen. Wird stattdessen aber 0 als »gesetzt«
> definiert, so sparen wir einen Lesezugriff ein und das Löschen des Bits reduziert sich
> auf einen einzigen Schreibzugriff mit einer 1.
> Das Löschen des Interrupt-Flags geschieht üblicherweise automatisch, sobald eine
> Interruptroutine aufgerufen wird. Manchmal kommt es allerdings vor, dass ein Inter-
> rupt-Flag manuell gelöscht werden muss, beispielsweise wenn wir TWI implementie-
> ren wollen *(2.7.11 I2C / TWI / 2-Wire)*.

Bei den 16-Bit-Registern (z. B. bei den 16-Bit-Timern) muss beachtet werden, dass der
8-Bit AVR® darauf in zwei Schritten zugreifen muss. Atmel® hat aber ein temporäres
Zwischenregister vorgesehen, das diesen Zugriff stark vereinfacht. Der C-Compiler
kümmert sich automatisch darum, sodass es in den allermeisten Fällen gar keinen
Unterschied macht (außer natürlich bei der Zugriffsgeschwindigkeit), ob man auf ein 8-
Bit- oder ein 16-Bit-Register zugreift. Allerdings müssen sich alle Register einer Peripherieeinheit dasselbe temporäre Register teilen. Dadurch kann der Fall eintreten, in dem
dieser Zugriff Probleme bereitet: Wenn nach dem ersten 8-Bit-Zugriff ein Interrupt
auftritt und in der Interruptroutine ebenfalls auf ein Register derselben Peripherieein-

heit zugegriffen wird, können Werte überschrieben oder falsch gelesen werden. Dieser Fall ist daher unbedingt zu vermeiden, entweder indem man konsequent nur entweder in einer Interruptroutine oder in der Hauptschleife auf die Register derselben Peripherieeinheit zugreift oder – wenn es sich nicht vermeiden lässt – die Interrupts vor dem Zugriff in der Hauptroutine global mit `cli()` sperrt und nachher wieder mit `sei()` freigibt.

Externe Interrupts

Bei den externen Interrupts löst ein externes Signal – sei es eine steigende oder fallende Flanke oder ein Pegelwechsel – einen Interrupt aus. Leider gibt es aber nicht allzu viele dieser Pins, der ATmegax8 etwa besitzt nur zwei (INT0 und INT1) mit dieser Funktion. Größere Modelle haben entsprechend mehr. Achtung Marketingfalle: Atmel® zählt die im nächsten Kapitel behandelten Pinchange-Interrupts auch zu den externen Interrupts, wodurch sich eine beeindruckende Anzahl an externen Interrupts ergibt, auch wenn die allermeisten stark eingeschränkt sind.

Im folgenden Beispiel wird beim Erkennen einer fallenden Flanke an INT0 ein Pin auf HIGH geschaltet. Zum Einstellen des Modus dienen die ISCxx-Bits (Interrupt Sense Control) im EICRA (External Interrupt Control Register A).

Zusätzlich muss im EIMSK (External Interrupt Mask Register) noch eingestellt werden, welcher der externen Interrupts (INT0 oder INT1) aktiviert wird.

INT0 liegt am Pin 2 von PORT D. Da wir auf fallende Flanken reagieren, muss der Pin entweder extern mittels eines Pullup-Widerstands auf HIGH gezogen werden. Oder wir aktivieren den internen Pullup, wie in diesem Beispiel. Indem wir einen Taster drücken, der im gedrückten Zustand den Pin auf LOW zieht, wird das Interrupt ausgelöst.

Abhängig davon wollen wir einen anderen Pin – hier Pin 1 des PORT B – schalten, dieser muss daher als Ausgang konfiguriert sein.

```
#include <avr/interrupt.h>

EICRA = (1<< ISC01); //Fallende Flanke an INT0
EIMSK = (1<< INT0); //Ext. Interrupt 0 an

PORTD |= (1<<PD2); //Pullup an PD2 (INT0) aktivieren
DDRB = (1 << PB1); //Ausgang
sei(); //Erlaube Interrupts
```

Unsere ISR wartet nun auf die externe fallende Flanke an PD2 und schaltet im Fall dieses Ereignisses den Pin PB1 auf HIGH.

```
ISR( INT0_vect ) {
  //Fallende Flanke detektiert
  PORTB |= (1<<PB1); //Pin HIGH
}
```

Die Pulse, die einen externen Interrupt auslösen sollen, müssen länger als eine Taktperiode sein, da der Pin mit der Taktfrequenz gesampelt, also eingelesen, wird. Dadurch kommt es auch zu einer (minimalen) Verzögerung zwischen der fallenden Flanke und der Erkennung dieses Ereignisses durch den AVR® von maximal einer Taktperiode.

In *Abb. 2.6* wurde dieser Vorgang mittels eines Oszilloskops festgehalten: man erkennt deutlich die durch das Einlesen des Signals, den Aufruf der Interruptroutine und das Schalten des Portpins verursachte Verzögerung zwischen dem Signal an INT0 und der Reaktion darauf. Die genaue Zeit ist wie bei allen Interruptaufrufen nicht nur von der Taktfrequenz, sondern auch von der Codeoptimierung des Compilers abhängig. Diese Verzögerung wird in der Fachsprache als *Latenz* bezeichnet.

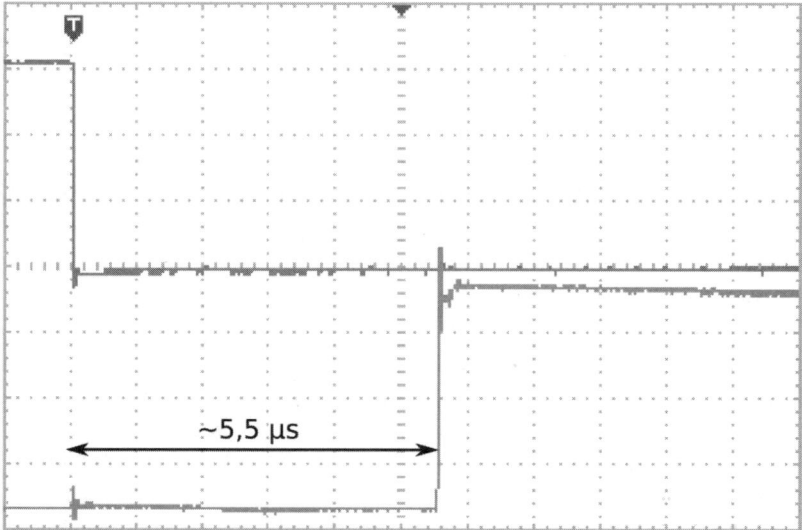

Abb. 2.6: Latenz zwischen Interruptauslösung und ausgeführtem Interrupt

Wenn man den Interrupt nicht auf steigende oder fallende Flanke, sondern auf HIGH- oder LOW-Pegel konfiguriert, wird der Interrupt bei einem anliegenden HIGH- oder LOW-Signal immer wieder aufgerufen. Dieser Modus sollte also nur verwendet werden, um den AVR® aus den tieferen Schlafzuständen aufzuwecken, in welchen externe Interrupts nur im *Level-Modus* funktionieren.

Im Level-Modus wird asynchron, also nicht mit dem CPU-Takt, eingelesen, wodurch dieser nicht benötigt wird.

> **Hinweis:**
> Ist das Aufwecksignal kürzer als die Aufweckzeit (inklusive eventuelles Einschwingen des Oszillators), wird die Interruptroutine nach dem Aufwachen nicht aufgerufen.
> Zudem muss der Level-Modus beim ersten Aufrufen dieses Interrupts deaktiviert werden, da dieser ansonsten anschließend dauernd aufgerufen wird, solange das Signal HIGH oder LOW ist.

Exkurs: Entprellen

Vor allem bei den externen Interrupts ist es sehr wichtig, ein unerwünschtes mehrfaches Auslösen durch ein unsauberes oder *prellendes* Signal (mit mehreren Flanken) zu verhindern. *Prellen* entsteht beispielsweise, wenn durch Betätigung eines mechanischen Tasters kein eindeutiger, einmaliger Wechsel von einem Pegel auf den anderen erfolgt. Vielmehr sieht der tatsächliche Umschaltvorgang »unsauber« aus, das Signal springt dabei mehrmals zwischen Kontakt und Nicht-Kontakt, wodurch mehrere Flanken erkannt werden können.

Dieses »Hüpfen« des Signals kann bei größeren Tastern im schlimmsten Fall bis zu einigen Millisekunden lang andauern, bevor der endgültige Pegel erreicht und eingehalten wird. Dadurch können flankengetriggerte Interrupts mehrfach ausgelöst werden, was es zu vermeiden gilt: Das Signal nach dem Taster muss *entprellt* werden.

Die wichtigste Maßnahme ist natürlich ein sauberer Hardwareaufbau mit einem RC-Glied wie in *Abb. 2.7* als Filter und einer Kontrolle des Signals am externen Interrupt-Pin mit einem Oszilloskop (x10-Tastkopf wegen geringerer Signalbeeinflussung). Aber auch wenn dabei keine Probleme erkannt werden, sollten trotzdem Vorsichtsmaßnahmen in Software getroffen werden, da man es ja nicht ausschließen kann, dass unter gewissen Umständen trotzdem Störungen auf dem Eingangssignal den externen Interrupt unerwünscht auslösen.

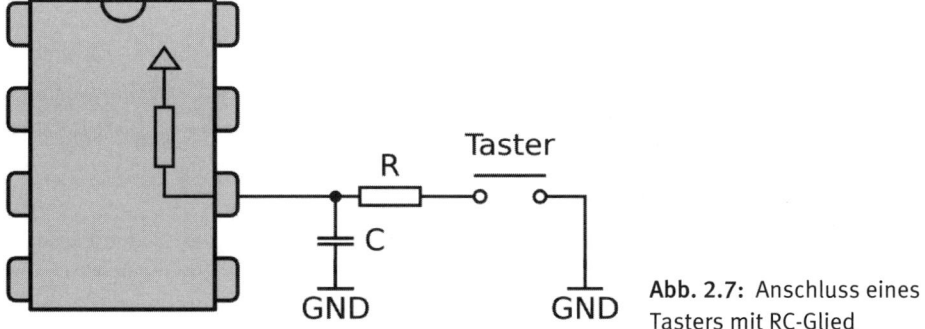

Abb. 2.7: Anschluss eines Tasters mit RC-Glied

Zu diesen möglichen Maßnahmen gehören Plausibilitätsüberprüfungen. Dazu wird ein Fenster definiert, in dem das Signal im Normalbetrieb auftreten soll. Wird der externe Interrupt außerhalb dieses Zeitfensters aktiviert, liegt eine Störung vor, auf die mit einer Warnung reagiert werden sollte.

Ein sofortiges erneutes Aufrufen der Interruptroutine, während die Routine ausgeführt wird, im Fall einer Störung, verhindert man, indem das Interruptflag am Ende der Interruptroutine vorsichtshalber nochmals manuell zurückgesetzt wird: Zur Erinnerung: Interruptflags werden durch Schreiben einer 1 zurückgesetzt.

```
EIFR = (1<<INTF0); //Ext.Int.0 Flag zurücksetzen
```

beziehungsweise

```
EIFR = (1<<INTF1); //Ext.Int.1 Flag zurücksetzen
```

Zudem hat es sich in der Praxis bewährt, eine Zählvariable bei jedem Aufrufen der Interruptroutine hochzuzählen und deren Wert dann mit dem erwarteten Wert zu vergleichen, den man etwa durch Messung mit einem Oszilloskop erhält.

Pinchange-Interrupts

Die Pinchange-Interrupts (Pins PCINTxx) sind weniger »mächtig« als die externen Interrupts, da sie nur auslösen können, wenn sich der Status des Pins ändert. Dazu sind auch noch immer mehrere Pins zusammengefasst, die gemeinsam einen der Pinchange-Interrupts auslösen. Bei den mit dieser Funktion ausgestatteten Modellen verfügt jeder IO-Pin über diese Funktion.

Beim ATmegax8 gibt es drei Pinchange-Interrupts:

- `PCINT0_vect` reagiert auf Änderungen der Pins PCINT0 bis PCINT7,

- `PCINT1_vect` ist mit den Pins PCINT8 bis PCINT14 und

- `PCINT2_vect` mit PCINT16 bis PCINT23 verbunden.

PCINT15 ist nicht vorhanden. Da der Interrupt natürlich nicht bei jeder Änderung eines damit verbundenen Pins auslösen soll, gibt es die *Pin Change Mask Register* PCMSK0 bis PCMSK2. Nur wenn dort das Bit PCINTxx gesetzt ist, löst der entsprechende Pin PCINTxx den Pinchange-Interrupt aus.

Im folgenden Beispiel soll die Interruptroutine bei jeder Pegeländerung an den Pins PB0 und PB1 ausgelöst werden. Diese Pins gehören zum Pin Change Interrupt 0, also muss dieser im PCICR *(Pin Change Interrupt Control Register)* eingeschaltet werden, indem PCIE0 *(Pin Change Interrupt Enable 0)* gesetzt wird.

In PCMSK0 *(Pin Change Mask Register 0)* werden PCINT0 (PB0) und PCINT1 (PB1) anschließend maskiert, sodass nur sie den Pin Change Interrupt 0 auslösen können.

```
#include <avr/interrupt.h>
```

In der Interruptroutine sollte eventuell geprüft werden, welcher der beiden Pins den Interrupt ausgelöst hat und welchen Wert der Pin aktuell besitzt.

```
ISR(PCINT0_vect) { //Pin PB0 ODER PB1 hat getoggelt
  if (PINB & (1<<PINB0)) { // PB0 ist auf 1 gesprungen
    PB0 ist HIGH
  }
  // weitere Fälle...
}

int main(void) {

  PCICR |= (1<<PCIE0); //Pinchange Interrupt aktivieren
  PCMSK0 |= (1<<PCINT0) | (1<<PCINT1); // PB0 und PB1 maskieren
  PORTB = (1<<PB0) | (1<<PB1); //Interne Pullups an

  sei(); //Erlaube Interrupts

  for (;;) {//Endlosschleife
  }
}
```

Sowohl die »echten« externen Interrupts als auch die Pinchange-Interrupts lösen auch dann aus, wenn der entsprechende Pin als Ausgang definiert und per Software geschaltet wird. Von Atmel® wird das als eine Möglichkeit gepriesen, Softwareinterrupts zu implementieren, obwohl der AVR® eigentlich nicht über diese manchmal sehr praktische

Funktion verfügt. Man kann damit aber auch eine Art unabhängige Überwachung implementieren, um sicherzustellen, dass die Pins auch wirklich geschaltet wurden, und wie oft.

2.7.2 Timer

Grundprinzip

Das Grundprinzip eines Timers ist immer dasselbe: Ein Timer (Zähler) zählt einen Wert in einem Zählregister mit einer bestimmten Geschwindigkeit hoch (der Wert wird *inkrementiert*), und zwar unabhängig von der CPU.[44]

Die Breite des Zählregisters kann bei den AVRs 8 Bit, also 256 Schritte, oder 16 Bit, also 65536 Schritte, betragen, man spricht dann von einem 8-Bit-Timer oder eben von einem 16-Bit-Timer. Das bedeutet: ein 8-Bit-Timer zählt schrittweise hoch, bis er den Wert 255 erreicht hat, und beginnt dann wieder von vorne (er »läuft über«, man spricht dann von einem *Timer Overflow*).

Die Zählfrequenz des Timers reicht dabei je nach eingestelltem Prescaler (Vorteiler) von F_CPU / 1024 bis zur vollen CPU-Frequenz F_CPU. Es kann auch ein externes Taktsignal am Pin T0 oder T1 verwendet werden. Zudem gibt es MCUs mit Timer mit PLL (Phase-Locked-Loop), zum Beispiel den ATtiny261, der ATmegax8 gehört nicht dazu. PLLs werden als Frequenzmultiplizierer verwendet: eine 8x PLL bedeutet beispielsweise, dass bei einer CPU-Frequenz von 8 MHz die Timer mit 8 x 8 = 64 MHz betrieben werden können.

Die Auflösung *(Resolution)* des Timers ist der Kehrwert seiner Zählfrequenz. Je höher die Zählfrequenz, desto kleiner (und somit besser) ist seine Auflösung und es können geringere Zeiten beziehungsweise Zeitdifferenzen gemessen werden. Allerdings kann man dann natürlich keine langen Zeiten mehr messen, da das Register nur eine begrenzte Breite, eben 8 oder 16 Bit, hat.

Das Zählregister hat den Namen TCNTn *(Timer/Counter Register)* mit n als Nummer des Zählers (0, 1 oder 2 beim ATmegax8).

---

[44] Vor allem die Timer haben bei den verschiedenen MCU-Modellen einen recht unterschiedlichen Funktionsumfang, sodass an dieser Stelle nicht auf alle Möglichkeiten eingegangen werden kann. Wir konzentrieren uns auf die Timer des ATmegax8, ansonsten empfiehlt sich wie immer ein Blick ins Datenblatt.

Beispiel:
Läuft der 16-Bit-Zähler mit 1 MHz, hat er eine Auflösung von

$$\frac{1}{10^6 Hz} = 1\ \mu s,$$

kann aber nur bis zu

$$1\ \mu s \cdot 2^{16} = 63536\ \mu s$$

also 65,536 ms lang zählen, da er dann überläuft.
Würde er mit lediglich 500 kHz laufen, hätte er eine Auflösung von 2 µs, könnte dafür aber 131,072 ms lang zählen.

Der Startwert des Zählers ist üblicherweise Null (0), er kann aber auch auf einen beliebigen Wert gesetzt werden, indem dieser einfach ins Zählregister geschrieben wird. Der Timer wird dann von diesem Wert ausgehend weiterzählen und entsprechend früher überlaufen.

Wenn der Zähler überläuft, also seinen Höchstwert erreicht hat und dann wieder bei 0 startet, kann ein Interrupt ausgelöst werden. Diesen bezeichnet man als *Timer Overflow Interrupt* (TIMERn_OVF_vect).

Es ist aber auch möglich, einen Interrupt bei einem bestimmten Zählerstand auszulösen, das nennt man dann *Compare Match*. Ein Compare Match Interrupt wird ausgelöst, wenn der Zählerwert in TCNTn den Wert von OCRnA *(Output Compare Register A)* beziehungsweise OCRnB *(Output Compare Register B)* erreicht. Kleinere oder ältere Modelle haben nur ein Compare Match Register (OCRn). Bei einem Match wird der entsprechende Interrupt (TIMERn_COMPA_vect oder eben TIMERn_COMPB_vect) ausgelöst.

Sowohl ein Compare Match als auch der Overflow-Interrupt wird in TIMSKn *(Timer/Counter Interrupt Mask Register)* mit den Bits OCIEnA *(Timer/Counter Output Compare Match A Interrupt Enable)*, OCIE0B *(Timer/Counter Output Compare Match B Interrupt Enable)* und TOIEn *(Timer/Counter0 Overflow Interrupt Enable)* aktiviert. Verfügt der Timer zudem über eine *Input Capture*-Einheit zum Messen der Frequenz externer Signale, wird der entsprechende Interrupt mit dem Bit ICIE1 *(Timer/Counter1, Input Capture Interrupt Enable)* aktiviert. Näheres dazu unter *8.1.1 Beispiel Messung der Periodendauer mit Timer und analogem Komparator.*

Implementierung

Der AVR® im folgenden Beispiel läuft mit 8 MHz. Ein Prescaler von 1024 (maximaler Wert) ergibt für die Timer eine Zählergeschwindigkeit von 8 MHz / 1024 = 7,8 kHz. Der 8-Bit-Timer 0 läuft nach 256 Schritten über, also nach 32,768 ms, was etwa 30 Überläufen pro Sekunde entspricht. Bei diesem Ereignis soll Pin PC5 toggeln.

Bei einem Zählerstand von 127 soll es einen Compare Match geben, was durch das Toggeln von Pin PC4 angezeigt wird. Das Ergebnis sind zwei Signale, die um 90° phasenverschoben sind.

Wir benötigen also zwei Interruptroutinen, die Pin 4 beziehungsweise Pin 5 des PORT C beim entsprechenden Ereignis toggeln. Diese Pins müssen in der Hauptroutine als Ausgänge definiert werden *(Data Direction Register C)*.

Zudem muss der Prescaler des Timers 0 gewählt *(Timer/Counter Control Register)* und im *Timer Interrupt Mask Register* TIMSK0 die Bits *Timer/Counter0 output compare match A interrupt enable* OCIE0A und *Timer/Counter0 overflow interrupt enable* TOIE0 gesetzt werden.

Außerdem müssen wir unseren Compare-Match-Zählstand im *Output Compare Register* OCR0A definieren.

Erst nachdem wir alle Einstellungen vorgenommen haben, werden Interrupts aktiviert (sei()) und die Hauptschleife wird gestartet.

```
#include <avr/io.h>
#include <avr/interrupt.h>

ISR( TIMER0_OVF_vect ) { //ISR Timer Overflow
  PORTC ^= (1<<PC5); //Toggle Pin C5
}

ISR( TIMER0_COMPA_vect ) { //ISR Compare Match
  PORTC ^= (1<<PC4); //Toggle Pin C4
}

int main(void) {

  DDRC = (1<<PC4) | (1<<PC5); //Ausgänge
  TCCR0B = (1<<CS00) | (1<<CS02); //Prescaler 1024
  TIMSK0 = (1<<TOIE0) | (1<<OCIE0A);
  OCR0A = 127; //Compare Match bei Zählerstand 127

sei(); //Interrupts erlauben
```

```
for (;;) { //Leere Hauptschleife
  }
}
```

Man kann die Timer natürlich auch ohne Interrupts verwenden und den Zählwert statt-dessen beispielsweise in der Hauptschleife auswerten:

```
if ( TCNT0 >= 128) {
  PORTD ^= (1<< PD4); //Toggle Pin D4
  TCNT0 = 0x00; //Timer 0 von vorne starten
}
```

In einem solchen Fall darf man aber niemals einen Vergleich mit einem genauen Wert durchführen[45] sondern muss immer auf größer (>), größer/gleich (>=) beziehungsweise kleiner (<) oder kleiner/gleich (<=) prüfen. Der Grund liegt darin, dass man nicht sicher sein kann, wann der Timer den Wert ändert – man könnte das Überschreiten des Wertes »verpassen«.

Würde man im obigen Beispiel den Zählerwert nach dem Toggeln des Ausgangs nicht auf 0 zurücksetzen, wäre die Bedingung bei den folgenden Abfragen bis zum Timer-überlauf erfüllt und würde den Pin dann jedes Mal toggeln. Daher sollte immer darauf geachtet werden, ob der Timer im eigenen Code nach Erreichen des Wertes zurück-gesetzt wurde.

Möglichkeiten zur Frequenzwahl

Benötigt man andere Frequenzen, die nicht einfach mit dem Prescaler generiert werden können, gibt es mehrere Möglichkeiten.

Die einfachste besteht darin, den Timer von einem anderen Wert starten zu lassen, indem in der Überlaufroutine ein Startwert in TCNTn geschrieben wird. Dabei ist zu beachten, dass es eine Verzögerung zwischen dem Überlauf und der Ausführung der Interruptroutine gibt. Wenn auch noch andere Interrupts aktiv sind, kann es zu weite-ren Verzögerungen kommen. Diesen Effekt kann man umgehen, indem nicht direkt ein Wert in das Zählerregister geschrieben, sondern vorher in der Interruptroutine der aktuelle Wert daraus ausgelesen wird. Dieser neue Wert kann bei entsprechend hoher Zählergeschwindigkeit ungleich 0 sein und dann entsprechend korrigiert werden. Dieses Verfahren wird unter *8.1.1 Beispiel Messung der Periodendauer mit Timer und analogem Komparator* in einer ähnlichen Form angewendet.

---

[45] Eigentlich sollte man »ist gleich«-Vergleiche generell möglichst vermeiden.

Die zweite und oft bessere Möglichkeit ist der *Clear Timer on Compare Match (CTC) Mode*. Dabei läuft der Timer nicht mehr bis zu seinem Maximalwert (wie etwa 255), sondern bis zum Wert im OCRnA-Register und startet dann wieder bei 0. Damit erreicht man eine höhere Geschwindigkeit auf Kosten der Zählerauflösung.

Zum Verwenden dieses Modus wird beim ATmegax8 für den Timer0 das Bit WGM01 *(Waveform Generation Mode)* in TCCR0A *(Timer/Counter Control Register A)* gesetzt.

Eine etwas unübliche, aber doch denkbare und in einigen Fällen sogar sehr gute Lösung zur Generierung einer passenden Frequenz wäre, die CPU-Frequenz so anzupassen, dass man auf den richtigen Wert für die Timergeschwindigkeit kommt. Mit dem internen RC-Oszillator ist das auch einfach möglich (siehe Kapitel *0 Für Fortgeschrittene: Genauigkeit des RC-Oszillators*).

Auch Quarze sind in vielen unterschiedlichen Frequenzen erhältlich, sodass es durchaus möglich ist, durch eine geschickte Kombination aus Takt, CPU-Prescaler und Timer-Prescaler auf eine passende Zählfrequenz für den Timer bei voller Auflösung zu kommen.

In sehr vielen Fällen ist die genaue Frequenz auch nicht so wichtig und man kann in diesen Punkten Kompromisse eingehen. Und natürlich hängt die Genauigkeit der Timer direkt mit der Genauigkeit ihres Taktsignals zusammen.

Benötigt man hingegen keine höhere, sondern eine niedrigere Frequenz (also eine längere Wartezeit) als man es auch mit dem größten Vorteiler und dem langsamsten sinnvollen Takt erreichen kann, empfiehlt sich folgende übliche Vorgehensweise: mit einer Zählvariable werden die Timerüberläufe gezählt (entweder global und *volatile* oder lokal und *static*) und erst nach einer gewissen Anzahl an Überläufen das Ereignis ausgelöst. Wenn der Timer also jede Sekunde überläuft und wir 60 Überläufe abwarten, ist eine Minute erreicht.

Zur Ausgabe einer Frequenz mit einem festen Tastverhältnis von 50 %, also kein PWM-Signal, kann im CTC-Modus der Pin OCnX bei jedem Compare Match automatisch getoggelt werden. Dazu wird das Bit COMnX0 in TCCRnA gesetzt. Mit dem Wert in OCRnA beeinflusst man dann die Frequenz des Ausgangssignals.

Einige Timer (beispielsweise Timer2 des ATmegax8) können auch mit einem asynchronen Takt betrieben werden. Damit ist ein Uhrenquarz (32,768 kHz) an den Pins TOSC1 und TOSC2 oder ein externes Taktsignal an TOSC1 gemeint. Der asynchrone Takt dient nicht zur Taktversorgung der CPU, sondern »nur« als Takt für den Timer. Das heißt, er funktioniert auch in den Schlafzuständen, in denen der Haupttakt abgeschaltet wird, und kann somit den Prozessor aufwecken.

Leider liegen die Anschlüsse TOSC1 und TOSC2 beim ATmegax8 an denselben Pins wie XTAL1 und XTAL2, also den Anschlüssen für den externen Quarz für den CPU-Takt. Diese Funktionen können bei diesen Modellen also nicht gemeinsam genutzt werden, bei den größeren AVR-Modellen ist das aber möglich.

Beim Zugriff auf 16-Bit-Register muss wie immer beachtet werden, dass nicht sowohl in der Hauptroutine als auch in einer Interruptroutine auf dasselbe Register zugegriffen wird. Näheres dazu im Kapitel *2.7.1 Interrupts*.

2.7.3   Delay

Für manche Anwendungen benötigt man eine einfache Wartefunktion. Auch wenn man von vielen Seiten hört, dass man Wartezeiten besser mit Timern generieren sollte, kann man das nicht generell so sagen: Oft hat man ganz einfach keine Timer mehr frei oder benötigt nur eine Verzögerung beim Initialisieren des Mikrocontrollers, wofür man nicht unbedingt die doch recht aufwendigen und zumindest für Anfänger fehlerträchtigen Timer benötigt.

In dem Fall kann man stattdessen die Warteschleifen aus *delay.h* verwenden. Dieses Verfahren nennt man auch *blockierendes Warten*, da währenddessen keine anderen Befehle ausgeführt werden können. Wenn während der Wartezeit Interrupts auftreten, wird die Warteschleife unterbrochen und nach Beendigung des Interrupts fortgesetzt – die Verzögerungszeiten stimmen dann natürlich nicht mehr. Aus diesem Grund müssen Interrupts bei der Verwendung von _delay_us() gesperrt werden, wenn die genaue Verzögerung wichtig ist.

Den Warteroutinen wird nur die zu wartende Zeit als Fließkommazahl um Millisekunden (_delay_ms) oder Mikrosekunden (_delay_us)[46] übergeben. Es erfolgt eine automatische Rundung auf den nächsthöheren Wert, der durch die CPU-Geschwindigkeit möglich ist. Die übergebenen Werte sind also als Mindestwartezeit zu verstehen.

Um eine Delay-Warteschleife nutzen zu können, muss *delay.h* eingebunden werden.

```
#include <util/delay.h>
```

Ein Blick in diese Datei verdeutlicht uns die Optionen, die wir zur Auswahl haben. Der folgende Befehl führt zu einer Verzögerung von 100 Millisekunden:

```
_delay_ms(100);
```

---

[46] Statt der Abkürzung µ für »mikro« wird häufig ein »u« verwendet

Ohne näher auf die interne Funktionsweise einzugehen, sei erwähnt, dass die maximal einstellbare Verzögerung mittels `_delay_ms()` bei 6,5535 Sekunden liegt (`_delay_ms(6553.5)`). Allerdings wird ab 262,14 ms / (F_CPU in MHz), also etwa ab rund 32 ms bei 8 MHz, in einen Modus mit geringerer Auflösung (1/10 ms) umgeschaltet.

Analog führt folgender Befehl zu einer Verzögerung von 10,6 Mikrosekunden:

```
_delay_us(10.6);
```

Die maximale Verzögerung beträgt 768 ms / (F_CPU in MHz), also etwa ab rund 96 µs bei 8 MHz. Bei größeren Werten wird automatisch `_delay_ms()` verwendet.

Wenn man sehr geringe Wartezeiten im µs-Bereich braucht, etwa um ein zeitkritisches Übertragungsprotokoll zu programmieren, ist es oft einfacher `_delay_us()` statt einem Timer zu verwenden, da man beim Timer die Interruptverzögerung mitberücksichtigen muss, die je nach Codeoptimierung auch im Bereich von einigen µs liegt (vergleiche Kapitel *2.7.1 Intertupts – Externe Interrupts*).

Wie sich aus obigen Hinweisen erahnen lässt, wird die CPU-Taktgeschwindigkeit F_CPU unmittelbar zur Berechnung der Wartezeit verwendet. Es ist daher wichtig, dass F_CPU korrekt definiert wurde. Wenn im laufenden Betrieb die Taktrate verstellt wird (*2.7.17 Low Power und Schlafzustände – Anpassung der Taktrate*), funktionieren diese Routinen natürlich nicht mehr wie erwartet.

2.7.4   IO-Pins (GPIOs)

General Purpose Input Output Pins haben keine besondere Funktion, sondern können über einfache Softwarebefehle beliebig angesteuert werden. Zunächst muss man festlegen, ob sie als digitale Ein- oder Ausgänge verwendet werden sollen. Eingänge entscheiden anhand des anliegenden Pegels, ob das Signal LOW oder HIGH ist; Ausgänge kann man aktiv entweder auf LOW schalten (0 V) oder auf HIGH (Betriebsspannung).

Bei jedem AVR® gehören je 8 GPIO-Pins zu einem *Port*. Beim ATmegax8 aus unserem einführenden Beispiel *(2.5.1 Schaltungsaufbau – Beschaltung des AVR®)* gibt es die Ports B bis D jeweils mit den Pins 0 bis 7. Allerdings sind nicht alle Pins auch tatsächlich vorhanden, manche Ports sind nicht vollständig. Bei der Wahl eines GPIO-Pins haben wir prinzipiell mehrere Möglichkeiten – dabei muss allerdings beachtet werden, dass jedem physikalischen Pin mehrere optionale interne Funktionalitäten des AVRs zugeordnet sind. So dürfen wir beispielsweise keinen der Pins PB2 bis PB5 für andere Aufgaben einsetzen, wenn wir SPI benutzen wollen, da beim ATmegax8 auf diesen Pins auch die SPI-Leitungen liegen.

Näheres zu den digitalen Ausgängen und vor allem zur notwendigen Beschaltung findet sich im Kapitel *3 Digitale Ein- und Ausgänge.*

Ausgang

GPIO-Pins sind standardmäßig als Eingänge konfiguriert. Diese Einstellung wird mit dem *DDRx (Port x Data Direction Register)* vorgenommen. Wird der Pin als Ausgang verwendet, so kann im *PORTx (Port x Data Register)* der Wert auf HIGH oder LOW gesetzt werden. Wir haben dies bereits im Eingangsbeispiel angewendet (vergleiche *2.5.2 Programmcode*):

```
DDRD |= (1<< DDD2); //schalte PD2 als Ausgang
PORTD |= (1<<PD2); //setze PD2 auf HIGH
```

Eingang

Nach dem Einschalten sind alle GPIO-Pins als Eingang konfiguriert, DDRx hat also den Wert 0. Sicherheitshalber kann man aber auch das Bit des Pins, den wir als Eingang benutzen wollen, löschen. Anschließend kann aus dem *PINx(Port x Input Pins Address)*-Register der angelegte Wert (HIGH oder LOW am jeweiligen Pin) eingelesen werden.

```
DDRD &= ~(1<< DDD3); //schalte PD3 als Eingang

xbyte = PIND; // schreibe Inhalt aus Register PIND in Variable xbyte
```

Für jeden Pin kann ein interner Pullup-Widerstand aktiviert werden. Dazu wird an die entsprechende Stelle im PORTx-Register eine 1 geschrieben. Der Pullup-Widerstand sorgt dafür, dass der Pin auf HIGH gezogen wird, wenn kein Signal am Eingang anliegt.

```
PORTD |= (1<<PD3); //Pullup an PD3 einschalten
```

Man beachte, dass PORTx eine unterschiedliche Bedeutung hat, je nachdem ob der Pin als Eingang oder als Ausgang konfiguriert wurde.

2.7.5   AD-Wandler

Grundprinzip

Ein *Analog-Digital-Wandler (Analog (to) Digital Converter (ADC))*, wandelt ein analoges Eingangssignal in einen digitalen Wert um. Ein analoges Signal ist Zeit- und Wert-*kontinuierlich*, ein digitales Signal aber Zeit- und Wert-*diskret*. Das bedeutet, bei der AD-Wandlung wird ein kontinuierliches Signal zu definierten Zeitpunkten *abgetastet* und der eingelesene Wert mit einer begrenzten Genauigkeit abgespeichert. Dabei geht einerseits die Information verloren, wie sich das Signal zwischen den Abtastzeitpunkten verhalten hat, andererseits der tatsächliche genaue Wert des Signals zu diesem Zeitpunkt, da es ja nur »gerundet« abgespeichert wird. Um einen möglichst geringen Fehler zu machen, ist also ein möglichst »schneller« ADC (viele Abtastschritte pro Sekunde) nötig, mit einer möglichst hohen Auflösung (möglichst viele »Unterteilungen« zwischen 0 und Referenzspannung), um den realen analogen Wert genau abbilden zu können.

In *Abb. 2.8* wurde das zeit- und wertkontinuierliche Signal (grau) zu definierten Zeitpunkten abgetastet. Die dadurch erfassten Werte (Punkte) werden mit Schwellenwerten verglichen. Ist die analoge Spannung größer als ein Schwellenwert, aber kleiner als der nächste, hat das digitale Signal den Wert der unteren Schwelle. Der Wert bleibt bis zum nächsten Abtastschritt gültig. Dadurch erhalten wir eine digitale Abbildung des analogen Signals auf eine begrenzte Anzahl an Zeitpunkten und Spannungswerten.

U/V

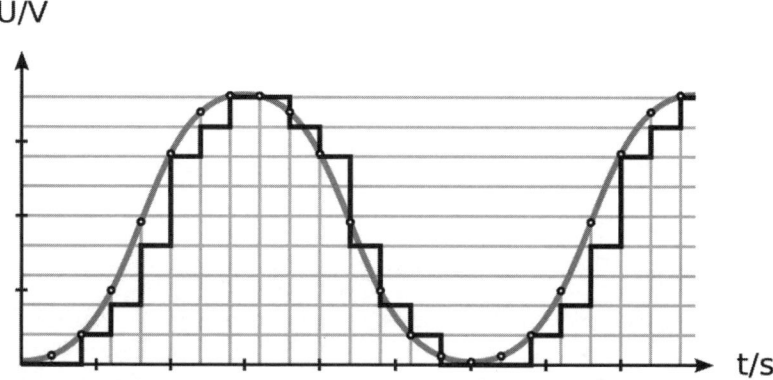

t/s

Abb. 2.8: Digitalisiertes Analogsignal

> **Hinweis:**
> Im Diagramm in Abb. 2.8 ist die Spannung U in Volt V über der Zeit t in Sekunden s aufgetragen. Die Achsen sind daher mit »U/V« und »t/s« beschriftet. Wir werden diese Beschriftungskonvention (Größe/Einheit) auch in allen folgenden Diagrammen beibehalten.

Zur »Geschwindigkeit« der ADC sei gesagt, dass eine solche Wandlung natürlich nicht beliebig schnell geht – die meisten AVRs schaffen nur 15000 Wandlungen in einer Sekunde, was man auch als 15 kSPS *(kilo-Samples-Per-Second)* bezeichnet. Das mag auf den ersten Blick viel sein und reicht auch für viele Anwendungen aus. Externe ADCs und andere Mikrocontroller schaffen jedoch noch wesentlich höhere Abtastraten.

Die Auflösung des ADCs erklärt sich folgendermaßen: Dabei handelt es sich um die kleinste Änderung des Eingangssignals, die »erkannt« wird und somit zu einer Veränderung des digitalen Ausgangssignals führt. Ein 10-Bit ADC teilt die Referenzspannung in 2^{10}, also in 1024 Teile. Ein solches »Teil« nennt man auch einen *Count* oder LSB (Least Significant Bit, also das niedrigwertigste Bit des Ausgangssignals).

Es entsteht durch die Analog-Digital-Wandlung also immer ein (Rundungs-)Fehler, da die Spannung nicht beliebig fein aufgelöst werden kann. Dieser Fehler ist jedoch sehr klein und in diesem Fall praktisch nicht von Bedeutung, da es wesentlich größere Fehlerquellen gibt.

Um vielen typischen Problemen vorzubeugen, sei gesagt, dass ein ADC leider nicht wirklich die analoge Eingangsspannung misst, sondern sie »nur« ins *Verhältnis zu einer Referenzspannung (UREF)* setzt.

Prinzipiell unabhängig von dieser Betrachtungsweise ist der *Eingangsspannungsbereich* des ADCs. Er gibt die Größe der erlaubten Spannung am Eingangspin des Controllers an und darf z. B. bei AVRs nicht kleiner als –0,5 V und nicht größer als die Betriebsspannung +0,5 V sein, da dieser Fall zu einer Beschädigung oder gar zur Zerstörung des Controllers führen kann.

ADC-Architekturen

An dieser Stelle folgt ein kurzer Exkurs zur Funktionsweise der gängigen ADCs.

Die meisten ADCs mit einer Auflösung bis etwa 16 Bit arbeiten nach dem Prinzip der *sukzessiven Approximation (Successive Approximation)*. Dabei wird die Eingangsspannung zunächst mit der halben Referenzspannung verglichen. Ist sie höher, wird das MSB (Most Significant Bit) gesetzt. Nun wird zu dieser Vergleichsspannung ¼ der Referenzspannung hinzuaddiert (MSB gesetzt) oder abgezogen (MSB nicht gesetzt). Ist die Vergleichsspannung größer, wird das zweithöchste Bit gesetzt oder eben nicht. Das Verfahren wird nun mit 1/8, 1/16 und so weiter fortgeführt.

Für dieses Verfahren vorteilhaft ist die einfache Implementierung mittels CMOS-Technologie, was auch die Verwendung in nahezu allen Mikrocontrollern wie auch im AVR® erklärt. In der schrittweisen Annäherung an den Messwert liegt es auch begründet, wieso der ADC mit einem Takt versorgt werden muss.

Delta-Sigma($\Delta\Sigma$)-Wandler bilden den zeitlichen Mittelwert über die gesamte Abtastperiode. Sie sind für hochpräzise Messungen (16–24 Bit Auflösung) von sich langsam ändernden Signalen sehr gut geeignet und werden auch gern im Audiobereich eingesetzt.

Am Eingang wird die Summe (Σ) von Eingangssignal und einem Referenzsignal gebildet. Dieses Signal wird analog integriert und von einem Komparator mit einem Schwellenwert verglichen. Ist das Signal größer als der Schwellenwert, schaltet der Komparator die negative Referenzspannung auf den Summierer auf, andernfalls die positive (Differenzbildung Δ). Gleichzeitig wird der Ausgang des Komparators digital gefiltert und daraus das Ausgangssignal berechnet.

Moderne Delta-Sigma-ADCs haben zudem recht komplexe Digitalfilter, die eine 50/60-Hz-Unterdrückung gegen Störungen aus dem Stromnetz durchführen und das Rauschen weiter reduzieren.

Sehr schnelle ADCs arbeiten als *Flash-Wandler*. Dabei wird die Eingangsspannung mittels 2^N Komparatoren mit jeweils einer entsprechend geteilten Referenzspannung verglichen. Man erhält somit in einem Schritt, also sehr schnell, das Ergebnis.

Eine hohe Auflösung ist mit diesem Verfahren allerdings kaum erreichbar, weil mit steigender Auflösung auch die Anzahl der Komparatoren und der Vergleichsspannungen sehr schnell (exponentiell) steigt. Als obere Grenze sind etwa 10 Bit erreichbar, dafür sind aber Samplingraten von mehreren 100 MHz bis in den GHz-Bereich möglich.

Ein Kompromiss sind die *Pipeline-Wandler*. Hier wird das Eingangssignal zuerst grob abgetastet, typischerweise mit der halben Nennauflösung. Dieser Wert wird dann mit einem Digital-Analog-Wandler wieder in eine Spannung umgewandelt und vom Eingangssignal abgezogen. Die Restspannung wird nun nochmals abgetastet und das Ergebnis aus diesen zwei Messungen kombiniert. Damit erreicht man eine etwas geringere Geschwindigkeit als bei Flash-ADCs, hat aber auch viel weniger Schaltungsaufwand bei größeren Auflösungen.

Berechnungen

Nehmen wir für die Beispielrechnung an, dass die Referenzspannung 5 V beträgt. Ein Count, also die »Schrittweite«, in der wir unser Signal messen können, berechnet sich somit zu:

$$1\,Count \;=\; 1\,LSB \;=\; \frac{U_{REF}}{2^{10}} \;=\; \frac{5\,\text{V}}{1024} \;=\; 4{,}88\,mV$$

Theoretisch würde also eine Änderung des Eingangssignales um 4,88 mV das letzte Bit des digitalen Wandlungsergebnisses ändern.

Eine Eingangsspannung von 0 V liefert ein Ausgangssignal von 0 und eine Eingangsspannung von (VREF – 1 Count) einen Vollausschlag von $2^{10} - 1$, also 1023.

Zusammenfassend kann man sagen, dass sich das Wandlungsergebnis bei einem 10-Bit-ADC folgendermaßen berechnet:

$$ADCCounts \; = \; \frac{U_{ADC} \cdot 2^{10}}{U_{REF}}$$

Um von diesem Ergebnis wieder auf einen Spannungswert zurückzurechnen, multipliziert man den Wert mit dem Faktor für 1 LSB.

Dazu ein Beispiel: Wir haben eine Referenzspannung von 5 V, einen 10-Bit-ADC und ein Eingangssignal mit 1 V. Der ADC würde also (idealerweise)

$$ADCCounts \; = \; \frac{1\,\mathrm{V} \cdot 2^{10}}{5\,\mathrm{V}} \; = \; 204{,}8$$

ausgeben. Der Wert wird natürlich intern auf 205 gerundet. Die entsprechende Spannung kann man leicht zurückrechnen:

$$U_{ADC} \; = \; 205 \cdot \frac{5\,\mathrm{V}}{1024} \; = \; 1{,}00098\,V$$

Egal ob wir Temperatur, Lichtintensität oder eine andere Größe messen wollen – jede Anwendung wird darauf hinauslaufen, dass wir den Sensorwert als der Messgröße äquivalente Spannung über einen ADC einlesen und über einen zusätzlichen Rechenschritt auf die Messgröße rückschließen können.

Störungen und Fehlerquellen

Kommen wir also zum etwas komplizierteren Teil: Wie bereits angedeutet, gibt es Störungen und nicht-ideale Eigenschaften, die die Wandlungsgenauigkeit beeinflussen.

Dabei würde man zuerst natürlich an *Rauschen* oder andere unerwünschte Störungen auf dem Eingangssignal denken. Wenn diese größer sind als 1 LSB, ändert sich dadurch das Wandlungsergebnis. Man erkennt diese Art von Störung sehr leicht daran, dass das Ergebnis nicht stabil bleibt, sich also ständig verändert – die unteren Bits »zittern«. Durch eine einfache *Mittelwertbildung* kann dieser Fehler in sehr vielen Fällen herausgerechnet werden.

Theoretisch geht das nur, wenn das Störsignal im Zeitraum der Messungen mittelwertfrei ist, wenn die positiven und die negativen Störungen also gleich groß sind. Bei reinem Rauschen oder Einstreuungen von Wechselsignalen, etwa aus der Spannungsversorgung, ist dies praktisch fast immer gegeben und der Fehler kann daher beseitigt werden, natürlich auf Kosten der Geschwindigkeit, da man ja dann mehrere Messungen braucht, um einen stabilen Mittelwert zu erhalten.

Für die anderen Fehlerquellen ist das Datenblatt des gerade verwendeten Typs zu konsultieren, dabei können uns folgende Begriffe begegnen:

Die *Integrale Nichtlinearität (INL)* bezeichnet die Summe aller Fehler über den gesamten Wandlungsbereich. Da es sowohl Fehler gibt, die zu einem scheinbar zu hohen, als auch welche, die zu einem scheinbar zu niedrigen Ergebnis führen, mittelt sich der Fehler teilweise heraus und beträgt bei den meisten Typen 0,5 LSBs.

Wesentlich interessanter für die Praxis ist die *Absolute Genauigkeit (Absolute Accuracy)* von typischerweise 2 LSBs. Die Eingangsspannung kann dadurch um bis zu ±2 LSB, also in unserem Beispiel um maximal ±10 mV, vom »idealen« Ergebnis abweichen. Sowohl die Richtung als auch die Größe des Fehlers ist unbekannt und eine Mittelwertbildung lässt diesen Fehler nicht verschwinden.

Bereits am Anfang dieses Abschnittes steht, dass ein ADC das Verhältnis von Eingangsspannung zu einer Referenzspannung berechnet. Daraus folgt unmittelbar, dass *Schwankungen der Referenzspannung* einen direkten Einfluss auf die Genauigkeit haben. Die interne Referenzspannung der AVR-Mikrocontroller (je nach Typ 1,1 V oder 2,56 V bei den älteren Modellen) ist für eine Referenzspannung leider nicht sehr genau und vor allem auch nicht besonders stabil. So kann die nominale Spannung vor allem bei den auf eine niedrige Leistungsaufnahme optimierten Modellen zwischen den einzelnen Typen um bis zu 10 % (!) abweichen. Das bedeutet konkret, das man innerhalb der selben Baureihe einen AVR-Controller mit einer Referenzspannung von 1,0 V haben kann und einen anderen mit einer 1,2-V-Spannungsreferenz, obwohl beide mit 1,1 V angegeben wurden.

Man sieht also, dass es sehr schwierig bis unmöglich ist, eine brauchbare *Absolute Genauigkeit* zu erzielen, vor allem wenn sich auch noch die Umgebungstemperatur ändert.

Ein anderes Thema ist die *Relative Genauigkeit.* Hierbei will man »nur« wissen, wie sich ein Messwert über die Zeit verändert. Es ist also wichtig, wie sehr sich der Wert der Referenzspannung mit der Zeit, der Temperatur, aber auch der Betriebsspannung verändert. Im Datenblatt findet man hierzu genauere Informationen und vor allem Diagramme. Das Stichwort ist hierbei »*Bandgap Reference*«, was den internen Aufbau der Referenzspannungsquelle beschreibt.

Hinweis:
Fehler, die durch schwankende Referenzspannungen bedingt sind, erkennt man daran, dass sie im unteren Messbereich (absolut gesehen) kleiner sind als im oberen Messbereich.

AVR® der XMEGA-Serie verfügen über einen deutlich besseren ADC mit 12 Bit Auflösung, das Eingangssignal wird also in $2^{12} = 4096$ Teile geteilt. Die Abtastrate ist mit 1 MSPS, also 1 Million Abtastungen pro Sekunde, etwa 65x schneller als bei den kleinen AVRs. Auch die interne Referenzspannungsquelle ist deutlich besser als die Spannungsreferenz der kleinen AVRs (max. 0,01 V nominale Abweichung und höchstens 2 % zusätzlichen Fehler über den gesamten Temperatur- und Spannungsbereich). In diesem Buch soll es aber nur um die kleineren Modelle gehen.

Es gibt zudem *externe Referenzspannungsquellen* mit nochmals deutlich besseren Werten bezüglich Genauigkeit und Stabilität. Diese können eine Spannungsgenauigkeit ≤ 0,1 % und einen Drift im Bereich von einigen ppm (*parts per million*, also ein Millionstel) besitzen.

Hinweis:
Der integrierte ADC der AVR-Controller ist, diplomatisch ausgedrückt, alles andere als optimal. Andere Hersteller können das deutlich besser. Die neueren XMEGA, aber auch einige spezielle Typen der »kleinen« Serie, haben in dieser Hinsicht massiv aufgeholt, für genaue Messungen empfiehlt sich jedoch der Einsatz von präzisen externen ADCs oder zumindest die Verwendung einer externen Referenzspannungsquelle. Diese zusätzliche Präzision hat natürlich ihren Preis, und für viele Anwendungen genügen auch verhältnismäßig »begrenzte« Wandler. Eine Verbesserung der Werte kann beispielsweise durch eine Kalibrierung und mit Oversampling erreicht werden.

Wenn mit dem eingebauten ADC Wechselspannungen abgetastet werden, muss man versuchen, den Abstand der einzelnen Messpunkte möglichst konstant zu halten. Schwankt der Abtastzeitpunkt, spricht man auch von *Clock Jitter* (Zittern). Die dadurch entstehende maximale Störung kann man leicht abschätzen, und zwar als den Maximalwert der Spannungsänderung des Eingangssignals während der maximalen Abweichungszeit des Taktsignals: Schwankt der Abtastzeitpunkt also »nur« um beispielsweise 5 µs (realistische Aufrufzeit einer Interruptroutine) und hat das Eingangssignal eine Anstiegsrate von maximal 15 V/ms (ein Signal mit 5 V Amplitude und etwa 1 kHz Bandbreite), beträgt der maximale Fehler

$$5\,\mu s \cdot 15\,V/ms \ = \ 75\,mV$$

Darauf muss besonders im Single-Conversion-Modus geachtet werden, bei der Verwendung des Free-Running-Modus gibt es deutlich weniger Probleme mit zeitlichen Abweichungen der Abtastzeitpunkte.

Eine weitere mögliche Fehlerquelle ist das Aliasing, dem wir im Folgenden einen eigenen Abschnitt widmen.

Abtasttheorem und Antialiasing

Das Abtasttheorem besagt einfach, dass ein Signal nur dann korrekt abgetastet werden kann, wenn die Abtastfrequenz f_{ABTAST} (auch Abtastrate) mindestens doppelt so groß ist wie die höchste im Signal vorkommende Frequenz f_{MAX}:

$$f_{ABTAST} > 2 \cdot f_{MAX}$$

Das gilt unter der Voraussetzung, dass es sich um ein *Basisbandsystem* handelt, also die untere Grenzfrequenz 0 (»Gleichspannung«) ist, was der Praxis auch der häufigste Fall ist. Falls eine untere Grenzfrequenz f_{MIN} existiert, so gilt, dass das Signal mindestens mit seiner doppelten Bandbreite abgetastet werden muss:

$$f_{ABTAST} > 2 \cdot (f_{MAX} - f_{MIN})$$

Wird das Abtasttheorem verletzt, so kommt es zu einem irreversiblen Informationsverlust – das ursprüngliche, kontinuierliche Signal kann dann nicht mehr korrekt rekonstruiert werden.

Dabei kann es vorkommen, dass wir bei Betrachtung des abgetasteten Signals einen scheinbar plausiblen Verlauf vor uns haben: eine Scheinfrequenz beziehungsweise einen Scheinsignalanteil, der allerdings im ursprünglichen Signal nicht vorhanden ist. Dieses Phänomen bezeichnet man als *Aliasing*. Frequenzen, die höher als die doppelte Abtastfrequenz sind, erscheinen nach der Abtastung als niedrigere Frequenzen. *Abb. 2.9* verdeutlicht, wie es beispielsweise bei einem Sinussignal zu Aliasing kommen kann. Das eigentliche, hochfrequente Signal (grau) wird dabei aufgrund der zu niedrigen Abtastrate als niederfrequenter (schwarz) interpretiert, als es tatsächlich ist.

U/V

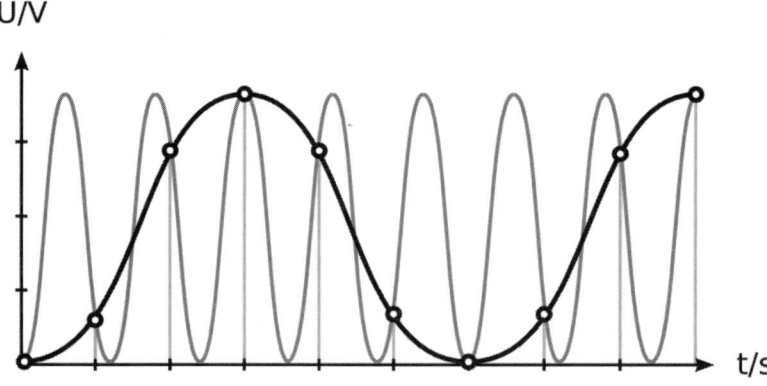

t/s

Abb. 2.9: Aliasing

Da wir leider immer nur mit einer begrenzten Frequenz abtasten können, beziehungs-weise womöglich gar nicht wissen, welche Frequenzanteile in unserem abzutastenden Signal vorkommen – und weil es einfach zu einer korrekten Implementierung und zur Fehlervermeidung gehört sowie aus EMV-Gründen sinnvoll ist – müssen Gegenmaß-nahmen in Form von *(Anti-)Aliasingfiltern* getroffen werden. Antialiasingfilter haben die Aufgabe, jene Frequenzanteile herauszufiltern, die das Abtasttheorem für die uns zur Verfügung stehende Bandbreite verletzen.

In der Praxis heißt das, dass wir vor dem ADC-Eingang einen *Tiefpassfilter* platzieren müssen, also einen Filter, der nur Frequenzen unterhalb seiner Grenzfrequenz passieren lässt. Ein RC-Glied wie in *Abb. 2.10* ist die einfachste Form eines Tiefpassfilters.

Abb. 2.10: RC-Tiefpassfilter

Die Grenzfrequenz des RC-Filters berechnet sich nach der Formel:

$$f_{RC} = \frac{1}{2 \cdot \pi \cdot R \cdot C}$$

Die Grenzfrequenz ist per Definition jede Frequenz, bei der das Ausgangssignal nur mehr knapp 70,7 % des Eingangssignals beträgt. Man spricht auch davon, dass das

Signal dann um 3 dB gedämpft wird (vergleiche *13.6 Dezibel (dB)*). Der Übergang vom *Durchlassbereich* in den *Sperrbereich* kann prinzipiell nicht sprunghaft erfolgen, man hat immer einen mehr oder weniger sanften *Übergangsbereich*. Man spricht vereinfacht von der *Filtersteilheit*. Näheres zur Filterberechnung gibt es im Kapitel *5.3 Analogspannung mit PWM generieren*.

Für den Moment genügt es, die Abtastfrequenz mindestens um den Faktor 2,5 (besser mehr) größer zu wählen als die Grenzfrequenz des Filters.

$$f_{ABTAST} > 2{,}5 \cdot f_{RC} \quad \rightarrow \quad f_{RC} < \frac{f_{ABTAST}}{2{,}5}$$

Die Grenzfrequenz des Filters muss man also auf einen Wert legen, der niedriger ist als die halbe maximale Signalfrequenz, da ja bei der Grenzfrequenz des Filters das Signal nicht komplett gedämpft wird und man daher einen Sicherheitsabstand einhalten muss, der von der Steilheit des Filters und von der gewünschten Dämpfung der höheren Signalanteile abhängt.

Wenn wir die Grenzfrequenz f_{RC} festgelegt haben, können wir uns eine passende Wertekombination aus Widerstand R und Kondensator C aussuchen, die diese Bedingung erfüllt.

Beispiel

Der ADC unseres AVR® läuft mit seiner höchsten spezifizierten *Sampling-Rate* von 15000 1/s[47] – unsere Abtastfrequenz f_{ABTAST} beträgt also 15 kHz. Theoretisch könnten wir damit also ein Signal mit einer Grenzfrequenz von knapp 7,5 kHz korrekt abtasten, was praktisch aufgrund der begrenzten Filtersteilheit aber nicht funktioniert. Wir wollen unseren Filter somit auf eine Grenzfrequenz f_{RC} von

$$f_{RC} < \frac{f_{ABTAST}}{2{,}5} = \frac{15\,kHz}{2{,}5} = 6\,kHz$$

auslegen. Das bedeutet für unsere R und C, dass sie folgende Bedingung erfüllen müssen:

Eine Wahlmöglichkeit wäre beispielsweise für den Widerstand R = 2,7 kΩ und für den Kondensator C = 10nF (zu erhältlichen Bauteilwerten siehe *13.3 E-Reihe*).

---

[47] Der ADC der AVRs kann bei verminderter Auflösung (<10 Bit) und geringerer Genauigkeit auch deutlich schneller getaktet werden.

Bei der Verwendung dieser leicht erhältlichen Werte ergibt sich eine theoretische Grenzfrequenz von

$$f_{RC} = \frac{1}{2 \cdot \pi \cdot 2,7\,k\,\Omega \cdot 10\text{nF}} = 5,9\,kHz$$

> **Hinweis:**
> Der ADC hat nicht notwendigerweise seine volle Sampling-Rate. Wenn er langsamer getaktet wird, Pausen zwischen den Wandlungen eingelegt werden oder mehrere Kanäle gemessen werden (Multiplexing), sinkt die Abtastrate. Darauf muss natürlich bei der Filterauslegung geachtet werden. Abgesehen davon gilt: im Zweifel lieber einen höheren Faktor (2,5 ist das Minimum) wählen. Zudem sind Filter niemals ideal.

Die zweite Aufgabe des Antialiasingfilters ist, die zu messende Spannung zu entkoppeln. Zum Abtastzeitpunkt schaltet der ADC seinen Samplingkondensator (ungefähr 10 pF) an den Eingang. Das kann natürlich einen (kleinen bis sehr kleinen) Spannungseinbruch verursachen, wenn die zu messende Spannung nicht über eine RC-Kombination entkoppelt wird.

ADC Noise Reduction

Sinn und Zweck des »ADC Noise Reduction mode«[48] ist es, Störungen des empfindlichen Analogteils durch die digitalen Schaltungen auf dem Chip zu minimieren. Dabei werden die CPU und einige Peripheriemodule (außer natürlich der ADC und seine Taktversorgung) gestoppt, sodass in der Zeit der AD-Wandlung möglichst wenig auf dem Chip geschaltet wird.

In der Praxis bringt dieser Modus für die Qualität der AD-Wandlung nur dann etwas, wenn gleichzeitig die oft deutlich stärkeren externen Störungen wirkungsvoll ferngehalten werden, also durch eine Abschirmung und ein (sehr) sauberes Platinenlayout. Für einfache Messsysteme, wo nur einige analoge Sensoren ausgewertet werden, ist dieser Modus aber eine einfache Möglichkeit, Messung und Stromsparen miteinander zu kombinieren.

---

[48] Im Prinzip handelt es sich dabei um einen Sleep-Mode, er wird auch gleich behandelt.

Eine zweckmäßige Implementierung könnte folgendermaßen aussehen: Zunächst müssen wir zur komfortablen Nutzung der Sleep-Modi *sleep.h* einbinden:

```
#include <avr/sleep.h>
```

Die folgende Interrupt-Serviceroutine liest einen ADC-Wert `ADC_Val` aus den ADC-High- und ADC-Low-Registern und legt ihn als 16-Bit-Variable ab. Dieser Wert kann anschließend gemäß der gewünschten Anwendung verarbeitet werden, bevor die nächste Wandlung durch Setzen des *ADC Start Conversion*-Bits ADSC gestartet wird.

```
ISR( ADC_vect ) {
uint16_t ADC_Val

  ADC_Val = (uint16_t) ( ADCL + (ADCH<<8) );

  //Mache was mit dem Wert

  ADCSRA |= (1<<ADSC); //Starte neue Messung
}
```

Es folgt die Hauptroutine. Wir wollen die Versorgungsspannung als Referenz verwenden, also filtern wir die Referenzspannung zusätzlich mit einem Filterkondensator zwischen AREF und Masse. (Herausfiltern von Störungen, siehe Hinweis unter *Beschaltung des AVR®*). Jetzt müssen wir nur mehr die Konfiguration des ADC so anpassen, dass AVCC als Referenz verwendet wird (interne Verbindung mit AREF). Das geht über die Reference Selection Bits (in diesem Fall REFS0) im ADMUX-Register.

Als Eingang verwenden wir hier den Pin ADC0. Die Wahl des Eingangs erfolgt über die Bits MUX0 bis MUX3 des ADMUX-Registers – nachdem wir ADC0 verwenden, müssen die Bits alle auf 0 sein. Ein Blick ins Datenblatt verrät, dass alle Bits des Registers den Initial Value 0 haben. Um sicher zu gehen, setzen wir in diesem Beispiel das gesamte Register (»=« statt »|=«), wobei nur REFS0 1 ist.

```
int main(void) {

  ADMUX = (1<<REFS0);
```

Im nächsten Schritt starten wir den ADC (ADC-Enable-Bit ADEN), aktivieren den ADC-Interrupt (ADC-Interrupt-Enable-Bit ADIE) und setzen den Prescaler in unserem Fall auf 16 (ADC-Prescaler-Select-Bit ADPS2). Der ADC-Takt sollte zwischen 50 kHz und 200 kHz liegen.

Anschließend starten wir die erste Wandlung (ADC-Start-Conversion-Bit ADCS).

Da wir den ADC Noise Reduction mode nutzen möchten, setzen wir diesen als Sleep Mode fest.

```
ADCSRA = (1<<ADEN) | (1<<ADIE) | (1<<ADPS2);
ADCSRA |= (1<<ADSC);

set_sleep_mode( SLEEP_MODE_ADC );
```

Nun müssen wir nur noch Interrupts generell erlauben (sonst lässt sich der Controller nicht mehr aus dem Schlafmodus aufwecken) und den Befehl zum Aktivieren des Schlafmodus in die Hauptschleife einfügen. Damit ist unser Programm fertig.

```
sei(); //Interrupts erlauben

for (;;) {
  sleep_mode(); //Schlafen
}
}
```

Im Beispielprogramm wurde der ADC so konfiguriert, dass der ADC-Interrupt nach dem Ende der Wandlung aufgerufen wird. Dadurch wird der AVR® auch aus seinem Schlafzustand aufgeweckt. In der Interruptroutine wird der Wert ausgelesen und sollte in einer echten Anwendung dort auch weiterverarbeitet werden. Dann wird die nächste Wandlung gestartet. Die CPU springt zur Hauptschleife zurück und legt sich schlafen, bis der Wandlerinterrupt erneut auftritt.

Wenn die Berechnungen lange dauern und/oder auch noch andere Aufgaben zu erledigen sind, empfiehlt es sich natürlich nicht, das in der Interruptroutine zu tun. Man könnte in diesem Fall mit einer globalen Statusvariable (volatile nicht vergessen!) die Hauptroutine benachrichtigen, dass ein neuer ADC-Wert gelesen wurde. Der ADC-Wert muss dann natürlich auch in einer globalen Variable abgelegt werden. Die Berechnungen beziehungsweise Aktionen werden dann in der Hauptschleife ausgeführt und anschließend eine neue Wandlung gestartet, die Statusvariable zurückgesetzt sowie der Schlafzustand aktiviert.

Oversampling

Beim *Oversampling*, der *Überabtastung*, wird mit einer deutlich höheren Rate abgetastet als notwendig. Wir rechnen also nicht mehr mit Faktoren wie 2 oder 2,5 sondern Faktor 10 oder höher. Ziel ist es, die effektive Auflösung des ADCs zu erhöhen, wenn auch auf Kosten der Datenrate.

Die dahinterliegende Theorie ist relativ komplex, aber die Grundidee ist folgende: Nehmen wir an, wir haben von einem Signal vier Messpunkte hintereinander aufgenommen. Wenn auf dem Signal ein gewisser Rauschanteil liegt, was praktisch nahezu immer der Fall ist, unterscheiden sich die gemessenen Werte um mindestens ein LSB. Statt diese Punkte nun als einzelne Messwerte zu behandeln, summieren wir alle vier auf und teilen das Ergebnis anschließend durch zwei (shiften es um eins nach rechts). Wir haben nun einen einzigen Datenpunkt, für den wir vier mal abtasten mussten – dieser ist allerdings näher am tatsächlichen Wert, da wir durch unsere Vorgehensweise die effektive Auflösung des ADCs um ein Bit erhöht haben.

Theoretisch kann man weiter gehen, 4^N Werte aufsummieren und durch 2^N dividieren (N Bits nach rechts shiften), um die Auflösung um N Bits zu erhöhen. Praktisch ist aufgrund diverser Einflüsse meist nicht mehr als ein Gewinn von 2 bis 3 zusätzlichen Bits möglich.

Voraussetzung für das Oversampling ist ein Signal mit im Messzeitraum konstantem Mittelwert zuzüglich einem gewissen Rauschanteil im Bereich von mindestens 1 LSB.

Für Fortgeschrittene: Bandgap-Spannungsreferenz

Bandgap bedeutet übersetzt *Bandlücke* oder *Bandabstand*. Der Begriff aus der Halbleiterschaltungstechnik bezeichnet den energetischen Abstand zwischen Valenzband und Leitungsband in einem elektrischen (Halb-)Leiter.

Die Ausgangsspannung einer Bandgap-Referenz ist identisch zu der Bandabstandsspannung des Halbleiters. Neben ihrer verhältnismäßig geringen Temperaturabhängigkeit, die sich mit zusätzlichen Maßnahmen noch deutlich verbessern lässt, ist ihr Hauptvorteil die einfache Implementierung direkt auf einem CMOS-Chip. Daher verfügt auch der AVR® über eine nach diesem Prinzip funktionierende Referenzspannungsquelle.

2.7.6   DA-Wandler

Aufgabe eines Digital-Analog-Wandlers *(Digital (to) Analog Converter (DAC))* ist es, ein analoges Signal auszugeben. Analogspannungen werden etwa zur Generierung von Testsignalen oder zur Ansteuerung von Motoren benötigt.

Die Geschwindigkeit wird meist in Form der *Settling Time* angegeben. Sie beschreibt die Zeit, die der DAC benötigt, um die gewünschte Ausgangsspannung (mit einer gewissen Toleranz) zu erreichen. Eine schnellerer DAC hat also eine geringere Settling Time, braucht also weniger Zeit, um die gewünschte Spannung am Ausgang zu erreichen.

Leider haben nur wenige spezielle Varianten der »kleinen« AVR-Reihe einen eingebauten DAC. Die XMEGA-Baureihe verfügt jedoch teilweise über ein solches Modul.

Hinweis:
Wenn man eine gewisse Genauigkeit benötigt, ist man mit externen DAC-Bausteinen besser bedient. Der Grund liegt darin, dass der Herstellungsprozess von präzisen DACs nicht mit der Herstellungsweise von Mikrocontrollern kompatibel ist und zudem einen aufwendigen Kalibrierschritt (Lasergetrimmte Widerstände) beinhaltet.

Wie bei den ADCs empfiehlt es sich, Antialiasingfilter vorzusehen – diesmal allerdings zur Unterdrückung von unerwünschten Frequenzanteilen im ausgegebenen Spannungssignal.

2.7.7 Komparator

Grundprinzip

Ein Komparator ist in der Analogtechnik ein Baustein, der zwei Spannungen vergleicht. Ist die Eingangsspannung U_E am nichtinvertierenden (+) Eingang größer als die Referenzspannung U_{REF} am invertierenden Eingang, ist die Ausgangsspannung U_A HIGH und damit gleich der positiven Versorgungsspannung des Komparators. Ist die Eingangsspannung hingegen kleiner als die Referenzspannung, so ist die Ausgangsspannung LOW und damit gleich der negativen Versorgungsspannung des Komparators. Das Prinzip ist in *Abb. 2.11* dargestellt.

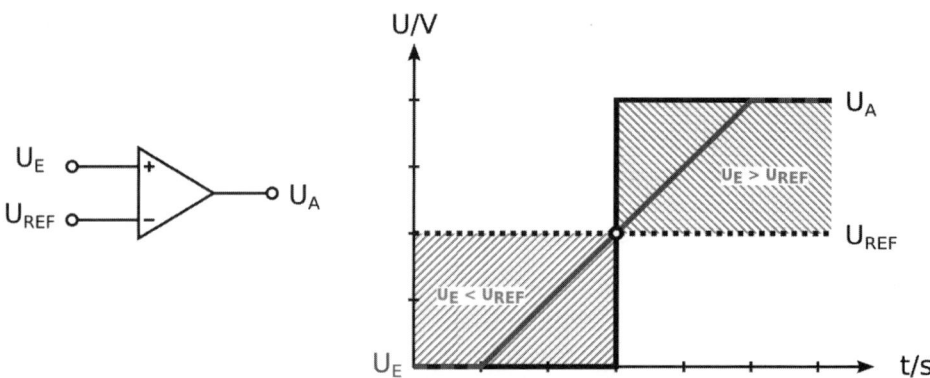

Abb. 2.11: Funktion eines Komparators

Die einfachste Beschaltung eines Komparators wird in *Abb. 2.12* dargestellt. Dabei wird die Referenzspannung mithilfe eines Spannungsteilers aus den Widerständen R1 und R2

am invertierenden Eingang eingestellt (vergleiche *13.1.3 Spannungsteiler*). Der Kondensator C hilft dabei, Störungen herauszufiltern, die fälschlicherweise zu einem Umschalten
des Komparators führen könnten (Empfehlung C > 100 nF).

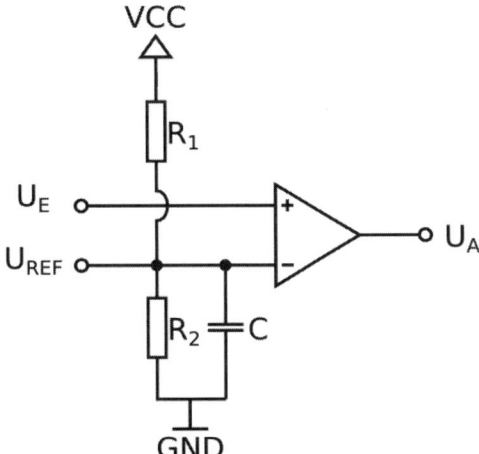

Abb. 2.12: Einstellung der
Schaltspannung mit Spannungsteiler

Eine weitere Möglichkeit ist, mit einem Tiefpassfilter den Mittelwert des Signals zu
bilden und als Referenz zu verwenden. (*Abb. 2.13*). Im Idealfall sollte der Mittelwert eine
sehr gute Referenz für die Schaltschwellen sein und die Schaltung passt sich selbständig
an wechselnde Pegel des Eingangssignals an. Die Grenzfrequenz des Tiefpassfilters muss
experimentell bestimmt werden, ein guter Startwert ist die etwa zehnfache Frequenz des
Eingangssignals.

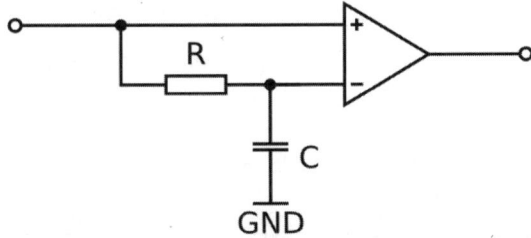

Abb. 2.13: Komparator mit
selbsteinstellender
Vergleichsspannung

Beim im AVR® eingebauten Komparator kann man als positiven Eingang entweder den
Pin AIN0 oder die interne Referenzspannungsquelle wählen. Der negative Eingang ist
wahlweise AIN1 oder der Ausgang des ADC-Multiplexers, also ADC0 bis ADC7. Der

ADC-Multiplexer kann mit dem Bit ACME in ADCSRB ausgewählt werden, aber nur, wenn der ADC deaktivert ist (ADEN in ADCSRA = 0).

Eine kleine Besonderheit ist, dass der analoge Komparator standardmäßig aktiviert ist und mit dem Bit ACD *(Analog Comparator Disable)* in ACSR explizit ausgeschaltet werden muss, ansonsten benötigt er dauernd ca. 60 μA.

Den Ausgang des Komparators kann man direkt am Wert des Bits ACO *(Analog Comparator Output)* in ACSR ablesen. Wenn der *Analog Comparator Interrupt* (Bit ACIE in ACSR) aktiviert wurde, wird ein Interrupt ausgelöst, und zwar je nach Wert der Bits ACISI1 und ACIS0 bei jeder Statusänderung, bei steigender oder bei fallender Flanke.

Der analoge Komparator kann auch als Eingang für die Input-Capture-Funktion von Timer 1 verwendet werden. Damit kann man beispielsweise die Frequenz eines analogen Signals einfach messen (angewendet in *8.1.1 Beispiel Messung der Periodendauer mit Timer und analogem Komparator*).

Wie auch bei den analogen Eingängen am ADC empfiehlt es sich, die Digitalstufe an den Pins, an denen ein analoges Signal anliegt, zu deaktivieren, da die Digitalstufe nicht dafür ausgelegt ist, mit einer Spannung zwischen ihren Schwellwerten zu arbeiten. Dazu dienen die Bits AIN0D und AIN1D *(AIN0/1 Digital Input Disable)* in DIDR1 *(Digital Input Disable Register 1)*.

Implementierung

In diesem Beispiel wollen wir folgende Funktionalität umsetzen: Ist das Signal an AIN1 kleiner als die interne Referenzspannung (nominal 1,1 V), soll eine LED eingeschaltet werden. Wenn die zu vergleichende Spannung größer ist als 1,1 V, muss sie mit einem Spannungsteiler (vergleiche *13.1.3 Spannungsteiler*) angepasst werden.

Eine mögliche Anwendung ist das Erkennen einer Unterspannung einer Batterie.

Der Interrupt erfolgt beim Toggeln des Komparatorausgangs *(Analog Comparator Interrupt Mode Select*-Bits ACIS0 und ACIS1 in ACSR sind 0). In der Interruptroutine wird dann anhand des Bits ACO *(Analog Comparator Output)* überprüft, ob eine Unterspannung (ACO = 0) vorliegt, und die LED wird eingeschaltet, bis die Spannung wieder über den Schwellenwert steigt (ACO = 1).

Da nach dem Einschalten unter Umständen sowohl die interne Referenzspannungsquelle als auch der Spannungswert an AIN1 noch nicht sauber eingeschwungen sein könnten, kann es in der Praxis vorkommen, dass man die ersten Ergebnisse verwerfen muss. Besser ist es vorzubeugen, indem man den Interrupt erst nach ein paar Millisekunden einschaltet. Ein Filterkondensator an AIN1 ist ebenfalls sehr empfehlenswert, da der Komparator ansonsten bei Störungen auf dem Signal unerwünschterweise den Interrupt auslösen könnte (vergleiche Abb. 2.12).

Eine Funktionskontrolle mit dem Oszilloskop und/oder einer bekannten Spannung an AIN1 ist sehr empfehlenswert.

Im Folgenden wurde das gerade Besprochene ausgeführt:

```
#include <avr/io.h>
#include <avr/interrupt.h>
#include <util/delay.h>
```

Die Interruptroutine sieht in diesem Beispiel folgendermaßen aus:

```
ISR(ANALOG_COMP_vect) { //Ausgang Komparator wechselt
  if ((ACSR & (1<< ACO)) { //Komparatorausgang 1
    PORTD &= ~(1<< PB1); //LED aus
  } else { //Komparatorausgang 0
    PORTB |= (1<<PB1); //LED an
  }
}


int main(void) { //Hauptroutine

  ACSR = (1<<ACBG); //Interne Referenzspannungsquelle
  _delay_us(100); //Warten bis Referenzspannung stabil
  ACSR |= (1<<ACIE); //Komparator Interrupt erlauben

  DIDR1 = (1<<AIN1D); //deaktiviere Digitalstufe an AIN1

  DDRB = ( 1 << PB1 ); //PB1 als Ausgang für LED
  PORTD &= ~(1<< PB1); //LED aus

  sei(); //Interrupts global erlauben

  for (;;) {//Endlosschleife
  }
}
```

2.7.8 PWM

Pulsweitenmodulation steht für eine Modulationsmethode, in der periodisch wiederkehrende HIGH-Pulse in ihrer Länge variiert werden. Das bedeutet, dass die Zeit, in der das Signal HIGH beziehungsweise LOW ist, variiert, während die Grundfrequenz und die Betriebsspannung gleich bleiben (*Abb. 2.14*).

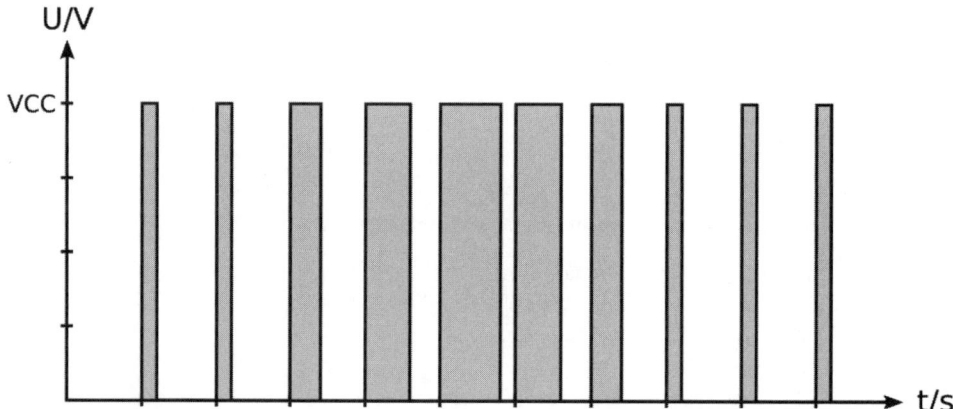

Abb. 2.14: PWM-Signal

Eine PWM kann für verschiedene Zwecke genutzt werden. Ein pulsweitenmoduliertes Signal beispielsweise an einer LED kann zu deren Helligkeitsregelung eingesetzt werden. Oder, es wird als Eingangssignal für einen Elektromotor verwendet, wodurch dessen Geschwindigkeit vom Mikrocontroller geregelt werden kann.

Ist ein Signal innerhalb einer Periode für die halbe Zeit LOW und die restliche Zeit HIGH (oder umgekehrt), spricht man von einem PWM-Verhältnis von 50 % (oder etwas schlampig von 50 % PWM). Ist das Signal andauernd LOW, bezeichnet man das auch als 0 % PWM; ein dauerhaftes HIGH-Signal hat dementsprechend ein PWM-Verhältnis von 100 %. Andere Bezeichnungen für das PWM-Verhältnis sind Tastgrad, Tastverhältnis oder *duty cycle*.

Mittelt man nun das Signal mit einem Tiefpassfilter, der Akademiker würde vom Integrieren über die Periodenlänge sprechen, erhält man eine Analogspannung, die dem prozentualen Verhältnis der digitalen Versorgungsspannung entspricht. Das heißt: filtert man ein 50 % PWM-Signal von einem mit 5 V versorgten Mikrocontroller, erhält man eine Ausgangsspannung von 2,5 V.

Da den allermeisten AVRs ein eingebauter Digital-Analog-Konverter (DAC) fehlt, ist das eine einfache Möglichkeit, trotzdem eine analoge Ausgangsspannung zu generieren. Dazu gibt es ein ausführliches Beispiel (siehe *5.3 Analogspannung mit PWM generieren*).

Bei vielen Anwendungen ist es gar nicht nötig, das PWM-Ausgangssignal mit einem Filter zu glätten, da irgend ein anderer Effekt diese Aufgabe übernimmt. Wenn man etwa eine LED mit einer PWM-Frequenz größer als ca. 25 Hz (besser >50 Hz) ansteuert, um ihre Helligkeit zu reduzieren, nimmt das menschliche Auge keine einzelnen Pulse mehr wahr (kein Flackern sichtbar) und bildet sozusagen selbständig den Mittelwert über die Helligkeit. Das Prinzip dürfte vom Fernseher bekannt sein. Auch bei der Ansteuerung von (DC-)Elektromotoren stört ein PWM-Signal meist nicht, da durch die Induktivität des Motors und die mechanische Trägheit eine Filterwirkung erzielt wird.

Man kann das Prinzip der PWM aber auch zum Übertragen von Daten verwenden. Der besondere Vorteil dabei ist, dass es auch sehr starke Störungen auf der Leitung kaum schaffen, das Tastverhältnis und damit die Information im Nutzsignal zu ändern, sondern nur Einfluss auf die Signalamplitude haben. Daher nimmt man ein PWM-Signal etwa auch zum Ansteuern von Modellbauservos.

Die PWM-Funktionalität der AVRs basiert wie bei fast allen anderen Mikrocontrollern auch auf den Timern oder ist besser gesagt ein Teil davon und wird auch in denselben Registern (TCCRnA und TCCRnB) konfiguriert.

Fast-PWM-Modus

Beim AVR® kann man aus mehreren PWM-Varianten wählen. Der einfachste und schnellste ist der *8-Bit Fast-PWM*-Modus. Dabei wird zu Beginn ein entsprechender Pin, beispielsweise OC0A, HIGH gesetzt. Anschließend wird der Zähler von 0 bis 255 hochgezählt. Ist der Zählerwert gleich einem voreingestellten Wert in OCR0A (*Output Compare Register A)*, wird der Pin OC0A LOW. Das PWM-Verhältnis entspricht somit dem Verhältnis des Werts im OCR0A zu 255.

Man kann in diesem Modus also nicht 0 % PWM erzeugen, da der Pin immer am Anfang eines jeden Zyklus gesetzt wird. Selbst wenn man 0 in OC0A schreibt, wird der Pin für kurze Zeit HIGH. Will man das nicht, kann der invertierte Modus verwendet werden, bei dem OC0A zunächst LOW ist und gesetzt wird, wenn der Zähler den Wert in OCR0A erreicht. Damit kann aus denselben Gründen allerdings nicht ein PWM-Verhältnis von 100 % erreicht werden.

Beispiel 10-Bit-Fast-PWM an OC1A

Das gerade beschriebene Prinzip wollen wir nun in die Tat umsetzen, allerdings mit 10 Bit.

Um den 10-Bit-PWM-Modus zu aktivieren, müssen die Bits WGM10, WGM11 und WGM12 *(Waveform Generation Mode)* gesetzt werden. Die ersten beiden Bits liegen im TCCR1A *(Timer/Counter1 Control Register A)*, letzteres in TCCR1B.

Achtung:
Dadurch, dass die Waveform-Generation-Bits gesetzt sind, ändert sich die Bedeutung der COM1nA/B-Bits in TCCR1A – im Datenblatt existieren entsprechend mehrere Tabellen, von denen eine für Fast-PWM gilt. Wir setzen lediglich das COM1A1-Bit und wählen dadurch den nicht-invertierenden Modus, in welchem OC1A bei einem Compare Match mit OCR1A auf LOW gesetzt wird.

In TCCR1B können wir zudem mittels der Clock-Select-Bits die Taktquelle wählen. Im Beispiel wurde lediglich CS00 gesetzt und damit die CPU-Frequenz ohne Prescaler als Takt gewählt.

Unser Zähler läuft hier somit von 0 bis 1023, für 50 % PWM müssen wir den Wert OCR1A also noch auf 511 setzen.

```
TCCR1A = (1<<COM1A1) | (1<<WGM11) | (1<<WGM10); //Fast PWM, OC1A
TCCR1B = (1<<WGM12) | (1<<CS00); //F_CPU ohne Prescaler

OCR1A = 511; //50% PWM
```

Diese Zeilen müssen natürlich in eine entsprechende Routine eingebaut und *io.h* eingebunden werden (vergleiche *2.6 Allgemeiner Programmaufbau*).

Es ist keine 16-Bit-Fast-PWM vorgesehen, nur 8, 9 oder eben 10 Bit. Benötigt man eine größere Auflösung, muss man auf andere PWM-Modi zurückgreifen.

Weitere PWM-Modi

Im CTC*(Clear Timer on Compare)*-Modus kann auf eine andere Art ein PWM-Signal erzeugt werden. Dabei wird eingestellt, dass der dazugehörende Pin OCnA/B bei jedem Compare Match getoggelt wird *(Toggle OCnA/B on Compare Match)*.

Um die Probleme mit dem nicht vollständig nutzbaren Bereich (0 % PWM bis 100 % PWM) zu umgehen, kennt der AVR® noch weitere PWM-Modi, die den Zähler einmal hinauf- und dann wieder hinunterzählen lassen. Es gibt also keinen Zählerüberlauf (der Überlaufinterrupt kann aber, falls gewünscht, am Ende eines Zählzyklus ausgelöst werden) und man erreicht nur die halbe Geschwindigkeit bei gleicher Auflösung wie beim Fast-PWM-Modus. Dafür können aber auch 0 % und 100 % PWM-Verhältnis erzeugt werden.

Ein in manchen Fällen entscheidender Vorteil dieser Modi ist, dass die PWM-Pins (außer bei gleichem Wert) nicht zeitgleich am Anfang des Zählzyklus geschaltet werden, was die eventuell hohen Schaltströme zeitlich besser verteilt.

Bei der *Phase Correct PWM* wird der Ausgangspin beim Hochzählen LOW, wenn der Zählerwert den Wert in OCRnA/B erreicht, und HIGH, wenn der Wert in OCRnA/B beim Hinunterzählen erreicht wird. Im invertierenden Modus sind HIGH und LOW vertauscht. Ein Beispiel für eine Phase-Correct-PWM findet sich im Kapitel *11.2.3 RGB-LED mit PWM*.

Beim *Phase and Frequency Correct PWM*-Modus wird OCRnA nicht beim Höchststand des Zählers, sondern am Anfang des Zählzyklus geupdatet. Der Unterschied ist nur erkennbar, wenn man den Zähler so konfiguriert, dass er bis zum Wert in OCRnA zählt und nicht bis zu seinem Maximalwert. In diesem Fall wird verhindert, dass es beim Ändern des Zählerhöchstwertes (durch Ändern von OCRnA) zu einer Periode mit falscher Frequenz und damit falschem PWM-Verhältnis kommt.

Wenn die Hardware-PWMs nicht ausreichen oder man PWM-Ausgänge an anderen Pins ohne PWM-Funktionalität benötigt, kann man auf eine Software-PWM zurückgreifen. Dazu gibt es mehrere Möglichkeiten, von denen zwei im Kapitel *5.4 Software-PWM* gezeigt werden.

2.7.9   UART/USART

Einen oder sogar mehrere *Universal Asynchronous Receiver Transmitter* (UART) findet man in sehr vielen Mikrocontrollern, aber leider nicht bei den ATtiny. Es handelt sich eigentlich weder um ein Bussystem noch um eine Punkt-zu-Punkt-Verbindung, sondern eher um einen wichtigen und weit verbreiteten Baustein zur Implementierung eines Übertragungsprotokolls.

Eine UART definiert zwei Datenleitungen:

* *Rx (Receive)*, die Empfangsleitung, und

* *Tx (Transmit)*, die Sendeleitung.

Hinweis:
Zur Kommunikation über UART wird jeweils die Sendeleitung Tx des einen Bausteins mit der Empfangsleitung Rx des anderen Bausteins verbunden (*Abb. 2.15*). Das ist gerade zu Beginn eine »beliebte« Fehlerquelle.

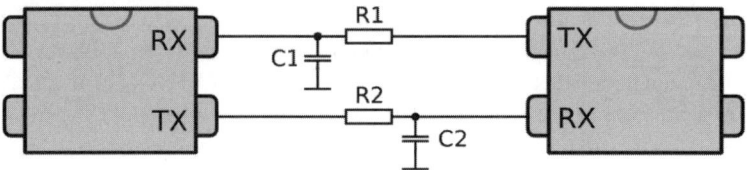

Abb. 2.15: Beschaltung UART

> Die eingezeichneten RC-Filter sind für die Funktion der Schaltung nicht notwendig, können aber dabei helfen, Störungen herauszufiltern und Schäden zu vermeiden. Sie müssen dazu aber so dimensioniert werden, dass sie die normale Funktion der Schaltung so wenig wie möglich beeinflussen. Gute Startwerte für die Filter sind 100 Ω und 10 nF.

Der typische UART-Geschwindigkeitsbereich reicht von 300 Baud bis etwa 3 MBaud, wobei der AVR® nur maximal 2,5 MBaud schafft. Die Übertragung besteht aus einem Start-Bit, 5 bis 9 Daten-Bits und einem oder zwei Stop-Bits (*Abb. 2.16*). Die tatsächliche Datenrate liegt aus diesem Grund unterhalb der Baudrate, und zwar bei höchstens 9/11 davon bei einer Übertragung von 9 Bit mit je einem »nutzlosen« Start- und Stop-Bit.

a) \Start⟨D1⟩⟨D2⟩⟨D3⟩⟨D4⟩⟨D5⟩/Stop Stop

b) \Start⟨D1⟩⟨D2⟩⟨D3⟩⟨D4⟩⟨D5⟩⟨D6⟩⟨D7⟩⟨D8⟩⟨D9⟩/Stop

Abb. 2.16: UART-Übertragung mit a) 5 Bits mit 2 Stop-Bits und b) 9 Bits und 1 Stop-Bit

Die Baudrate muss dabei dem Empfänger bekannt sein. Eine falsche oder aufgrund von Taktabweichungen nicht genau eingehaltene Baudrate ist eine weitere sehr häufige Fehlerquelle bei asynchronen Übertragungen wie etwa UART.

Bei neueren Mikrocontrollern ist die Ausführung als *Universal Synchronous Asynchronous Receiver Transmitter USART* gängig. Diese Schnittstelle ermöglicht zusätzlich noch eine synchrone Datenübertragung, also mit einem zusätzlichen Taktsignal. Damit kann etwa eine zusätzliche SPI-Schnittstelle (siehe Kapitel *2.7.10 SPI / Microwire*) implementiert werden.

Um Missverständnissen vorzubeugen, muss an dieser Stelle klar zwischen USART und dem als *serielle Schnittstelle* bekannten *RS-232*-Standard unterschieden werden. RS-232 definiert eine physikalische Möglichkeit, serielle Daten bidirektional zu versenden. Es handelt sich dabei um eine genau definierte Norm, in der unter Anderem vorgeschrieben ist, wie eine logische 0 (+3 bis +15 V) beziehungsweise eine logische 1 (–3 bis –15 V) und wie die Kabel und Stecker auszusehen haben.

Die USART ist hingegen »nur« eine AVR-Peripherieeinheit, mit der man allerdings eine RS-232-konforme Datenübertragung herstellen kann, wenn man einen zusätzlichen Schnittstellentreiber verwendet. Ein gerne verwendeter Baustein für diese Aufgabe ist der *MAX232*, der von verschiedenen Herstellern erhältlich ist. Ähnliches gilt auch für RS-422/485.

Die USART generiert also nur das Bitmuster, und zwar mit CMOS-Pegeln (LOW = 0V, HIGH = VCC). Zwei MCUs können wie in Abb. 2.15 über kurze Distanzen unmittelbar über die USART miteinander kommunizieren, das ist aber maximal innerhalb desselben Gerätes empfehlenswert, ebenso wie beim weiter vorne behandelten I²C-Bus. Eine gesicherte Kommunikation über längere Strecken gelingt erst durch das Dazwischenschalten von Schnittstellentreibern. Damit wird eine mit RS-232 bzw. RS-422/485 konforme Kommunikation möglich.

Die Daten kommen also immer von der USART, bei RS-232 wird lediglich der Baustein zwischengeschaltet, bei RS-485 muss noch mehr beachtet werden.

Nachdem der Unterschied hoffentlich klar geworden ist, können wir uns die Implementierung von USART, RS-232 und RS-422 / RS-485 genauer ansehen.

UART

Im Gegensatz zur UART beherrscht eine USART zusätzlich die synchrone Kommunikation, wofür ein Taktsignal mitübertragen wird. Bei einer synchronen Kommunikation wird Pin XCK als Taktleitung verwendet. Das belegt zwar eine zusätzliche Leitung, dafür ist es aber nicht mehr notwendig, dass der Empfänger die Baudrate des Signals kennt. Daraus resultiert, dass USARTs auch für eine SPI-kompatible Kommunikation verwendet werden. Hier wird aber der asynchrone Modus verwendet, um z. B. über RS-232 mit einem PC zu kommunizieren.

Einstellung der Baudrate

Der wichtigste Punkt für eine fehlerfreie U(S)ART-Kommunikation ist die Einstellung der korrekten Baudrate und die Minimierung der Abweichungen zur gewünschten Rate.

Die Baudrate wird im *USART Baud Rate Register* UBRRn eingestellt, wobei n für die Nummer der Schnittstelle (z. B. 0) steht, da AVRs auch mehrere USARTs haben können. UBRRn verhält sich dabei wie ein Prescaler, der einen ganzzahligen 12-Bit-Wert annehmen kann. Die Baudrate berechnet sich aus:

$$f_{BAUD} = \frac{f_{CPU}}{16 \cdot (UBRRn + 1)}$$

In UBRRn muss also folgender Wert geschrieben werden:

$$UBRRn = \frac{f_{CPU}}{16 \cdot f_{BAUD}} - 1$$

Je nach CPU-Takt kann die gewünschte Baudrate nicht immer genau eingestellt werden. Vor allem bei höheren Übertragungsraten (beispielsweise $f_{BAUD} = 115200$ Bd) und einigen gerne verwendeten CPU-Taktraten (beispielsweise $f_{CPU} = 8$ MHz) kommt es prinzipbedingt zu größeren Abweichungen, wie folgendes Beispiel zeigt:

Beispiel:
Würden wir bei der häufig verwendeten CPU-Taktrate $f_{CPU} = 8$ MHz eine Übertragungsrate von $f_{BAUD} = 115200$ Bd wählen, so würde für unseren gesuchten Wert UBRRn folgen:

$$UBRRn_{GES} = \frac{8000000}{16 \cdot 115200} - 1 = 3{,}34$$

Da UBRRn ein 12-Bit-Register ist und somit nur ganzzahlige Werte von 0 bis 4095 annehmen kann, würde sich dadurch ein sehr großer Rundungsfehler ergeben. Die Rechnung geht bei niedrigeren typischen Baudraten, wie beispielsweise $f_{BAUD} = 9600$ Bd, besser auf:

$$UBRRn_{GES} = \frac{8000000}{16 \cdot 9600} - 1 = 51{,}08$$

Dieser Wert kann mit einem akzeptablen Rundungsfehler auf 51 abgerundet werden.

Die Lösung für das Problem sind die im Kapitel *Schwingquarze* erwähnten Baudratenquarze mit auf den ersten Blick »krummen« Frequenzen wie z. B. 7,3728 MHz.

Damit berechnet sich ein Wert für UBRRn für 115200 Bd:

$$UBRRn_{GES} = \frac{7372800}{16 \cdot 115200} - 1 = 3$$

... und zwar gänzlich ohne Rundungsfehler.

Initialisierung

Die Initialisierung der USART könnte also folgendermaßen aussehen:

Als Erstes definieren wir CPU-Frequenz (besser in den Projekteinstellungen festlegen) und die gewünschte Baudrate. Die angehängten Bezeichner UL bei der Taktfrequenz weisen den Compiler darauf hin, das es sich um einen Unsigned-Long-Wert handelt, was bei Berechnungen mit diesem Wert Fehler verhindert, da vorsichtshalber genug Speicherplatz reserviert wird.

```
#define F_CPU 7372800UL
#define BAUDRATE 115200
#define USART_BAUD_CALC (F_CPU/(USART_BAUD_RATE*16L)-1)
```

Die Baudrate wird aufgeteilt in High- und Lowbyte in den Baudratenregistern UBRRnH und UBRRnL. Sehr hilfreich sind dabei folgende Funktionen zur unmittelbaren Berechnung des High- und Lowbyte:

```
#define LOW(x) ((x) & 0xFF) //Lowbyte
#define HIGH(x) (((x) >> 8) & 0xFF) //Highbyte

UBRR0H = HIGH(USART_BAUD_CALC); //Baudrate einstellen
UBRR0L = LOW(USART_BAUD_CALC); //Baudrate einstellen
```

Im nächsten Schritt widmen wir uns den Registern *USART Control and Status Register* UCSRnA/B/C, n steht jeweils für die Nummer der jeweiligen UART (hier: 0). Darüber können wir Senden und Empfangen aktivieren (Bits RXENn, TXENn) sowie Empfangsinterrupts erlauben (Bit RXCIEn).

```
UCSR0B = (1<< RXEN0) | (1<< TXEN0) | (1<< RXCIE0);
```

Man kann mit dem Bit UDRIEn (USART Data Register Empty Interrupt Enable) auch einen Interrupt auslösen lassen, wenn das Senderegister leer ist. Damit kann ein kontinuierlicher Datentransfer ermöglicht werden, indem dann sofort wieder neue Daten in das Senderegister geschrieben werden.

Das Wählen der Wortgröße (Character Size) für die USART-Übertragung erfolgt beim ATmegax8 mit den drei Bits UCSZn0, UCSZn1 und UCSZn2, von denen sich das erste im Register UCSRnB und die beiden letzten in UCSRnC befinden. In unserer Implementierung verwenden wir acht Datenbits, es sind aber auch andere Datenlängen gemäß *Tabelle 2.2* möglich:[49]

---

[49] Andere Bitkombinationen für UCSZnx dürfen nicht gesetzt werden, da sie für andere Zwecke reserviert sind. Vielleicht spielen sie in anderen oder zukünftigen Controllerversionen eine Rolle. Falls gesetzt, könnten sie aber bei diesen MCUs bereits unvorhergesehenes Verhalten hervorrufen.

Tabelle 2.2

Datenbits	UCSZn0	UCSZn1	UCSZn2
5 Bit	0	0	0
6 Bit	1	0	0
7 Bit	0	1	0
8 Bit	1	1	0
9 Bit	1	1	1

Standardmäßig wird anschließend ein Stop-Bit gesendet. Wollen wir stattdessen zwei Stop-Bits haben, um eine längere Pause zwischen den Übertragungen einzufügen, muss USBSn *(USART Stop Bit Select)* gesetzt werden. Die längere Pause hilft vor allem langsameren Teilnehmern.

Wir definieren das Frameformat hier mit 8 Datenbits und belassen es bei einem Stopbit. Die Kurzschreibweise für dieses Format lautet 8n1.

```
UCSR0C = (1<<UCSZ00) | (1<<UCSZ01); //(8n1)
```

Folgende Routine erledigt das Senden eines Zeichens vom Controller. Falls die USART noch beschäftigt ist, wird gewartet, bis das Bit *UDREn (USART Data Register Empty)* anzeigt, dass das Datenregister leer ist und bedenkenlos neue Daten hineingeschrieben werden können.

```
void USART_transmit (uint8_t data) {
  while ( !( UCSR0A & (1<<UDRE0)) );
    UDR0 = data;
}
```

Wurde hingegen ein Zeichen empfangen, wird ein Interrupt ausgelöst und folgende ISR aufgerufen. Die empfangenen Daten liegen im Datenregister und können aus diesem ausgelesen und weiter verwendet werden. Natürlich müssen die Interrupts vorher irgendwo erlaubt worden sein:

```
sei(); //Interrupts global erlauben

ISR(USART_RX_vect) {
  uint8_t data;
  data = UDR0; //Datenregister auslesen
    //Mache irgendwas mit den Daten
}
```

Beim Aufrufen dieser Interruptroutine wird das Interruptflag nicht wie bei den meisten anderen Interrupts automatisch zurückgesetzt. Erst wenn alle Daten im Empfangsbuffer ausgelesen wurden, wird kein Empfangsinterrupt mehr ausgelöst. Das Datenregister muss also in der Interruptroutine immer ausgelesen werden, da ansonsten immer wieder Empfangsinterrupts ausgelöst werden.

Natürlich kann man die USART auch ohne Interrupts verwenden, indem man regelmäßig nachschaut, ob Daten empfangen wurden. Dann ist das Bit RXC0 in UCSRA0 gesetzt.

Am einfachsten, aber natürlich nicht immer am Besten, ist eine Warteschleife, in der gewartet wird, bis Daten empfangen wurden.

```
uint8_t USART_receive( void ) {
  while ( !(UCSROA & (1<<RXCO)) ); //Warte bis Daten da
return (UDRO); //Lese Daten aus
}
```

RS-232

RS-232 ist eine Norm zur bidirektionalen Datenübertragung, im amerikanischen Einflussbereich ist die Bezeichnung EIA232 üblich. Typisch für sie ist ein 9- oder früher auch 25-Pol-D-Sub-Steckverbinder, wie er häufig als *Serielle Schnittstelle* an Desktoprechnern ausgeführt war und in einigen Fällen auch noch ist. RS-232 ist kein Bussystem, es erlaubt nur Verbindungen mit genau zwei Teilnehmern. Für längere Strecken ist die Schnittstelle auch nicht wirklich geeignet[50]. Ursprünglich wurde sie für den Anschluss von Modems entwickelt, worauf die Namen einiger Leitungen auch hindeuten.

Die Steuerung des Datenflusses erfolgte nach der vollständigen Spezifikation mittels *Hardware-Handshake*. Dabei handelt es sich um zusätzliche Steuerleitungen, mit denen die kommunizierenden Geräte untereinander den Wunsch zu senden beziehungsweise die Bereitschaft zu empfangen mitteilen. Dazu kommt für jede Richtung eine Datenleitung, *Rx* (receive, also empfangen) und *Tx* (transmit, also senden). Die volle Belegung mit 5 oder 9 Leitungen findet man aber nur noch sehr selten und noch seltener bei Mikrocontrollern.

Heute erfolgt die Datenflusssteuerung meist mittels Software-Handshake, also über vordefinierte Zeichenketten – dafür sind nur noch drei Leitungen (Rx, Tx und Masse) notwendig. Der AVR® unterstützt in Hardware wie fast alle Mikrocontroller auch nur diesen Modus.

---

[50] (auch wenn die ursprüngliche Norm mehrere 100 m bei allerdings niedrigen Geschwindigkeiten spezifiziert)

Hinweis:
Zu beachten ist, dass die Sende-und Empfangsleitungen gekreuzt werden müssen, also Rx von einem Gerät wird an Tx vom zweiten angeschlossen und umgekehrt. Das ist eine häufige Fehlerquelle für Einsteiger.

Die Schnittstelle ist asynchron, das bedeutet, dass keine Taktinformation mitgeliefert wird. Beide Teilnehmer müssen also auf die korrekte Übertragungsgeschwindigkeit – die Baudrate – eingestellt werden. Je nach Geschwindigkeit können kleine Abweichungen bereits zu Fehlern führen. Speziell bei höheren Baudraten ist es daher wichtig, auf beiden Seiten eine stabile Taktquelle und nicht den internen RC-Oszillator zu verwenden, dessen Frequenz stark temperatur- und spannungsabhängig ist.

Die Daten kommen von der USART, die Codeimplementierung für die MCU ist also dieselbe – es werden lediglich zwei RS-232-Bausteine zwischengeschaltet, einer beim Sender und einer beim Empfänger. Diese übernehmen die Anpassung der HIGH- und LOW-Pegel an die Norm (*Tabelle 2.3*).

Tabelle 2.3: HIGH/LOW-Spannungspegel gemäß RS-232

Bitwert	Pegel
Logische 0	+3 V bis +15 V
Logische 1	−3 V bis −15 V

RS-422 / RS-485

RS-422 (Punkt-zu-Punkt[51]) beziehungsweise RS-485 (Bussystem) sind elektrisch gesehen wesentlich robustere Übertragungsarten als RS-232. Diese Schnittstellen ermöglichen auch über mehrere 100 m und bei starken Störungen eine zuverlässige und schnelle Datenverbindung.

Die Daten werden dabei nicht in Form von verschiedenen Pegeln auf einer Leitung übertragen, sondern differenziell. Es ist dabei nicht der absolute Spannungspegel entscheidend, sondern die Spannungsdifferenz zwischen den beiden Leitungen. Ist die Spannung auf Leitung A um mindestens 200 mV größer als auf Leitung B, wird eine 1 übertragen; ist hingegen die Spannung von B mehr als 200 mV kleiner als die von A, wird eine 0 übertragen (*Abb. 2.17*).

---

[51] Hauptunterschied ist, dass es nur einen Master und einen Slave gibt. RS-422 ist aber auch die ältere Spezifikation und weicht daher in einigen weiteren Details von RS-485 ab.

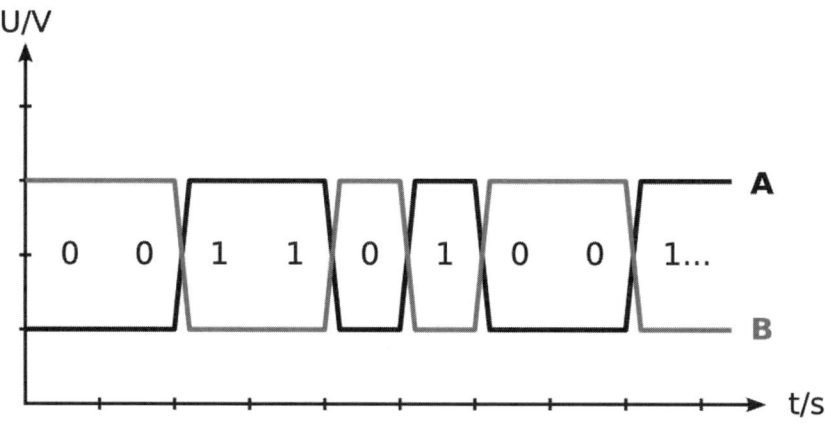

Abb. 2.17: RS-485 Datenübertragung

Hinweis:
Laut RS-485-Spezifikation ist Signal A der invertierende oder »–«-Pin und Signal B der nichtinvertierende oder »+«-Pin. Viele große Hersteller drehen die Bezeichnung aber um: Signal A ist dann der nicht-invertierende Pin und Signal B der invertierende – wie in Abb. 2.17 dargestellt.
Daher sollte vor jeder Implementierung überprüft werden, welcher Konvention die verwendeten RS-485-Bausteine folgen.

Wenn eine Störung in gleicher Weise auf die beiden Datenleitungen einwirkt, wovon man bei gemeinsam geführten und vorzugsweise verdrillten Leitungspaaren ausgehen kann, wird diese Störung durch die Differenzbildung herausgerechnet.

Der Nachteil ist natürlich, dass man für jede Richtung zwei Leitungen benötigt. Zusätzlich benötigt man noch eine gemeinsame Masse, um sicherzustellen, dass die Absolutpegel der Signalleitungen nicht außerhalb des erlaubten Bereichs der Treiberbausteine liegen (*Common Mode Range*, laut Spezifikation –7 V bis +12 V, viele ICs erlauben aber wesentlich mehr). Wird aber eine *galvanische Trennung* verwendet – es gibt spezielle ICs zu diesem Zweck – kann auf eine gemeinsame Masseverbindung verzichtet werden.

Hinweis:
Galvanische Trennung bedeutet, dass die direkte Verbindung über Leitungen an einer Stelle unterbrochen wird. Es wird also ein *Informationsfluss ohne Stromfluss* gewährleistet. Die Signalübertragung erfolgt dann, je nach Funktionsweise des Chips, optisch (Optokoppler), kapazitiv oder induktiv (Transformator).

RS-485 ist nicht multimasterfähig, da es keine Mechanismen gibt, einen belegten Bus zu erkennen. Es darf also immer nur ein Teilnehmer senden. Der Master spricht einen anderen Teilnehmer am Bus an, woraufhin dieser antworten darf. Gleichzeitig empfangen dürfen aber natürlich alle Teilnehmer.

Abschlusswiderstand

Signale, die als Welle in einem Kabel laufen, können am Kabelende reflektiert werden. Sie laufen dann auf gleichem Weg wieder zurück und überlagern sich mit dem ursprünglichen Signal. Für eine sichere Übertragung ist es daher notwendig, den Bus an beiden Enden *abzuschließen*, um eine Reflexion zu vermeiden. Dazu werden die Datenleitungen mit einem Widerstand, der dem *Wellenwiderstand* des Kabels entspricht, verbunden.

Sehr vereinfachend gesprochen ist der Wellenwiderstand der Hochfrequenzwiderstand einer Leitung und kann nicht mit einem gewöhnlichen Widerstandsmessgerät (Multimeter), sondern nur mit spezieller Ausrüstung gemessen werden. Bei normalen, verdrillten (Twisted-Pair) Leitungen liegt er bei etwa 120 Ω, weshalb auch dieser Wert am häufigsten als Abschlusswiderstand (auch als *Terminierungswiderstand Rt* bezeichnet) eingesetzt wird. Terminierungs- beziehungsweise Abschlusswiderstände sind für die allermeisten Bussysteme essenziell.

Half- vs. Full-Duplex

Um die Anzahl der Leitungen zu verringern, setzt man oft nur eine *Half-Duplex*-Verbindung ein. Das bedeutet, das nicht gleichzeitig auf dem Bus gesendet und empfangen werden kann, da man die Datenrichtung vor dem Senden umschaltet. Die Treiberbausteine haben dafür einen Eingang, mit dem der Empfänger (Receiver) aktiviert werden kann *(/RE, NOT Receiver Enable)* und einen Eingang zum Aktivieren des Ausgangstreibers *(DE, Driver Enable)* beziehungsweise Transmitters.

Zur Kommunikation in die eine Richtung muss also der erste Teilnehmer als Empfänger arbeiten, während der zweite zum Senden den Ausgangstreiber aktivieren muss, und umgekehrt. Derselbe Teilnehmer fungiert also in den meisten Fällen entweder als Sender oder als Empfänger, daher auch die Negierung des einen Eingangs: Werden die beiden Pins /RE und DE zusammengeschlossen, ist bei einem LOW-Signal dann NOT Receiver

Enable /RE nicht aktiviert – also der Empfangsteil eingeschaltet, während Driver Enable DE und damit der Sender deaktiviert ist, und umgekehrt. Liegt also das gleiche Signal an beiden an, ist der Baustein bei einem LOW-Signal am gemeinsamen Anschluss als Empfänger, bei einem HIGH-Signal als Sender konfiguriert. Es wird hierfür ein zusätzlicher GPIO-Pin der MCU benötigt, um den RS-485-Baustein als Sender oder als Empfänger zu konfigurieren. Lässt man den Empfangsteil beim Senden aktiv, empfängt der sendende Mikrocontroller auch die von ihm versendete Nachricht, was zur Fehlerüberprüfung genutzt werden kann. Liegt ein Fehler vor, wird er die von ihm ausgesendete Nachricht nicht korrekt empfangen.

Im *Abb. 2.18* ist eine Bus-Übertragung mit drei Teilnehmern symbolisiert, die beiden Leitungen sind mit A und B bezeichnet. Man beachte dabei, dass jeweils A mit A und B mit B ohne Sternpunkt verbunden werden sowie die beiden Terminierungswiderstände Rt an den Endpunkten des Datenbusses.

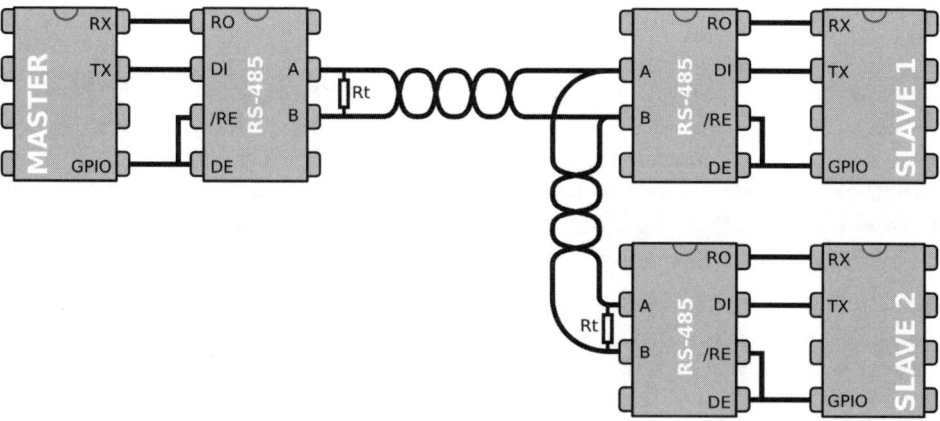

Abb. 2.18: Half-Duplex RS-485 mit drei Teilnehmern

Bei *Full-Duplex* (*Abb. 2.19*) kann ohne Umschalten der Datenrichtung gleichzeitig gesendet und empfangen werden, dafür benötigt man aber auch zwei Leitungspaare. Eine typische Bezeichnung der Leitungen ist übrigens A und B für das erste Paar und Y und Z für das zweite Paar. Da jeder Teilnehmer gleichzeitig als Sender und Empfänger fungiert, werden die /RE- und DE-Pins am RS-485-Baustein nicht benötigt, sie können bei manchen Bausteinen aber zum Stromsparen trotzdem vorhanden sein.

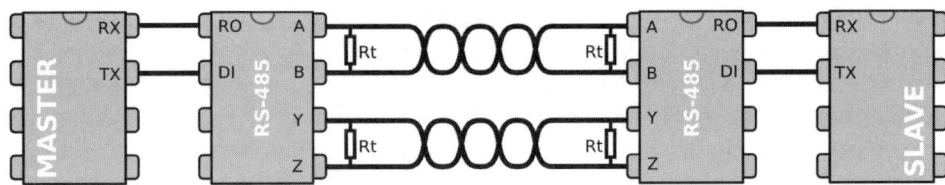

Abb. 2.19: Full-Duplex (bidirektionale) RS-485

Unit Load

Ein weiterer wichtiger Punkt ist die *Unit Load*. Vereinfacht gesprochen ist das die Belastung, die ein Treiberbaustein am Bus verursacht. Laut Spezifikation dürfen an einem Bus maximal 32 Unit Loads angeschlossen sein. Da es aber Bausteine mit ½, ¼ und $^1/_8$ Unit Load (also mit einem entsprechend größeren Eingangswiderstand) gibt, entspricht das nicht notwendigerweise der Anzahl der erlaubten Teilnehmer. Treiberbausteine mit geringerer Unit Load, also mit einem höheren Eingangswiderstand, sind aber nicht für hohe Datenrate geeignet.

Implementierung: RS-485 (Half-Duplex) mit *Multi-Processor Communication Mode*

Im *Multi-Processor Communication Modus* wird das erste Bit verwendet, um anzugeben, ob es sich beim Datenpaket um eine Adresse (Bit gesetzt) oder um Daten (Bit nicht gesetzt) handelt. Dazu ist es sinnvoll (aber nicht unbedingt nötig), die USART in den 9-Bit-Modus zu schalten, sodass man neben dem Flag noch 8 Bits für Daten oder Adressen zur Verfügung hat.

Die Grundidee ist nun, dass bei gesetztem *MPCMn(Multi-Processor Communication Mode)*-Bit in *UCSRnA* alle empfangenen Datenbytes ohne gesetztem Adressbit ignoriert werden. Handelt es sich um eine Adresse, muss der Mikrocontroller überprüfen, ob er sich angesprochen fühlt – sei es, weil es sich um die ihm zugewiesene Adresse handelt, oder weil es eine Nachricht an alle Teilnehmer am Bus (*Broadcast*) ist.

In beiden Fällen muss er das MPCMn-Bit löschen, die nun folgenden Daten werden »normal« empfangen. Am Ende der Übertragung wird das MPCMn-Bit wieder gesetzt und der Mikrocontroller wird nicht durch den Datenverkehr der anderen Teilnehmer untereinander belästigt. Der Master hat sein MPCMn-Bit nicht gesetzt, da er ja auf alle Daten reagieren muss.

Die Konfiguration der USART entspricht im Wesentlichen der im normalen Modus, mit dem Unterschied, dass beim Slave das MPCM0-Bit gesetzt wird, wir den 9-Bit-Modus verwenden und einen zusätzlichen Pin benötigen, um den RS-485-Treiberbaustein zwischen Senden und Empfangen umzuschalten. Dieser Pin wird direkt mit den beiden Eingängen /RE und DE am RS-485-Treiberbaustein verbunden.

Das 9. Bit hat natürlich keinen Platz im 8-Bit-UDRn-Register und liegt daher in UCSRnB. Das zuletzt empfangene Bit ist RXB8n und das zu sendende Bit TXB8n. Diese Bits müssen gelesen bzw. geschrieben werden, bevor UDRn ausgelesen bzw. geschrieben wird.

Zunächst stellen wir wieder, wie gehabt[52], die Baudrate ein.

```
#define F_CPU 8000000UL
#define USART_BAUD_RATE 9600
#define USART_BAUD_CALC (F_CPU/(USART_BAUD_RATE*161)-1)

UBRROH = HIGH(USART_BAUD_CALC);
UBRROL = LOW(USART_BAUD_CALC);
```

Falls unser Controller als Slave eingesetzt wird, muss das Multi-Processor-Communication-Mode-Bit MPCMn im USART-Control-and-Status-Register UCSRnA gesetzt werden:

```
UCSROA = (1<<MPCMO);
```

In UCSRnB aktivieren wir Senden und Empfangen (Bits RXENn, TXENn) und erlauben Empfangsinnterrupts (Bit RXCIEn). Anschließend können wir das Frameformat definieren (Bits UCSZnx), in unserem Fall sind das 9 Datenbits und ein Stop-Bit.[53]

```
UCSROB = (1<< RXENO) | (1<< TXENO) | (1<< RXCIEO) | (1<< UCSZ02);
UCSROC = (1<< UCSZOO) | (1<< UCSZ01);
```

Anschließend wählen wir jenen zusätzlichen Pin, der für das Umschalten des RS-485-Treiberbausteins zwischen Senden und Empfangen zuständig ist. In unserem Fall ist es Pin 2 von Port D, und wir initialisieren unseren Baustein als Empfänger.

```
DDRD = (1<<DDD2); //Ausgang
PORTD &= ~(1<< PD2); //Pin LOW
```

Will der Master einen Slave ansprechen, muss er in der nächsten Übertragung das Adressbit setzen, indem TXB80 in UCSRnB gesetzt wird. Dann wird die Adresse des gewünschten Slaves (im Beispiel 0x42) in UDR0 geschrieben und die Übertragung damit gestartet.

---

[52] Erläuterung siehe *2.7.9 UART/USART – Einstellung der Baudrate.*

[53] Die Tabelle, welche Bits beim ATmega48/88/168 zur Wahl der Wortgröße gesetzt werden müssen, findet sich unter *2.7.9 UART/USART.*

Die Funktion zum Senden beziehungsweise die Interruptroutine beim Empfangen der Daten wird an dieser Stelle nur aufgerufen, sie ist unter 2.7.9 *UART/USART* beschrieben.

Master:

```
UCSRnB |= (1<< TXB80); //Adressbit setzen

PORTD |= (1<< PD2); //Starte Senden
  USART_transmit(0x42); //Slaveadresse

//sende Daten, siehe USART

PORTD &= ~(1<< PD2); //Senden Ende

//empfange Daten (mittels ISR) siehe USART
```

Der Slave mit der passenden Adresse deaktiviert den Multi-Processor Communication Mode, empfängt die Daten vom Master und antwortet. Abschließend wird MPCM wieder aktiviert.

Slave:

```
Received = UDR0;
if (Received == 0x42) { //Slave wurde angesprochen
  UCSR0A &= ~(1<<MPCM0); // MPCM deaktivieren
}

//empfange Daten, siehe USART

PORTD |= (1<< PD2); //Starte Senden

//sende Daten, siehe USART

PORTD &= ~(1<< PD2); //Senden Ende

UCSR0A = (1<<MPCM0); // MCMP wieder aktivieren
```

Da im Beispiel RS-485 im Half-Duplex-Modus verwendet wird, müssen sowohl der Master als auch der angesprochene Slave die Datenrichtung des Treiberbausteins richtig setzen. Zur Erinnerung: LOW bedeutet empfangen, HIGH senden. Es dürfen niemals zwei oder gar mehr Bausteine gleichzeitig senden, die Kommunikation muss also nach dem Prinzip »Frage-Antwort« erfolgen.

2.7.10 SPI / Microwire

Das *Serial Peripheral Interface*, auch *Microwire* genannt, ist ein flexibles serielles Bussystem, das in vielen Mikrocontrollern und ICs implementiert ist. Es gibt dabei einen Master, welcher bis zu 255 Slaves anspricht. Der Bus besteht aus folgenden, auch in *Abb. 2.20* gezeigten Leitungen:

- *MOSI (Master Out Slave In)*, auch als *SDO (Serial Data Out)* bezeichnet
- *MISO (Master In Slave Out)* oder *SDI (Serial Data In)* sowie
- *SCK (System ClocK)*

Zusätzlich benötigt man für jeden Slave eine *Slave Select (SS)-* oder *Cable Select (CS)-* Leitung, mit welcher der Master den oder die angesprochenen Slaves selektiert. Nur die selektierten Slaves (Select LOW) empfangen beziehungsweise senden Daten.

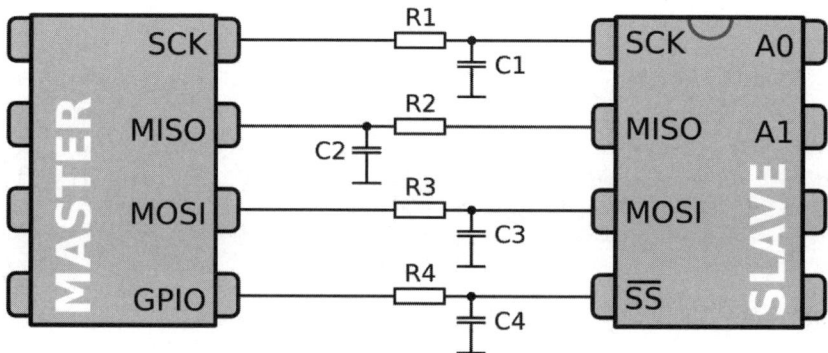

Abb. 2.20: SPI-Verbindung mit einem Master und einem Slave

Wie bei der UART-Schnittstelle (*2.7.9 UART/USART*) gilt: Die RC-Filter sind wünschenswert und verbessern die Zuverlässigkeit, sind aber für die Funktion nicht unbedingt notwendig.

SPI benötigt also relativ viele Leitungen (3 + 1 Select pro Slave für bidirektionale Kommunikation). Da die schaltungstechnische Implementierung auf dem Chip aber einfach (zwei Schieberegister) und eine recht hohe Übertragungsrate ohne Synchronisierungsaufwand möglich ist, hat SPI eine sehr weite Verbreitung gefunden. Neben vielen ADCs und DACs wird es auch oft für Punkt-zu-Punkt-Hochgeschwindigkeitsverbindungen wie beispielsweise zur Anbindung von externem Speicher verwendet.

Vorteilhaft ist zudem, dass eine galvanische Trennung einfach vorgenommen werden kann, da die Leitungen eine definierte Datenrichtung haben. Für diese Aufgabe gibt es spezialisierte Chips.

Das Grundprinzip der SPI-Übertragung ist, dass der Master einen Takt vorgibt. Beim Starten der Übertragung werden seriell 8 Bit vom Master über die MOSI-Leitung an den Slave übertragen und gleichzeitig über MISO 8 Bit eingelesen.

Hinweis:
Beim vielen AVRs müssen sich die ISP- und die SPI-Schnittstelle die Pins teilen. Wenn der Mikrocontroller mit einem Programmieradapter programmiert wird, werden also Daten auf den auch von SPI verwendeten Pins übertragen. Das Problem ist nun, dass die IO-Pins des AVRs im RESET, also auch beim Programmieren, als Eingang konfiguriert sind. Also wird die Select-Leitung der über SPI angeschlossenen Slaves nicht mehr aktiv auf HIGH (und damit nicht selektiert) gehalten – es kann passieren, dass die Slaves sich angesprochen fühlen und nicht für sie bestimmte Daten empfangen. Schlimmstenfalls könnten die Slaves daraufhin antworten und während der laufenden Programmierung ihrerseits Daten aussenden, was zu unvorhersehbaren Konsequenzen führt.
Daher muss unbedingt ein externer Pullup-Widerstand am Select-Eingang jedes angeschlossenen Slaves vorgesehen werden, der den Pin auf HIGH hält. Zusätzlich sind Serienwiderstände (etwa 1 kΩ) in den Leitungen empfehlenswert.

Konfigurationsmöglichkeiten

Little vs Big Endian

Bei der Konfiguration gibt es aufgrund der Flexibilität von SPI viele Einstellmöglichkeiten:

Die Daten können entweder »*Little Endian*«, das heißt das *LSB* (*Least Significant Bit*, also niederwertigstes Bit) wird zuerst übertragen – oder aber »*Big Endian*«, wo das *MSB (Most Significant Bit)* zuerst geschickt wird, gesendet werden. Diese Einstellung erfolgt mit dem Bit *DORD (Data Order)* im *SPCR (SPI Control Register)*. Wird DORD auf 1 gesetzt, so wird das LSB zuerst gesendet – wird es auf 0 gesetzt, das MSB.

Übertragungsmodi

Prinzipiell gibt es vier SPI-Modi gemäß der Kombination folgender Einstellungen: Je nach Gerät werden die Daten bei steigender oder fallender Taktflanke übernommen und der Takt kann im Ruhezustand entweder HIGH oder LOW sein.

Der Einlesezeitpunkt wird mit dem Bit *CPHA (Clock Phase)* im *SPCR (SPI Control Register)* gewählt. Ist CPHA auf 1 gesetzt, so wird bei fallender Flanke des Taktsignals SCK eingelesen. Umgekehrt werden beim Setzen von CPHA auf 0 bei steigender Flanke Daten eingelesen.

Der Zustand der Taktleitung im Ruhezustand wird mit dem Bit *CPOL (Clock Polarity)* ebenfalls im SPCR angegeben. Wird CPOL auf 1 gesetzt, so ist der Takt im Ruhezustand HIGH; wird CPOL auf 0 gesetzt, so ist er entsprechend LOW.

Je nach angeschlossenem IC muss man vor allem die Taktphase richtig einstellen, da ansonsten scheinbar falsche Daten übertragen werden. Der Ruhepegel des Taktsignals ist den meisten ICs hingegen egal.

Datenübertragung mit SPI

Das *SPDR (SPI Data Register)* ist kein »normales« Register, sondern verhält sich beim Lesen und Schreiben unterschiedlich. Man kann es sich sozusagen als aus zwei (gepufferten) Registern bestehend vorstellen, einem Sende- und einem Empfangsregister.

Schreibt man einen 8-Bit-Wert in SPDR (Senderegister von SPDR), startet im Mastermodus sofort die Übertragung dieses Wertes. Die Daten werden seriell über MOSI in SPDR des gewählten Slave (Empfangsregister des SPDR) geschrieben. Gleichzeitig werden über die MISO-Leitung die im SPDR des Slaves (Senderegister des SPDR) hinterlegten Bits an den Master gesendet (*Abb. 2.21*).

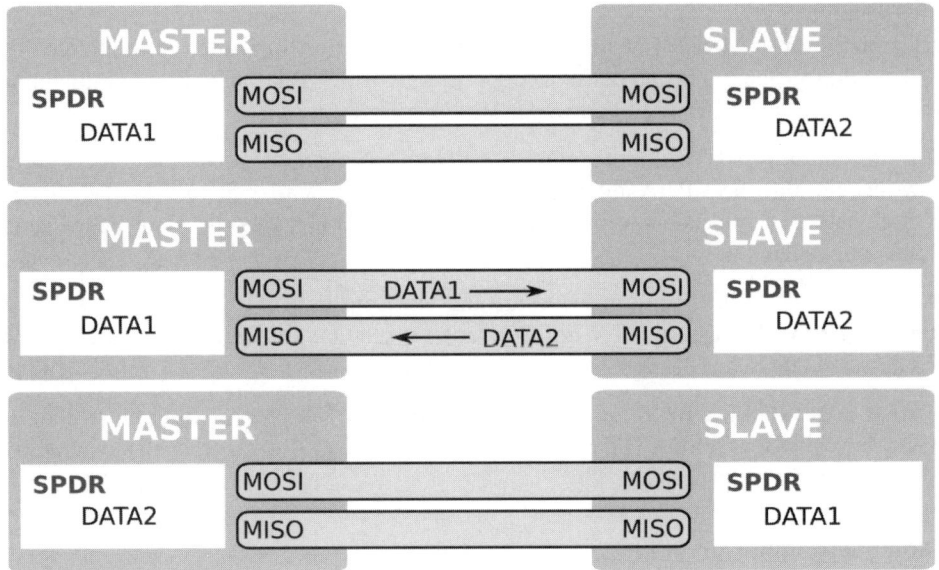

Abb. 2.21: SPI-Übertragung

Bei SPI werden die Daten also prinzipiell gleichzeitig gelesen und geschrieben. Das bedeutet, dass sobald die Daten seriell über die MOSI-Leitung verschickt werden, die MISO-Leitung eingelesen wird. Will man nur lesen oder nur schreiben, werden sogenannte *Dummy*-Daten, also nutzlose Daten, übertragen bzw. gelesen.

Es gibt im Hintergrund noch einen zweistufigen Buffer für empfangene Daten, aber nur einen einstufigen Sendebuffer, sodass verhindert werden muss, das Daten in das SPDR-Register geschrieben werden, solange die Übertragung noch läuft. In diesem Fall werden die Sendedaten (gegebenenfalls auch teilweise) überschrieben und das *WCOL (Write COLlision Flag)* im *SPSR (SPI Status Register)* gesetzt.

Der AVR® kann sowohl als SPI-Master als auch als SPI-Slave arbeiten. Dazu wird das Bit *MSTR (Master/Slave Select)* im SPCR für den Master-Mode auf 1 beziehungsweise für den Slave-Mode auf 0 gesetzt.

Der SS-Pin selektiert den AVR® im Slave-Modus und die übertragenen Daten werden ins SPDR (Empfangsregister) geschrieben. Gleichzeitig wird das im SPDR (Senderegister) geschriebene Byte hinausgetaktet. Im Anschluss daran wird der SPI-Interrupt aufgerufen, falls er aktiviert ist. Im Master-Modus wird der SPI-Interrupt aufgerufen, wenn eine Übertragung beendet ist. Dort kann, falls gewünscht, sofort der nächste Wert versendet werden.

Im Master-Modus wird der SS-Pin am Master nicht benötigt beziehungsweise nicht verwendet, das Anwählen der Slaves muss über ein manuelles Setzen der entsprechenden SS-Pins am Slave durch einen beliebigen als Ausgang konfigurierten GPIO-Pin des Masters geschehen. Es muss aber unbedingt darauf geachtet werden, den SS-Pin des Masters nicht als Eingang zu konfigurieren. Wenn dieser Pin während einer SPI-Übertragung auf LOW gehen würde, ginge der AVR® automatisch in den Slave-SPI-Modus.

Hinweis
Befinden sich nur ein Master und ein Slave auf dem Bus, könnte der Select-Pin vom Slave natürlich direkt auf Masse gehängt werden, um einen Pin am Master einzusparen. Es kann aber vorkommen, dass Störungen in den Bus einkoppeln und der aktive Slave dann scheinbar Daten empfängt. Daher ist es empfehlenswert, trotzdem einen Pin zu »opfern« und den SS-Pin nur auf LOW zu legen, wenn auch wirklich Daten vom Master übertragen werden.
Befinden sich hingegen sehr viele Slaves auf einem Bus, so empfiehlt sich statt einer Einzelleitung zu jedem Slave der Einsatz von Binär-Decoderbausteinen.

Initialisierungsbeispiel Master-Mode

SPI konfigurieren
Zunächst müssen wir (mindestens) drei Pins als Ausgänge konfigurieren: SCK, MOSI und einen Pin zum Selektieren des Slaves (hier Port B Pin 1). In diesem Beispiel beziehen wir uns auf die Pinbelegung des ATmegax8, wie sie unter *2.5.1 Schaltungsaufbau – Beschaltung des AVR®* nachgeschlagen werden kann.

```
DDRB |= (1<<DDB1) | (1<<DDB3) | (1<<DDB5);
```

Zudem benötigen wir MISO als Eingang (eigentlich standardmäßig bereits als solcher definiert).

```
DDRB &= ~(1<<DDB4);
```

Anschließend aktivieren wir SPI und die zugehörigen Interrupts durch Setzen der entsprechenden Bits im SPCR. Zudem müssen wir den Master-Modus aktivieren.

```
SPCR = (1<<SPIE); //Interrupt aktivieren
SPCR |= (1<<SPE); //SPI aktivieren
SPCR |= (1<<MSTR); //Master-Modus
```

An dieser Stelle nehmen wir stillschweigend auch noch drei andere Einstellungen vor, indem wir die Bits auf 0 setzen: Wir übertragen MSB First, (DODR-Bit = 0). Selbiges gilt für die Bits CPOL und CPHA im SPCR: Wir wählen Modus 0 – Einlesen bei steigender Flanke, Ruhepegel SCK LOW.

Die SCK-Taktfrequenz wählen wir als Bruchteil der CPU-Frequenz durch die Bits SPR0 und SPR1 im SPCR. In unserem Beispiel haben wir für SCK ein Sechzehntel der CPU-Frequenz gewählt.

```
SPCR |= (1<<SPR0); //SCK-Frequenz: CPU-Frequenz/16
```

Mit dem SPI2X-Bit in SPSR (SPI Status-Register) kann die SPI-Taktrate verdoppelt werden. Im Master-Modus liegt das Maximum bei der halben CPU-Frequenz. Im Slave-Modus wird keine Taktrate eingestellt, sie wird vom Master vorgegeben. Allerdings muss die Geschwindigkeit des SCK-Taktes geringer sein als ¼ der CPU-Frequenz des AVR-Slaves.

Datenübertragung

Die Datenübertragung wird einfach dadurch ausgelöst, dass das zu sendende Byte data in SPDR geschrieben wird. Die Übertragung erfolgt automatisch und sobald sie abgeschlossen ist, stehen in SPDR die vom Slave empfangenen Daten und können zurückgegeben werden.

```
uint8_t SPI_MasterTransceive( uint8_t data ) { //Wartendes Senden
  SPDR = data;
    while(!(SPSR & (1<<SPIF))); //Warte bis fertig übertragen
  return (SPDR); //eingelesene Daten zurückgeben
}
```

Wenn nur Daten gelesen werden sollen, beispielsweise von einem Sensor, müssen trotzdem Daten übertragen werden, da das Senden und Einlesen ja zeitgleich geschieht. In diesen Fällen wird daher üblicherweise 0b00000000 (0) gesendet. Ähnliches gilt, wenn nur Daten gesendet werden: es wird dann scheinbar 0 empfangen oder 255, wenn der MISO-Pin mit einem Pullup auf VCC gehängt wird.

Clock Polarity

Es gibt vier Möglichkeiten der Kommunikation: Die Daten können bei steigender oder fallender Flanke des Taktes übernommen werden, und im Ruhezustand kann der Takt HIGH oder LOW sein. Daraus ergeben sich vier mögliche Kommunikationsmodi.[54] Werden die Daten bei steigender Flanke übernommen, so müssen sie zum Zeitpunkt der steigenden Flanke bereits vorliegen beziehungsweise umgekehrt.

Praktisch wichtig sind oft nur zwei Varianten: Datenübernahme bei steigender oder fallender Taktflanke. Der Zustand der Taktleitung, wenn nicht übertragen, ist den meisten Chips egal. Wichtiger ist aber die genaue Einhaltung der im Datenblatt vorgegeben Timings, eine Überprüfung mit einem Oszilloskop ist daher immer empfehlenswert.

2.7.11 I²C / TWI / 2-Wire

I²C, auch *I2C* geschrieben, ist ein serieller *Multimaster*[55]-Datenbus für die Kommunikation zwischen verschiedenen ICs. Der Name wird »I Quadrat C« oder englisch »*I Squared C*« ausgesprochen. Atmel® verwendet die Bezeichnung *TWI (Two Wire Serial Interface,* manchmal auch *2-Wire Serial Interface* geschrieben), dieser Bus ist bei fast allen AVRs vorhanden. Wenn der gewählte Mikrocontroller keine dedizierte TWI-Schnittstelle besitzt, kann meist auch ein Baustein namens *USI (Universal Serial Interface)* eingesetzt werden, mit dem eine TWI/I²C-Schnittstelle implementiert werden kann.

Physikalisch werden eine Takt- *(SCL)* und eine Datenleitung *(SDA)* benötigt. Charakteristisch sind die *Pullup-Widerstände*[56] der beiden Busleitungen, typischerweise werden 4,7 kΩ oder 2,2 kΩ eingesetzt *(Abb. 2.22)*. Manchmal wird auch eine Aufteilung auf je 10 kΩ an jeder Seite des Busses verwendet. Eine Überprüfung der Signale auf »saubere« Flanken und Pegel ist dringend empfohlen, da der genaue Wert der Pullup-Widerstände von der kapazitiven Last am Bus (diese darf maximal 400 pF betragen) abhängt. In der Praxis heißt das: einfach mit 4,7 kΩ probieren und eventuell nachbessern.

---

[54] Vergleicht man jedoch jeweils zwei genau konträre Kombinationen – beispielsweise Datenübertragung bei steigender Flanke und Ruhepegel LOW sowie Datenübertragung bei fallender Flanke und Ruhepegel HIGH – so fällt auf, dass in beiden Fällen der Datenstrom genau gleich aussieht.

[55] I²C ist ein Master/Slave-Bus, der aber auch den parallelen Einsatz mehrerer Master erlaubt.

[56] Als »Pullup-Widerstände« werden Widerstände bezeichnet, die das Signal auf HIGH »hochziehen«, wenn das Signal nicht aktiv auf LOW gezogen wird. Sie werden zwischen dem jeweiligem Anschluss und der Versorgungsspannung angeschlossen.

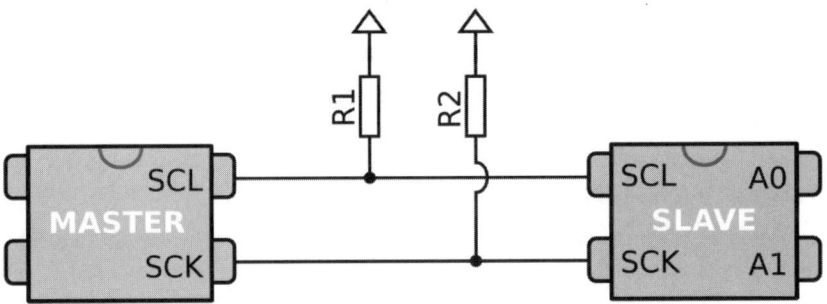

Abb. 2.22: TWI-Verbindung mit je einem Master und Slave

Prinzipiell ist I²C relativ störanfällig, was auch auf die bidirektionalen Datenleitungen mit den relativ »schwachen« Pullup-Widerständen zurückzuführen ist. Normalerweise wird der Bus daher nur innerhalb eines Gerätes oder sogar nur auf einer einzigen Leiterplatte eingesetzt, für längere Strecken (bis etwa 5 m) gibt es spezielle Treiberbausteine (*Bus Buffer*).

Die Geschwindigkeit reicht laut Spezifikation von 100 kBaud bis 3,4 MBaud, wobei die AVRs nur maximal 400 kHz unterstützen. Maximal sind 112 Teilnehmer pro Bus erlaubt, auch wenn 128 Adressen (7 Bit) möglich wären – einige Adressen sind aber reserviert. Problematisch ist beim Einsatz vieler gleichartiger Bausteine allerdings, dass man bei vielen ICs nur einige (z. B. drei) Bits ihrer Adresse selbst einstellen kann, etwa über hierfür reservierte Pins (A0 und A1 am Slave in Abb. 2.22). Daher ist es nicht möglich, viele Geräte desselben Typs auf einem Bus zu verwenden. Eine Möglichkeit, diese Beschränkung zu umgehen, sind Busmultiplexer, mit denen der Bus in mehrere unterschiedliche Adressräume aufgeteilt werden kann.

Aufgrund der Multimasterfähigkeit und weil man bei einer Kommunikation auf die Reaktion der Gegenstelle warten muss, ist der Softwareaufwand etwas höher als bei einfachen Punkt-zu-Punkt-Verbindungen wie USART und SPI. Die *TWI-Hardware* übernimmt allerdings einen großen Teil der Arbeit – man sollte nur die von der Hardware gemeldeten Fehler beachten und auswerten.

Master-Mode

Um einen Baustein als Master einzubinden, kann beispielsweise folgendermaßen vorgegangen werden:

Bitrate einstellen

Als Erstes müssen wir uns für eine *Taktrate* entscheiden. Die gewünschte Taktrate SCL_{FREQ} berechnet sich nach folgender Formel und soll nicht größer als 400 kHz sein:

$$SCL_{FREQ} = \frac{CPU_{FREQ}}{16+2\cdot TWBR\cdot TWI_{PSC}}$$

Der TWI Prescaler TWI_{PSC} ist 1, 4, 16 oder 64 und wird mit den Bits TWPS0 und TWPS1 im *TWSR* (TWI-Status-Register) eingestellt. Der Wert im *TWBR* (TWI-Bitrate-Register) kann zwischen 0 und 255 liegen.

Wünschen wir uns beispielsweise eine Bitrate von 400 kHz bei einem CPU-Takt von 8 MHz, so muss der Prescaler also auf 1 und der TWBR-Wert auf 2 gesetzt werden.

Die *Adresse* der Slaves ist eine 7-Bit-Zahl. Sie darf auf dem Bus nur einmal vorkommen und muss natürlich mit der am Slave eingestellten oder von diesem fix vorgegebenen Adresse übereinstimmen.

```
#define I2CADDRESS_SLAVE 0x42 //Beispieladresse im 7-Bit Format

TWBR = 0x02; //schreibe Zahl 2 ins TWI Bitrate Register
TWSR = 0x00; //setze beide TWPS Bits auf 0; Prescaler 1 gewählt57
```

Starten der Übertragung

Zum Starten einer TWI-Übertragung muss die Schnittstelle im *TWCR* (*TWI Control Register*) durch Setzen des *TWEN*-Bits (*TWI Enable*) aktiviert werden. Zusätzlich muss das Interruptflag *TWINT* auf 1 zurückgesetzt werden[58], um die Übertragung zu starten. Durch Setzen des *TWSTA*-Bits (*TWI Start*) meldet der AVR® an den Bus, dass er eine Übertragung als Master starten will. Dies geschieht, indem er überprüft, ob der Bus frei ist und dann die Datenleitung auf LOW zieht.

```
TWCR = (1<< TWINT) | (1<< TWSTA) | (1<< TWEN); //START
```

Ist der Bus nicht frei, wird automatisch gewartet, bis alle Übertragungen beendet wurden. Wird der Bus momentan von keinen Übertragungen belegt oder wird die gerade laufende Übertragung beendet, so wird das TWINT-Flag automatisch gesetzt – hat also den Wert 1.

```
while (!(TWCR & (1<< TWINT))); //WARTEN
```

---

[57] Achtung: eigentlich wird mit diesem Befehl das gesamte 8-Bit-Register auf 0x00 gesetzt. Da aber die anderen Bits des Registers nur gelesen, nicht aber geschrieben werden können, werden nur die beiden Bits TWPS1 und TWPS2 gesetzt.

[58] Interrupt-Flags wie TWINT werden durch Setzen von 1 gelöscht, siehe Hinweis unter *2.7.1 Interrupts*.

Anschließend sollte eine Fehlerüberprüfung stattfinden, indem die Bits 3 bis 7 in TWSR *(TWI Status Register)* überprüft werden[59]. Ist der Start erfolgreich, wird das 3. Bit (0x08) in TWSR gesetzt, bei einem repeated start das 4. Bit (0x10). Der folgende Befehl liefert 1, wenn diese Bedingungen erfüllt wurden.

```
return(((TWSR & 0xF8) == 0x08)||((TWSR & 0xF8) == 0x10));
```

Die folgende Routine sendet die Startbedingung beziehungsweise eine sogenannte wiederholte Startbedingung (repeated start), also eine Startbedingung, wenn der AVR® schon die Kontrolle über den Bus hat. Wir fassen also die bisherigen Schritte zu einer Routine zusammen:

```
uint8_t TWI_Start(void) {
    TWCR = (1<< TWINT) | (1<< TWSTA) | (1<< TWEN); //START
        while (!(TWCR & (1<< TWINT))); //WARTEN
    return (((TWSR & 0xF8)==0x08)||((TWSR & 0xF8)==0x10));
}
```

Adressierung

Nach dem erfolgreichen Start werden die 7 Adressbits und ein zusätzliches Bit gesendet. Das letzte Bit informiert den angesprochenen Slave darüber, ob der Master Daten lesen (1) oder schreiben (0) will. Manche Hersteller von I²C-Bausteinen geben die Adresse auch im 8-Bit-Format an, und zwar einmal als Schreibadresse und einmal als Leseadresse (um 1 höher):

Master will Lesen:

```
uint8_t TWI_Select_Read(uint8_t Addr) {//will lesen
    TWDR = (Addr<<1) | 0x01; //letztes Bit=1
    TWCR = (1<< TWINT) | (1<< TWEN); //Senden starten
        while(!(TWCR & (1<< TWINT))); //WARTEN
    return((TWSR & 0xF8) == 0x40); //1 wenn OK
}
```

---

[59] Leider fehlen im Datenblatt genauere Angaben zu diesen Bits, in der Datei *twi.h* im Installationsverzeichnis des von Atmel unterstützten GCC-Compilers sind sie jedoch genauer dokumentiert.

Master will Schreiben:

```
uint8_t TWI_Select_Write(uint8_t Addr) {//will schreiben
  TWDR = Addr << 1; //letztes Bit=0
  TWCR = (1<< TWINT) | (1<< TWEN); //Senden starten
    while(!(TWCR & (1<< TWINT))); //WARTEN
  return((TWSR & 0xF8) == 0x18); //1 wenn OK
}
```

Übertragung der Daten

Wurde der Slave erfolgreich adressiert, können Daten übertragen oder gelesen werden. Das genaue Übertragungsprotokoll hängt natürlich vom angesteuerten Chip ab. Ein konkretes Beispiel dazu findet sich unter *10.4.1 Beispiel LM75-kompatibler I2C-Temperatursensor.*

Sowohl beim Lesen als auch beim Schreiben kann man bei den meisten Chips in einem Zug gleich mehrere Daten übertragen. Der Beispielfunktion wird dazu ein Zeiger auf die Speicherstelle, an der die Bytes liegen beziehungsweise hingeschrieben werden sollen, sowie die Anzahl der zu übertragenden Bytes übergeben.

Die Kommunikation zwischen Master und Slave erfolgt dabei nach dem ACK/NACK (ACKnowledge/No ACKnowledge)-Prinzip: Sollen beispielsweise Daten an einen Slave gesendet werden, so sendet dieser nach erfolgreichem Empfangen ein ACK-Signal, um den Empfang zu bestätigen. Empfängt der Master kein ACK-Signal, geht er von einem Fehler aus.

Die hier vorgestellte Implementation ist sehr einfach gehalten. Braucht man eine vollständige Unterstützung des I²C-Standards, sind Softwarebibliotheken zu empfehlen, wie sie z. B. Atmel® selbst anbietet.

Der Schreibroutine `TWI_Write` wird ein Zeiger auf ein Array `data`, das die zu sendenden Bytes enthält und die Anzahl der zu versendenden Bytes (`length`) übergeben. Die Daten werden nacheinander versandt. Wenn kein Fehler aufgetreten ist, gibt die Funktion 1 zurück – sonst 0.

```
uint8_t TWI_Write(uint8_t data[], uint8_t length) {
  while(length > 0) { //noch Daten zu schreiben
    length--;
    TWDR = *data; //Daten ins Register schreiben
    data++; //Zeiger weiterschieben
    TWCR = (1<< TWINT) | (1<< TWEN); //Beginne Datenübertragung
      while(!(TWCR & (1<< TWINT))); //WARTEN
    if((TWSR & 0xF8) != 0x28) {
      //Daten gesendet und nicht ACK empfangen
```

```
      return (0); //Abbrechen
    }
  }
  //Erfolgreich alle Bytes übertragen und ACK empfangen
  return (1);
}
```

Der Leseroutine wird ein Zeiger auf ein Array data übergeben, in das die empfangenen Bytes geschrieben werden sollen, sowie die Anzahl der zu lesenden Bytes (length). Wurden alle angeforderten Bytes empfangen, so wird eine 1 zurückgegeben – sonst 0.

```
uint8_t TWI_Read(uint8_t data[], uint8_t length) {
  while(length) {//noch Daten zu lesen
  length--;
    if(length > 0) { //normal starten
      TWCR = (1<< TWINT) | (1<< TWEN) | (1<< TWEA);
    } else { //Beim letzten Byte NACK senden
      TWCR = (1<< TWINT) | (1<< TWEN);
    }
    while(!(TWCR & (1<< TWINT))); //WARTEN

    switch(TWSR & 0xF8) {
    case 0x50: //ACK
      *data = TWDR;
      data++;
      break;
    case 0x58:
      if(length > 0) { //NACK, obwohl noch Daten zu lesen
        return (0);
      } else { //keine Daten mehr zu empfangen: NACK korrekt
        *data = TWDR; //Byte einlesen
        data++;
      }
      break;
    default: return (0); //nicht behandelter Ausnahmefall
    }
  }
  return (1); //Erfolgreich alle Bytes gelesen
}
```

Ende der Übertragung

Am Ende der Übertragung wird der Bus wieder freigegeben (STOP):

```
void TWI_stop( void ) {
  TWCR = (1<< TWINT) | (1<< TWEN) | (1<< TWSTO); //STOP
}
```

Das Hauptproblem dieser einfachen Routinen sind die Warteschleifen. Eine Implementierung mit Interrupts vermeidet diesen gravierenden Nachteil.

Beispielübertragung

Eine beispielhafte Übertragung an einen I²C-Slave könnte also folgendermaßen aussehen: Zuerst wird 0x23 gesendet, der Slave wird daraufhin mit 4 Bytes (32 Bit) an Daten antworten.

```
uint8_t DataWrite[2]; //Schreibbuffer
uint8_t DataRead[6]; //Lesebuffer

if( !TWI_start() ) Fehlerbehebung(); //Busfehler

if( TWI__Select_Write(I2CADDRESS_SLAVE) ) { //Zum schreiben angewählt

  DataWrite[0] = 0x23; //Beispielhafter Befehl an den Slave
  if( i2c_write( ucDataWrite, 1 ) ) { //Befehl(e) an Slave senden
    if( i2c_start() ) { //Dann Antwort einlesen
      if( i2c_select_read( I2CADDRESS_SLAVE ) ) {
        if ( i2c_read(DataRead, 4 ) ) { //4 Bytes einlesen
          //Daten richtig eingelesen
        }
      }
    }
  }
}
  i2c_stop(); //Ende der Übertragung
```

Die empfangenen Daten stehen im Lesebuffer `DataRead`.

Slave-Mode

Der Slave-Modus funktioniert softwaretechnisch sehr ähnlich wie der Master-Modus. Es wird jedoch keine Bitrate eingestellt, da diese ja vom Master vorgegeben wird. Es muss aber darauf geachtet werden, dass der CPU-Takt des Slave mindestens 16x höher ist als die TWI-Taktrate, also z. B. größer als 6,4 MHz bei 400 kHz TWI-Takt. Falls der Slave zu langsam ist, hat er allerdings die Möglichkeit, den Takt zu verzögern. Da dies jedoch auch die anderen Teilnehmer am Bus ausbremst und zudem nicht immer ganz sauber implementiert ist, sollte man den Fall besser durch eine ausreichend hohe CPU-Taktrate beziehungsweise eine niedriger gewählte Busgeschwindigkeit vermeiden.

Die Adresse des Slave-AVRs wird im *TWAR* (*Two Wire Address Register*) eingestellt. Die Adressbits sind Bit 1 bis 7. Bit 0 gibt an, ob der AVR® auf einen sogenannten *General Call*, also eine Nachricht mit der Adresse 0, die an alle geht, reagieren soll. Falls das gewünscht ist, wird das *TWGCE*-Bit (TWI General Call Recognition Enable Bit) gesetzt. Ein TWI-Address-Match kann den AVR® übrigens auch aus den tiefen Schlafzuständen aufwecken (vergleiche *2.7.17 Low Power und Schlafzustände*).

TWI muss natürlich auch aktiviert sein und der Slave soll automatisch ACK senden:

```
TWAR = (Addr<<1); //nicht auf General Calls reagieren
TWCR = (1<< TWINT) | (1<< TWEA) | (1<< TWEN); //START
```

Wenn der AVR® die eingestellte Adresse (oder, falls aktiviert, einen General Call) am Bus detektiert, wird TWINT gesetzt.

Für Fortgeschrittene: Erweiterungen und Eigenheiten von TWI

Der *SMBus* (System Management Bus) ist eine Erweiterung von I^{2}C mit einer zusätzlichen Interruptleitung, mit der ein Slave dem Master signalisieren kann, dass Daten zur Abholung bereit stehen. Die allermeisten ICs sind abwärtskompatibel, sodass sie bedenkenlos an die TWI-Schnittstelle des AVRs angeschlossen werden können.

Da die Datenleitung bidirektional ist, ist eine *galvanische Trennung* oder eine *Pegelwandlung* recht aufwendig. Das Taktsignal kann von einem Slave oder einem anderen Master ebenfalls beeinflusst (verlangsamt oder gestartet) werden und ist ebenfalls bidirektional auszuführen. Es gibt aber spezielle Bausteine für eine galvanische Trennung bzw. zur Pegelwandlung des I^{2}C/TWI-Busses.

Physikalisch muss ein Bus mit mehreren Teilnehmern auch anders funktionieren als eine Punkt-Zu-Punkt-Verbindung mit zwei Teilnehmern. Bei TWI ziehen die Pullup-Widerstände den Pegel der Daten- und Taktleitung auf VCC. Die Teilnehmer können nur gegen Masse schalten, also den Pegel auf LOW ziehen. Das verhindert, dass mehrere Teilnehmer gleichzeitig ein gegensätzliches Ausgangssignal auf dem Bus erzeugen können und dabei die Ausgangstreiber überlasten.

Man muss aber darauf achten, dass alle Teilnehmer eingeschaltet sind, da ein nicht versorgter AVR® am Bus Probleme verursacht. Es würde ein Strom in den Pin fließen, was zur Beschädigung des AVR® führt.

2.7.12 CAN

CAN (Controller Area Network) ist ein in der Automatisierungstechnik und auch in moderneren Fahrzeugen weit verbreiteter Feldbus. Er ist bidirektional mit zwei differenziellen Datenleitungen und auf Multimasterfähigkeit ausgelegt. Physikalisch gibt es eine große Ähnlichkeit zu RS-485, allerdings liegt der Ruhepegel auf beiden Datenleitungen bei 2,5 V. Die Treiberbausteine sind zudem deutlich komplexer, da Fehler bei Datenkollisionen durch das gleichzeitige Senden mehrerer Master verhindert werden müssen.

Es gibt einige spezielle AVRs mit eingebautem CAN-Controller. Die benötigte Software ist trotz umfangreicher Hardwarefunktionen aber sehr komplex und wird daher von verschiedenen Anbietern als zertifizierte Softwarebibliothek angeboten.

2.7.13 USB

Der *Universal Serial Bus* ist ein vor allem bei PCs sehr weit verbreiteter Standard in mehreren Geschwindigkeitsstufen. Im *Full-Speed-Modus* können maximal 12 Mbit/s, also circa 1,5 MByte/s, übertragen werden. Da es sich jedoch um ein Bussystem mit mehreren Geräten handelt, welche sich die Bandbreite teilen müssen, und auch noch ein Protokolloverhead einberechnet werden muss, ist in der Praxis mit einer deutlich niedrigeren Datenrate zu rechnen. Eine höhere Geschwindigkeit von maximal 480 Mbit/s erreicht man im *High-Speed-Modus*. Noch schneller läuft der USB-3.0-Standard mit einer Übertragungsrate von bis zu 4800 Mbit/s *(SuperSpeed)*.

Sehr praktisch ist USB zum Anschließen von Geräten an den PC und hat dort häufig RS-232 verdrängt, das vor allem bei Notebooks kaum mehr anzutreffen ist. Besonders beliebt bei USB ist, dass ein Gerät darüber mit Strom versorgt werden kann. Die Spezifikation erlaubt 100 mA beim Einstecken und bis zu 500 mA nach erfolgreicher Anmeldung. Die gelieferte Spannung darf dabei zwischen 4,5 und 5,5 V schwanken und gilt als nicht besonders »sauber« und stabil.

Es verfügen jedoch nur wenige AVR-Microcontroller über USB, das sind beispielsweise die Modelle ATmega8U2, ATmega16U2 und ATmega32U2. Leider gibt es keine Varianten in bastelfreundlichen Gehäusen (nur TQFP mit 0,8 mm Pin-Abstand, kein DIP).

Die zur korrekten Ansteuerung nötige Software ist recht aufwendig, sodass hier nur die Empfehlung gegeben werden kann, die Software von Atmel® zu verwenden.

Hinweis:

Als Alternative gibt es USB-UART-Konverterbausteine, die über USB an den PC angeschlossen werden können und über eine UART mit dem Mikrocontroller kommunizieren. Auf dem PC wird dabei eine »virtuelle« serielle Schnittstelle emuliert, die wie eine echte RS-232-Schnittstelle von jedem geeigneten Programm angesprochen werden kann.

Diese USB-UART-Konverter können sehr gute Lösungen sein, vor allem die Treiberunterstützung auch für »alternative« Betriebssysteme ist gut. Ein empfehlenswerter Konverterbaustein ist beispielsweise der FT232R.

Auch zum »printf«-Debuggen eignet sich ein solcher Konverter sehr gut, da er ohne Pegelkonverter direkt an den Rx- und Tx-Pins des AVRs angeschlossen werden kann.

Softwarebasierte Lösungen zur Nutzung von USB auf Mikrocontrollern ohne hardwaremäßige USB-Unterstützung sind nicht wirklich Standard-konform. Für Hobbyprojekte können sie aber durchaus verwendet werden, auch wenn ein kleiner 8-Bit-AVR® dadurch ziemlich ausgelastet ist und aufwendige Applikationen damit nicht mehr realisierbar sind.

2.7.14 Zustandsautomat (State Machine)

Eine State Machine erledigt im Grunde eine elementare Aufgabe: Abhängig von gewissen Bedingungen, beispielsweise dem Wert einer Variablen, wird in einen vordefinierten Zustand gewechselt. In einfachster Form ist dieser Zusammenhang direkt, wie bei einer einfachen Türklingel: Wird sie gedrückt (Ereignis: Knopf drücken), so läutet sie (Zustand: Klingel läutet). Wird der Knopf wieder losgelassen, so hört sie auf zu läuten. *Abb. 2.23* zeigt, wie dieser sehr einfache Zustandsautomat aussieht.

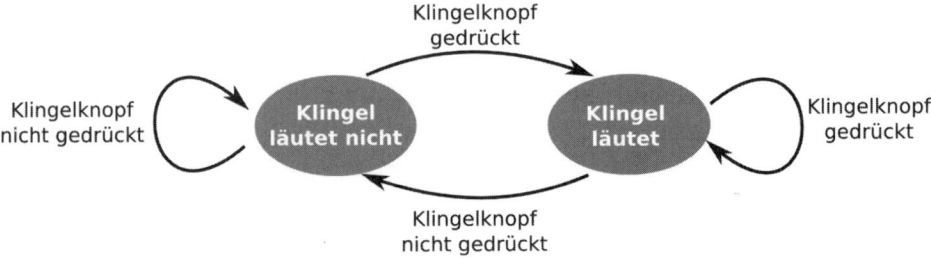

Abb. 2.23: Zustandsautomat Türklingel

Mehr Möglichkeiten tun sich auf, wenn der neue Zustand nicht nur vom unmittelbaren Ereignis, sondern auch vom vorherigen Zustand abhängt. Ein Beispiel hierfür wäre – um unserem Buchtitel gerecht zu werden – das Braten eines Steaks, symbolisch dargestellt in *Abb. 2.24*.

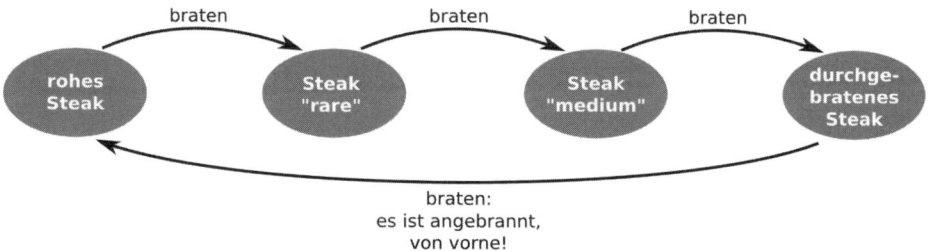

Abb. 2.24: State Machine Steak braten

Zwei Möglichkeiten, Zustandsautomaten in C zu implementieren, werden in den folgenden beiden Beispielen vorgestellt.

Einfache State Machine

An dieser Stelle werden wir eine einfache State Machine implementieren, die folgende Funktion erfüllt: Werden die drei Taster in der richtigen Reihenfolge gedrückt, so leuchtet eine LED auf. Dazu hängen wir eine LED an Pin PD7 und drei Taster auf PB0 bis 2, die das Signal im gedrückten Zustand auf Masse ziehen. Die LED erlischt wieder, wenn die nächste Taste gedrückt wird, und das Spiel beginnt von vorne. Der aktuelle Zustand wird einfach als Zahlenwert in der Variable status gespeichert. Das ist einfach und effizient, aber bei mehreren Zuständen kann man schon mal die Übersicht verlieren. (Was war status=9 doch gleich?)

```
#include <avr/io.h>

int main (void) {

uint8_t status = 0;

DDRD |= (1<<DDD7); //Ausgang LED
PORTD &= ~(1<<PD7); //LOW

DDRB &= ~( (1<<PB0) | (1<<PB1) | (1<<PB2) ); //Eingänge
PORTB |= (1<<PB0) | (1<<PB1) | (1<<PB2); //Pullups aktiv
```

```
for(;;) { //FOREVER

  switch (status)
  {
  case 0:
    if ( !(PINB & (1<<PINB0)) &&
          (PINB & (1<<PINB1)) &&
          (PINB & (1<<PINB2)) )
    {
      status = 1;
      PORTD &= ~(1<<PD7); //LED aus
    }
  break;

  case 1:
    if ( !(PINB & (1<<PINB1)) &&
          (PINB & (1<<PINB0)) &&
          (PINB & (1<<PINB2)) )
    {
      status = 2;
    }
  break;

  case 2:
    if ( !(PINB & (1<<PINB2)) &&
          (PINB & (1<<PINB0)) &&
          (PINB & (1<<PINB1)) )
    {
      status = 0;
      PORTD |= (1<<PD7); //LED an
    }
  break;

  default: status = 0;
  break;
  }
}
}
```

State Machine mit enum

In der folgenden State Machine wird der Aufzählungstyp *enum* verwendet, um den Zuständen leichter verständliche Bezeichnungen zu geben. Dieser Typ kann nur die in geschwungenen Klammern stehenden Werte annehmen. Durch hoffentlich treffend gewählte Bezeichnungen behält der Programmierer leichter die Übersicht und es sind auch keine Nachteile bezüglich des Speicherverbrauchs zu erwarten, da ein enum in C nur ein benannter Integerwert ist, intern also als Zahlenwert abgespeichert wird.

Es wird mittels typedef ein eigener Datentyp namens en_Status definiert, der genauso wie die bekannten Datentypen verwendet werden kann. Man kann also Variablen mit diesem Typ anlegen, Werte zuweisen und Vergleiche durchführen.

Der Code ist eigentlich unvollständig (Bedingungen und aufgerufene Routinen sind nicht implementiert) und soll nur das Prinzip demonstrieren. Wenn der Zustand erstmalig erreicht wird, kann eine Statusmeldung ausgegeben werden, was vor allem bei der Fehlersuche in größeren Programmen sehr hilfreich ist.

```c
#include <avr/io.h>

typedef enum {INIT, SLEEP, RUN_1, RUN_2, RUN_3, ERROR_1, UNDEF}
en_Status;

en_Status status = INIT;

int main (void) {
en_Status laststatus = UNDEF;

  for(;;) { //FOREVER

    switch (status)
    {
    case INIT:
      init();
      laststatus = status;
      status = SLEEP;
    break;

    case SLEEP:
      if (laststatus != status)
      {
        //Melde Benutzer: Schlafzustand
        laststatus = status;
```

```
    }
    if ( BEDINGUNG1 ) status = RUN_1;
    else if ( ERRORBEDINGUNG1 ) status = ERROR_1;
    else sleep();   //Schlafmodus aktivieren
  break;

  case RUN_1:
    if (laststatus != status)
    {
      //Melde Benutzer: Zustand 1
      laststatus = status;
    }
    Run_1();
    if ( BEDINGUNG2 ) status = RUN_2;
    else if ( ERRORBEDINGUNG1 ) status = ERROR_1;
    break;

    //...

  case ERROR_1:
    //Melde Benutzer: Fehler
    status = INIT;   //neu initialisieren
  break;

  default: status = INIT;
  break;
  }
 }
}
```

2.7.15 Watchdog

Ein *Watchdog* (Wachhund) ist ein unabhängiger Zähler mit einem unabhängigen Oszillator (1 MHz oder 128 kHz bei neueren AVRs). Er löst automatisch einen Systemreset aus, wenn er nicht vor dem Überlaufen zurückgesetzt wird. Die Zeit bis zum Überlaufen muss dabei so gewählt werden, dass der Mikrocontroller im Normalfall vorher den Watchdog zurücksetzen kann. Kommt es hingegen zu einem Fehler und in dessen Folge zu keinem Zurücksetzen, greift der Watchdog ein und führt einen Reset des Chips durch.

Ein Watchdog muss also, einmal aktiviert, in regelmäßigen Abständen im Programmablauf zurückgesetzt werden. Er kann zwar keine Fehler verhindern, ist aber eine effektive Möglichkeit um zu vermeiden, dass ein aus welchem Grund auch immer »aufgehängtes« Programm die normale Funktion der MCU dauerhaft bis zum Abschalten der Versorgungsspannung unterbricht.

Oft wird der Watchdog »nur« als Absicherung gegen schlechte Software verstanden. Es gibt aber auch (wenn auch wesentlich seltener) Fälle, in denen eine externe Störung einen Fehler auf dem Chip auslöst. Gerade diese Fälle sind besonders kritisch und nur sehr schwer zu finden, da sie selten und/oder zufällig auftreten können. Ein aktivierter Watchdog verhindert dann zwar nicht das Auftreten des Fehlers, durch einen sauberen Reset des ganzen Chips wird aber zumindest ein definierter Ausgangszustand wiederhergestellt.

Beim Einsatz des Watchdogs ist es wichtig, die Zeit zwischen dem Rücksetzen mit der Länge der implementierten Routinen einschließlich der Interrupts abzustimmen, und zwar für den *Worst Case*[60]. Andernfalls könnte ein schlecht konfigurierter Watchdog mitten im normalen Programmablauf einen Reset auslösen. Zu berücksichtigen ist auch die Ungenauigkeit des Watchdog-Oszillators.

Implementierung

Es gibt einige Regeln, die eingehalten werden sollten, um den Watchdog möglichst effektiv einzusetzen – insbesondere im Bezug auf Starten und Zurücksetzen des Watchdogs *(Watchdog Enable* und *Refresh)*. Der Watchdog sollte so bald wie möglich nach einem aufgetretenen Reset, also möglichst gleich nach dem Programmstart (wieder) gestartet werden. Das Zurücksetzen sollte zudem nie innerhalb einer Interruptroutine erfolgen, sondern stets in der Hauptroutine.

Als zusätzliche Sicherheit bzw. Information empfiehlt es sich, beim Einschalten der MCU zu überprüfen, ob der letzte Reset vom Watchdog ausgelöst wurde. In diesem Fall ist das Bit WDRF *(Watchdog System Reset Flag)* im MCUSR *(MCU Status Register)* gesetzt, sodass folgende Abfrage *True* ergibt:

```
If (MCUSR & (1<<WDRF) ) { //Watchdog hat Reset verursacht
```

In diesem Fall sollte der Benutzer/Entwickler darüber informiert werden, sodass mit der Fehlersuche begonnen werden kann.

---

[60] Der schlimmstmögliche Fall. Hier: Dauer längste Routine plus diverse Interrupts und so weiter.

Beim Programmstart wiederum sollte dieses Bit gelöscht werden, damit es über einen eventuell erneut auftretenden Reset Aufschluss geben kann:

```
MCUSR &= ~(1<<WDRF);
```

Beim AVR® kann der Watchdog auch verwendet werden, um einen Interrupt auszulösen. Der Watchdog kann damit zum einen als zusätzlicher, wenn auch etwas ungenauer und unflexibler, Timer verwendet werden. Es ist zum anderen aber auch möglich, damit den AVR® aus den tieferen Schlafzuständen (siehe *2.7.17 Low Power und Schlafzustände*) aufzuwecken, in denen die anderen Peripherieeinheiten deaktiviert sind. Das geschieht, indem eingestellt wird, dass der Watchdog keinen Reset sondern einen Interrupt auslöst.

Das Watchdog-Register ist als potenziell sicherheitsrelevantes Bestandteil zugriffsgeschützt. Das bedeutet, dass eine bestimmte Sequenz eingehalten werden muss, um es zu beschreiben. Nach dem Setzen des Bits WDCE *(Watchdog Change Enable)* in WDTCSR *(Watchdog Timer Control Register)* hat man 4 Takte lang Schreibzugriff auf das Register.

In der Datei *wdt.h* gibt es Hilfsfunktionen und vordefinierte Makros zum bequemen und sicheren Konfigurieren des Watchdogs.

Die einstellbaren Überlaufzeiten des Watchdog-Timers sind, wie bereits erwähnt, nicht besonders genau (±5 %). Dazu gibt es ein Diagramm im Datenblatt *(Watchdog Oscillator Frequency vs. Temperature)*.

Die in der folgenden Codesequenz aufgerufenen Routinen stehen nach Einbindung der *wdt.h* zur Verfügung:

```
#include <avr/wdt.h>

wdt_disable(); //Watchdog deaktivieren

wdt_enable( WDTO_1S ); //Watchdog aktivieren, Intervall 1 Sekunde

wdt_reset(); //Watchdog zurücksetzen; mind. 1x pro Sekunde!
```

Bei `wdt_enable()` wird dabei die (ungefähre!) Zeit eingestellt, innerhalb der ein Refresh des Watchdog (`wdt_reset()`) erfolgen muss, damit dieser nicht auslöst. Die dabei einstellbaren Zeiten sind in *Tabelle 2.4* aufgelistet und reichen von 15 Millisekunden bis 8 Sekunden.

Tabelle 2.4: Watchdog-Auslösezeiten

Zeit (ms)	Bezeichnung	Zeit (s)	Bezeichnung
15 ms	WDTO_15MS	1 s	WDTO_1S
30 ms	WDTO_30MS	2 s	WDTO_2S
60 ms	WDTO_60MS	4 s	WDTO_4S
120 ms	WDTO_120MS	8 s	WDTO_8S
250 ms	WDTO_250MS		
500 ms	WDTO_500MS		

Es ist empfehlenswert, die geringstmögliche Zeit (natürlich mit Reserve wegen der Taktfrequenzschwankungen) zu wählen, um im Fehlerfall möglichst schnell wieder einen definierten Zustand (Reset) zu erreichen und die »Rettung« durch den Watchdog auch ausführlich zu testen, indem bewusst Fehler (zu Testzwecken natürlich) in den Code eingebaut werden.

Der Watchdog kann auch mit der WDTON-Fuse bereits beim Systemstart eingeschaltet werden. In diesem Fall ist auch kein Interrupt mittels Watchdog möglich, es wird immer ein Systemreset ausgeführt.

Es gibt eine sehr große Anzahl an externen Watchdog-Bausteinen, die oft auch noch die Funktion des *Brownout-Detektors* (siehe Kapitel *2.7.16 Brownout-Detektor*) übernehmen. Die externen Lösungen haben neben einem tendenziell etwas geringeren Stromverbrauch noch den Vorteil einer höheren Zuverlässigkeit, da ein Ereignis, welches zu einem unerwünschten Reset des AVRs führt, unter Umständen auch dessen eingebauten Watchdog beeinflussen kann. Daher trifft man in kritischen Anwendungen sehr oft auf externe Watchdogs, auch wenn die eingesetzten Mikrocontroller bereits über diese Funktion verfügen.

Ein zusätzliches Sicherheitsmerkmal ist ein sogenannter *Window Watchdog*. Er lässt ein Zurücksetzen nur innerhalb eines definierten Zeitfensters zu (daher der Name). Ein Versuch, den Watchdog außerhalb des Zeitfensters zurückzusetzen führt zu einem Reset. Ein Window Watchdog erhöht damit die Sicherheit nochmals deutlich, da er auch auf zeitliche Abweichungen und vor allem auf fälschlicherweise veranlasste Rücksetzversuche reagieren kann.

2.7.16 Brownout-Detektor

Brownout bedeutet Spannungsabfall, die Aufgabe des Brownout-Detektors ist simpel: Sinkt die Betriebsspannung unter einen Schwellenwert, wird ein Reset ausgelöst, bis die Betriebsspannung wieder über diesem Wert liegt. Damit kann man verhindern, dass der Mikrocontroller in Betriebszustände gerät, für die er nicht spezifiziert ist. Dabei kann es sich sowohl um zu niedrige Betriebsspannungen handeln (<1,8 V) als auch um unzulässige Kombinationen aus Betriebsspannung und Taktfrequenz. Dazu gibt es im Datenblatt Diagramme *(Speed Grades)*.

Beim ATmegax8A liegen die Schaltschwellen des Brownout-Detektors bei 1,8 V, 2,7 V oder 4,3 V, allerdings mit einer Toleranz von etwa 0,1–0,3 V (genauer angegeben im Datenblatt, siehe *BODLEVEL* und *BOD Thresholds vs. Temperature*).

Die Einstellung erfolgt mit den Fuses BODLEVEL0, 1 und 2 – daher kann es auch keinen Beispielcode dazu geben.

Es empfiehlt sich jedoch, beim Einschalten zu überprüfen, ob der letzte Reset vom Brownout-Detektor ausgelöst wurde. In diesem Fall ist das Bit BORF *(Brown-out Reset Flag)* im MCUSR *(MCU Status Register)* gesetzt. Folgende Abfrage beantwortet diese Fragestellung:

```
if (MCUSR & (1<<BORF) ) //Brownout hat Reset verursacht
```

Das System selbst kann in diesem Fall nicht allzu viel machen, eine Warnung an den Benutzer/Entwickler ist jedoch sehr hilfreich, um diesen unerwünschten Fall zu bekämpfen.

Wie beim Watchdog empfiehlt es sich auch hier, das Statusbit beim Programmstart zu löschen, wenn es verwendet werden soll:

```
MCUSR &= ~(1<<BORF);
```

Wenn die Gefahr besteht, dass es zu Spannungseinbrüchen im System kommt, ist das Einschalten des Brownout-Detektors eine sehr gute Idee, auch wenn das zu einem (insbesondere bei Low-Power Anwendungen suboptimalen) zusätzlichen Stromverbrauch von knapp 25 µA führt. Die AVR®-PicoPower®-Varianten (zum Beispiel ATmega48PA) haben allerdings die Möglichkeit, die Brownout-Erkennung in den Schlafzuständen auszuschalten und so Strom zu sparen. Dazu dienen bei diesen Modellen die Bits BODS *(BOD Sleep)* und BODSE *(BOD Sleep Enable)* im MCUCR *(MCU Control Register)*.

Wie beim Watchdog gilt auch hier: Bei kritischen Anwendungen kann und soll eher ein externer Brownout-Detektor eingesetzt oder zumindest vorgesehen werden.

2.7.17 Low Power und Schlafzustände

Ein wirklich stromsparendes System ist eine echte Herausforderung und bedarf einer genauen Planung und einer sorgfältigen Auswahl aller verwendeten Komponenten. In diesem Kapitel soll in erster Linie auf den AVR-spezifischen Teil eingegangen werden, ohne jedoch die externe Beschaltung zu vernachlässigen.

Die wichtigste Grundregel beim Energiesparen lautet, dass die Leistungsaufnahme in erster Näherung proportional zur Taktfrequenz und quadratisch mit der Versorgungsspannung steigt:

$$P \sim f_{CPU} \sim U_{VCC}{}^2$$

Als Konsequenz daraus muss die Versorgungsspannung soweit wie möglich – besser gesagt: soweit es zulässig ist – gesenkt und die Taktrate minimiert werden. Diesen Zusammenhang sieht man im Datenblatt sehr schön anhand der Diagramme *Active Supply Current vs. Frequency* im Abschnitt *Active Supply Current*. Man kann dort auch erkennen, dass die Betriebstemperatur einen, wenn auch geringen, Einfluss auf die Stromaufnahme hat.

Anpassung der Taktrate

Einen größeren Einfluss auf die Leistungaufnahme haben die Taktgeschwindigkeit und die Art der Taktquelle. Dabei gilt in der Regel, dass ungenauere Taktquellen wie der interne RC-Oszillator oder der Low-Power-RC-Oszillator nicht nur wesentlich weniger Strom brauchen als ein externer Keramikresonator oder gar ein Quarz, sondern auch noch deutlich schneller stabil laufen, also kaum Einschwingzeit benötigen und daher in solchen Anwendungen zu bevorzugen sind.

Will man die doch eher bescheidene Genauigkeit der RC-Oszillatoren nicht akzeptieren, gibt es die Möglichkeit, diese in regelmäßigen Abständen zu kalibrieren. Dazu benötigt man eine Taktreferenz, entweder in Form eines externen Quarzes, oder eines von einem System mit genauem eigenen Takt versendeten Synchronisierungspulses.

Die CPU-Geschwindigkeit kann man auch im laufenden Betrieb im CLKPR *(Clock Prescale Register)* einstellen. Dieses Register ist allerdings vor versehentlichen Zugriffen geschützt, da eine unabsichtliche Änderung der Taktrate schwerwiegende Folgen haben kann. Zum Schreiben muss zuerst das Bit CLKPCE *(Clock Prescaler Change Enable)* gesetzt und anschließend innerhalb von 4 Taktzyklen der neue Wert für die Prescaler-Bits CLKPS0 bis CLKPS3 geschrieben werden. Also muss sichergestellt werden, dass in diesem Zeitrahmen keine Interrupts auftreten.

Genau das macht folgender Code:

```
#include <avr/interrupt.h>

sei(); //Interrupts sperren
  CLKPR = (1<<CLKPCE); //Schreibzugriff erlauben
  CLKPR = (1<<CLKPS2); //Durch 16 teilen
sei(); //Interrupts wieder erlauben
```

Einfacher geht es mit den Hilfsfunktionen aus der *power.h*:

```
#include <avr/power.h>

clock_prescale_set(clock_div_16);
```

Eine gesetzte CKDIV8-Fuse setzt übrigens nur beim Einschalten des Controllers die Bits CLKPS1 und CLKPS0 in CLKPR, was einer Taktteilung durch 8 entspricht. Diese Werte können selbstverständlich jederzeit geändert werden.

Wenn im laufenden Betrieb die Taktrate verändert wird, stimmen natürlich alle Berechnungen, die auf F_CPU zugreifen, nicht mehr. Davon betroffen sind beispielsweise die Verzögerungsfunktionen _delay_us und _delay_ms in *util/delay.h* und die einfachen Makros zur Berechnung der USART-Baudrate.

Abschalten von Peripherieeinheiten

Im Datenblatt-Abschnitt *Supply Current of IO Modules* sind (ungefähre) Werte für den Stromverbrauch der Peripheriemodule aufgelistet. Nicht benötigte Module schaltet man natürlich ab, wobei es stark von der Anwendung abhängt, ob sich ein Ein- und Ausschalten einer nicht dauernd benötigten Peripherie lohnt.

So dauert etwa die erste AD-Wandlung nach dem Einschalten des ADCs fast doppelt so lange wie die folgenden Messungen (25 statt 13 ADC-Takte). Die interne Referenzspannungsquelle braucht (maximal) 70 µs, um sich zu stabilisieren.

Die Peripherieeinheiten kann man einzeln in PRR *(Power Reduction Register)* ausschalten.

Zu beachten ist, dass das Bit PRADC *(Power Reduction ADC)* den analogen Multiplexer deaktiviert. Dieser kann dann natürlich auch nicht vom analogen Komparator verwendet werden. Dessen Pins AIN0 und AIN1 sind davon aber nicht betroffen, sodass er weiterhin genutzt werden kann, nur eben nicht zusammen mit dem Multiplexer.

Den analogen Komparator selbst muss man mit dem Bit ACD *(Analog Comparator Disable)* im ACSR *(Analog Comparator Control and Status Register)* deaktivieren. Er ist leider standardmäßig aktiv (ACD = 0) und sollte daher gleich beim Starten des Programms ausgeschaltet werden, wenn man ihn nicht benötigt. Das spart zwischen 40 µA und 80 µA, je nach Betriebsspannung und Temperatur:

```
ACSR = (1<<ACD); //Analogen Komparator deaktivieren
```

Das On-Chip-Debugsystem verbraucht ebenfalls Strom und sollte mit der DWEN-Fuse deaktiviert werden, wenn es nicht benötigt wird.

In der *power.h* werden Funktionen zum Deaktivieren der Peripherieeinheiten, z. B. `power_usart0_disable()`, `power_usart0_enable()`, `power_adc_disable()`, `power_adc_enable()` etc., zur Verfügung gestellt.

Wenn an CMOS-Eingangsstufen Spannungen angelegt werden, die wertemäßig zwischen den Schaltschwellen liegen, kommt es zu einem unerwünschten Übergangsbetrieb der Eingangstransistoren, wobei ein unnötiger und unerwünschter Querstrom fließt. Es sollten daher alle digitalen Eingangsstufen an Pins, an denen eine analoge Spannung anliegt, deaktiviert werden. In DIDR0 kann mit den Bits ADC0D bis ADC5D der Digitalteil der Eingänge des analogen Multiplexers für den ADC deaktiviert werden und in DIDR1 wird mit den Bits AIN0D und AIN1D die digitale Eingangsstufe des analogen Komparators ausgeschaltet.

Neben dem Stromspareffekt können sich auch Genauigkeitsvorteile durch weniger Störungen ergeben.

Bei digitalen Eingängen muss man diesen Zustand ebenfalls vermeiden und sicherstellen, dass die anliegenden Signale nicht im Zwischenbereich oder gar über oder unter dem Versorgungsspannungslevel liegen. In diesem Fall beginnen die internen Schutzdioden zu leiten und es kommt zu einem Stromfluss durch den Controller, was im ungünstigsten Fall zu Beschädigungen führen kann.

Die Pullup- beziehungsweise Pulldown-Widerstände müssen sorgfältig dimensioniert werden. Zu kleine Werte führen zu großen Strömen über die Widerstände, während zu kleine Widerstände empfindlich gegenüber eingestreuten Störungen sind und die benötigen Pegel nicht zuverlässig halten können. Allgemeingültige Werte kann man nicht angeben, 10 kΩ bis 47 kΩ als Startwert in einem 5-V-System haben sich in der Praxis jedoch oft bewährt.

Nicht genutzte Eingänge (analog und digital) sollten ebenfalls auf einen definierten Pegel gelegt werden, entweder indem man sie als Ausgang schaltet, oder aber als Eingang bei gleichzeitiger Aktivierung des internen Pullup. Dieser ist dafür hervorragend geeignet und der Stromverbrauch ist etwas geringer als bei als Ausgänge konfigurierten Pins, weshalb Atmel® auch diese Vorgehensweise empfiehlt.

Werden Potentiometer, beispielsweise für Benutzereingaben, benötigt und müssen diese nicht ständig eingelesen werden, kann man ein Ende mit einem Portpin schalten. Dadurch fließt kein Strom durch das Potentiometer, wenn es nicht gelesen wird.

LEDs als Statusmeldung können im Vergleich zu einem LOW-Power-Mikrocontroller enorme Mengen Strom verbrauchen. Man sollte daher hocheffiziente Typen verwenden und sie nur möglichst kurz blinken lassen.

Schlafzustände

Das Ausnutzen der Schlafzustände ist eine sehr effektive Möglichkeit zum Stromsparen. Dabei werden die CPU und weitere Peripherieeinheiten vorübergehend deaktiviert, wenn sie nicht benötigt werden, während man etwa auf ein externes Ereignis wartet. Dadurch sinkt der Stromverbrauch natürlich deutlich. Wie weit genau, ist von sehr vielen Faktoren abhängig und steht im Datenblatt *(DC Characteristics)*. Es gibt mehrere Schlafzustände, die sich in Art und Anzahl der deaktivierten Peripherieeinheiten unterscheiden.

Der »kleinste« (im Vergleich am wenigsten stromsparende) Schlafzustand ist der *Idle-Modus* (SLEEP_MODE_IDLE). Dabei wird »nur« die CPU angehalten, also nicht mehr mit einem Taktsignal versorgt. Der Stromverbrauch sinkt in diesem Modus dadurch, je nach Taktgeschwindigkeit, auf etwa ein Viertel im Vergleich zum vollständig aktiven Betrieb.

Der *ADC Noise Reduction Mode* (SLEEP_MODE_ADC) dient primär zur Verbesserung der AD-Wandlung und wird im Kapitel *2.7.5 AD-Wandler – ADC Noise Reduction* beschrieben und verwendet.

In den »tieferen« Schlafzuständen wird die Erzeugung des Systemtakts vollständig ausgeschaltet, was einen recht großen Einfluss auf den Stromverbrauch hat. Allerdings kann der AVR® dann nur noch von einer sehr eingeschränkten Anzahl an Quellen wieder aufgeweckt werden und es braucht eine gewisse Zeit, bis die jeweilige Taktquelle nach dem erneuten Einschalten wieder eingeschwungen ist (vergleiche Kapitel *1.2.6 Takt und Taktgenerierung*).

Im *Power-Save Mode* (SLEEP_MODE_PWR_SAVE) liegt der Stromverbrauch größenordnungsmäßig bei einigen µA, je nach Versorgungsspannung und Taktrate. Der asynchrone Takt ist noch aktiv, das bedeutet, dass man den Timer2 mit einem externen Takt oder einem 32,768 kHz Uhrenquarz an TOSC1 und TOSC2 betreiben und damit den AVR® zeitgesteuert aufwecken kann.

Externe RTCs *(Real Time Clock)*, also Uhrenbausteine, erledigen die gleiche Aufgabe mit bestenfalls einigen 100 nA – und damit mit geringerer Stromaufnahme als die entsprechende interne Funktion des AVR®. Allerdings hat man dann neben dem zusätzlichen Chip auf der Leiterplatte auch deutliche Mehrkosten zu tragen.

Im *Power-Down Modus* (SLEEP_MODE_PWR_DOWN) hat die MCU einen Stromverbrauch im niedrigen µA-Bereich. Ein Aufwecken ist dann aber nur mehr mit externen Interrupts, TWI im Slave-Modus oder dem Watchdog-Timer möglich, falls dieser aktiviert wurde. Ein aktiver Watchdog hat einen deutlichen prozentualen Einfluss auf den Stromverbrauch in diesem Modus. Externe Watchdog-Bausteine können diese Funktion mit einem nochmals etwas geringeren Verbrauch übernehmen, natürlich zu einem entsprechenden Preis.

Daneben gibt es noch *Standby* (SLEEP_MODE_STANDBY) und *Extended Standby* (SLEEP_MODE_EXT_STANDBY). In diesen Modi wird fast alles außer dem Taktgenerator abgeschaltet. Der Sinn dahinter ist, dass ein Quarz eine gewisse Einschwingzeit benötigt, wenn er abgeschaltet wurde – dies gilt es zu vermeiden. Allerdings ist das Stromsparpotenzial im Standby-Modus nicht so hoch, wie wenn der Takt abgeschaltet wird, da dieser einen nennenswerten Verbrauch verursacht. *Tabelle 2.5* vergleicht die in den Schlafmodi aktiven Taktquellen.

Tabelle 2.5: Im jeweiligen Sleepmode aktive Taktquellen

Aktive Taktquellen	*Idle*	*Standby*	*ADC Noise Reduction*	*Power Save*	*Power Down*
Systemtakt	x	x	x		
Taktversorgung IO	x				
Taktversorgung ADC	x		x		
Asynchroner Takt				x	

Watchdog, Externe Interrupts im Level-Modus und ein TWI Slave Address Match wecken den Controller aus jedem Sleep Mode. Zusätzlich gibt es noch die Aufweckmöglichkeiten in *Tabelle 2.6*.

Tabelle 2.6: Signale, die die MCU aus jeweiligen Sleepmodus wecken können

MCU-»Wecker«	*Idle*	*Standby*	*ADC Noise Reduction*	*Power Save*	*Power Down*
Timer2	x		x	x	
ADC	x		x		

Näheres zu den einzelnen Schlafmodi findet sich im Datenblatt (*Active Clock Domains and Wake-up Sources in the Different Sleep Modes*). Dabei sind unbedingt die Fußnoten zu beachten.

Alle Einstellungen zu den Stromsparmodi können auch direkt in SMCR *(Sleep Mode Control Register)* getroffen werden, es gibt aber Hilfsfunktionen und vordefinierte Makros in *sleep.h*, die diese Aufgabe erleichtern.

Vor dem Aufruf von `sleep_mode()` müssen die Interrupts mit `sei()` erlaubt worden sein, da sich der Controller ansonsten nicht mehr aus dem Schlafmodus aufwecken lässt:

```
#include <avr/sleep.h>
#include <avr/interrupt.h>

set_sleep_mode( SLEEP_MODE_IDLE ); //Schlafmodus wählen
sei(); // Interrupts erlauben

sleep_mode(); //Schlafen legen
```

Der AVR® darf nicht innerhalb einer Interruptroutine in den Schlafzustand geschickt werden, da es ansonsten Probleme mit dem nächsten auftretenden Interrupt gibt, da ja die Rückkehr aus der Interruptroutine vorher nicht vorschriftsgemäß durchgeführt wurde.

Hinweis:
Für einen wirklich stromsparenden Betrieb muss die Software auch stromsparend geschrieben werden. Das bedeutet in erster Linie, dass man möglichst wenig Zeit im aktiven Betrieb verbringen sollte, also wird eher auf Geschwindigkeit als auf Speicherverbrauch optimiert.

Für Fortgeschrittene: Batterielebensdauer

Manchmal scheint es zielführender, die MCU mit einer nominell etwas höheren Geschwindigkeit zu betreiben, die Berechnungen schnell zu erledigen und anschließend schnell wieder in einen Schlafzustand zu wechseln.

Was aber hierbei sehr oft übersehen wird, ist, dass es bei viele Batterientypen einen sehr großen Unterschied macht, ob sie kontinuierlich mit einem sehr kleinen Strom oder mit großen Strompulsen (wenn der Mikrocontroller mit voller Leistung läuft) entladen werden. Letzteres ist wesentlich schlimmer für die Lebensdauer und macht die Kapazitätsberechnung komplizierter, sodass eigentlich nur sorgfältige Messungen wirklich aussagekräftig sind. Marketingaussagen zu dieser Thematik sind sehr kritisch zu hinterfragen. Tendenziell sollte die minimal mögliche Taktgeschwindigkeit eingestellt werden, auch wenn die Berechnungen dann etwas länger dauern (allerdings mit weniger Spitzenstromverbrauch) und der Mikrocontroller insgesamt weniger Zeit im Schlafzustand verbringt.

2.7.18 General Purpose I/O Register und Fehlerbehandlung

Nicht wirklich eine Peripherieeinheit, aber eine sehr praktische Erweiterung bei den neueren AVR-Modellen wie dem ATmegax8 sind die GPIORs (*General Purpose I/O Register*). Dabei handelt es sich um drei frei verwendbare Universalregister ohne festgelegte Aufgabe. Sie eignen sich sehr gut als globale Variablen für Datenaustausch, Statusanzeige oder Fehlerflags. Nach dem Einschalten sind alle GPIOR auf 0 gesetzt.

Im Beispiel wird das GPIOR1-Register als globales Fehlerregister verwendet, in das alle Routinen die auftretenden Fehler eintragen können. Jedem möglichen Fehler ist dabei ein Bit zugeordnet, sodass mit einem Register 8 verschiedene Fehler gemeldet werden können. Hier handelt es sich um unvollständigen Beispielcode, natürlich müssten alle Fehlerfälle gemeldet und/oder behandelt werden.

```
//Namen für den Zugriff auf die Universalregister
#define Status GPIOR0
#define Fehler GPIOR1
#define TempVal GPIOR2

//Nicht ganz ernstgemeinte Beispielfehler
#define VINTOLOW (1<<0)
#define VINTOHIGH (1<<1)
#define USARTERROR (1<<2)
#define UNDEFINEDSTATE (1<<3)
#define APOKALYPSE (1<<4)
#define ALIENINVASION (1<<5)
#define ENDEMAYAKALENDER (1<<6)
#define MUSIKANTENSTADL (1<<7)

void Messe1(void) {
  if ( TempVal < 1) {
     Fehler |= VINTOLOW;
  } else if ( TempVal > 3) {
     Fehler |= VINTOHIGH;
  } else {
    //Messwert ok
  }
}
```

```
void Funktion1(void) {
  if (!Ereignis1) {
    Fehler |= APOKALYPSE;
  }
}

// …

Status = 1;

if ( Fehler > 0) { //Don't Panic!
  //Melde Fehler
}


//oder führe eine komplette Fehlerbehandlung durch
switch (Fehler) {
  case VINTOLOW:
    USART_print("Zu klein");
    Fehler = 0; //zurücksetzen
  break;
  case VINTOHIGH:
    USART_print("Zu gross");
    Fehler = 0; //zurücksetzen
  break;
  …
  default: break;
}
```

3   Digitale Ein- und Ausgänge

Beim Einschalten und im RESET-Zustand sind alle IO-Pins als Eingänge geschaltet. Als Eingänge geschaltete Pins sind elektrisch gesehen aber (fast) nicht vorhanden, also offen und weder HIGH noch LOW definiert. Wenn angeschlossene ICs oder Lasten einen definierten Zustand beim Einschalten brauchen, muss man mit externen Pullup- bzw. Pulldown-Widerständen dafür sorgen, dass die entsprechenden Leitungen auf einem definierten Level liegen (Pullup-Widerstand auf Versorgung für HIGH, Pulldown-Widerstand auf Masse für LOW).

Die Schaltung muss also so ausgelegt sein, dass nichts Schlimmes passiert, auch wenn der AVR® fehlen würde. Besonders kritisch ist das etwa bei angeschlossenen Motoren, die natürlich nicht starten dürfen, wenn der Mikrocontroller im RESET ist. Auch bei über SPI angeschlossenen Bauteilen muss man diesen Punkt beachten (Hinweis unter *2.7.10 SPI / Microwire*).

In diesem Kapitel wollen wir uns nun ansehen, was man mit digitalen Ein- und Ausgängen alles machen kann und vor allem, was man beachten muss.

3.1   Pegelwandler

Hat man innerhalb eines Systems mehrere ICs, die mit unterschiedlichen Betriebsspannungen betrieben werden, und gedenkt man, Ein- und Ausgangspins dieser ICs miteinander zu verbinden, sind einige Punkte zu beachten.

Aus dem Datenblatt (Stichwort *Absolute Maximum Ratings*) ist zu entnehmen, dass die Spannung an jedem Pin des AVR® größer als –0,5 V und kleiner als Versorgungsspannung (VCC) + 0,5 V sein muss. Bei einer Spannung außerhalb dieses Bereichs beginnen die internen Schutzdioden zu leiten, diese sind aber sehr klein und als ESD-Schutz gedacht. Bei einem Strom von mehr als rund 1 mA kann es daher zu internen Schäden kommen.

Wird der Eingangsstrom jedoch mit einem ausreichend großen Widerstand sicher auf deutlich unter 1 mA begrenzt, kann man diese Dioden durchaus als »billigen« *Pegelwandler* zweckentfremden. Die Aufgabe von Pegelwandlern ist es nun, Pegel zu wandeln – also Spannungen von einem Wert an einen anderen anzupassen. Genau das geschieht auch intern, indem die Diode automatisch den extern angelegten Pegel auf den Wert der Betriebsspannung der MCU (plus die an der Diode abfallende Spannung) begrenzt.

Empfehlenswert ist aber trotzdem der Einsatz von externen Schutzdioden und/oder eines Widerstandsspannungsteilers.

Bei als Ausgängen verwendeten Pins ist die Schaltschwelle des Kommunikationspartners wichtig. Je nach Technologie ist diese entweder relativ fest (beispielsweise HIGH ab 2,0 V bei TTL-kompatiblen Eingängen) oder abhängig von der Betriebsspannung (beispielsweise HIGH bei > 0,7 · VCC bei CMOS-Eingängen).

Bei 5 V Versorgungsspannung liegt der sichere HIGH-Pegel vom CMOS-IC in diesem Beispiel also bei über 3,5 V – einem Wert, den etwa ein mit 3,3 V versorgter AVR® nicht schafft. Man kann nun einen kleinen Bipolartransistor dazwischenschalten, muss aber beachten, dass das Signal dann invertiert wird. Ein ähnliches Prinzip wird auch im Abschnitt *3.3.2 Schalten mit Bipolartransistoren* verwendet, dort aber primär, um einen höheren Strom zu schalten.

Es gibt auch eine Menge an spezialisierten Pegelwandler-ICs. Die häufige Problemstellung der Umwandlung von 3,3 V auf 5 V und umgekehrt lässt sich jedoch oft mit den günstigen und weit verbreiteten 74HCT-Bausteinen lösen. Diese erwarten und liefern an Ein- und Ausgang »echte« TTL-Pegel, also < 1,4 V ist LOW und > 2,0 V ist HIGH. Der gelieferte HIGH-Pegel hängt von ihrer Betriebsspannung ab, die aber zwischen 4,5 und 5,5 V liegen muss.

3.2   Pinerweiterung mit I/O-Bausteinen

Bei größeren Projekten, wenn mehr Ein- und Ausgänge benötigt werden, als am Mikrocontroller vorhanden sind, oder wenn man Ein-/Ausgänge in weiterer Entfernung nutzen will, nutzt man oft spezielle I/O-Bausteine mit pinsparendem seriellem Interface. Es gibt sie in unterschiedlichen Ausführungen mit unterschiedlich vielen Pins und unterschiedlicher Leistung.

Intelligentere Bausteine werden über den I²C-Bus angeschlossen und nehmen darüber Befehle entgegen, die dem jeweiligen Datenblatt entnommen werden können. Kommunikation über I²C wird ausführlich im Kapitel *2.7.11 I2C / TWI / 2-Wire* behandelt.

Es gibt übrigens I²C-Schieberegister mit PWM-Ausgängen, denen man nur das Tastverhältnis vorgeben muss. Gedacht sind sie zum Schalten und Dimmen von LEDs, sie können aber auch für andere Zwecke eingesetzt werden.

3.2.1   SPI-Schieberegister: die 74xx595-Familie

Oft deutlich günstiger sind die mittels SPI-Schnittstelle angesprochenen Bausteine, bei denen es sich prinzipiell »nur« um Schieberegister handelt. Weit verbreitete und günstige Vertreter (derzeit unter 0,30 €) sind die 74HC(T)595 (8x Eingang) sowie die 74HC(T)165 (8x Ausgang). Die HCT-Varianten sind TTL-kompatibel, die HC-Typen haben CMOS-kompatible Ein- und Ausgänge und einen erweiterten Betriebsspannungsbereich von 2 bis 6 V im Gegensatz zu 4,5 bis 5,5 V bei den HCT-Typen.

Das Grundprinzip der Ausgangspinerweiterung mit einem oder mehreren 74xx595 ist, dass 8 Bit (seltener auch 16 Bit) über SPI an das Schieberegister übertragen werden. Dessen Ausgänge werden dann anhand des empfangenen Bitmusters gesetzt, sobald über einen Pin (*Latch*) der Befehl zum Aktualisieren gegeben wird. Bei den Eingängen funktioniert es umgekehrt: Mit dem Latch-Pin wird der aktuelle Zustand der Eingänge in ein Schieberegister übertragen und kann dann per SPI ausgelesen werden.

Jeder Ausgangspin kann mit maximal ±20 mA belastet werden, allerdings dürfen über die Versorgungspins nur maximal 70 mA fließen, sodass man auf die Gesamtstromaufnahme achten muss. Es gibt von anderen Herstellern allerdings auch deutlich »kräftigere«, von der Ansteuerung her kompatible Varianten.

Zusätzlich zu den SPI-Anschlüssen (zur grundlegenden Implementierung von SPI siehe Kapitel *2.7.10 SPI / Microwire*) gibt es bei den 74xx595 zusätzlich noch einen Active LOW *Master Reset (MR)*, mit dem die Register auf dem Chip zurückgesetzt werden können. Der Pin wird aber oft nicht verwendet und direkt mit VCC verbunden.

Wichtiger ist der invertierte Output-Enable(OE)-Pin. Ist dieser HIGH, sind alle Ausgänge hochohmig. Im Normalfall sollte dieser Pin also mit einem Pullup auf VCC gehängt und mit einem Ausgangspin des Mikrocontrollers verbunden werden.

Mit externen Pullups/Pulldowns an den Ausgängen Q0 bis Q7 gibt man den (sicheren) Startzustand vor, der anliegt, bis der Mikrocontroller die Kontrolle über das Schieberegister übernommen hat, indem er Daten übertragen und die Ausgänge aktiviert (OE LOW) hat.

MOSI wird an den seriellen Eingang (DS) angeschlossen und der SPI-Takt an SHCP (*Shift Register Clock Input*). Die vom Mikrocontroller an MOSI hinausgeschriebenen Daten werden ins 8-Bit-Eingangsregister hineingetaktet. Werden mehr als 8 Bit übertragen, werden die zuerst übertragenen Daten aus dem Eingangsregister des 74xx595 hinausgetaktet und liegen seriell am Pin Q7S (Serial Data Output) an. Dadurch kann man, wie in *Abb. 3.1*, mehrere 74xx595 kaskadieren, indem man den Q7S-Pin des ersten Registers mit dem Eingang (DS) des zweiten Registers verbindet und den Takt- sowie die Steuereingänge zusammenschaltet.

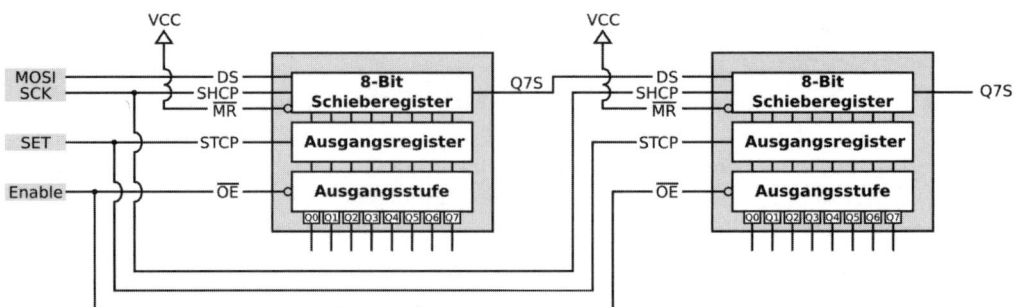

Abb. 3.1: Ausgangspinerweiterung mit zwei Schieberegistern

Es ist wichtig, zu verstehen, dass die Operationen in den Schieberegistern keine Auswirkungen auf die Ausgänge haben. Erst wenn am STCP-Pin (Storage Register Clock Input) ein Signal (steigende Flanke) angelegt wird, wird der aktuelle Inhalt des Schieberegisters ins Ausgangsregister übernommen und die Ausgänge werden dem Bitmuster entsprechend geschaltet. Vorausgesetzt natürlich, dass die Ausgänge aktiv sind (OE LOW).

Der STCP-Pin wird oft auch als *Latch* bezeichnet.

Für schnell schaltende Ein- und Ausgänge sind diese einfachen Schieberegister durch die serielle Datenübertragung trotz der recht hohen möglichen Datenrate nicht wirklich geeignet – eine PWM beispielsweise ist undenkbar und auch auf schnelle Eingänge kann nicht sicher genug reagiert werden.

Um die Abfragehäufigkeit zu verringern, gibt es Eingangserweiterungsschieberegister (was für ein Wort ...) mit einem Interruptpin. Dieser Pin signalisiert dem Mikrocontroller, dass sich der Zustand des Registers geändert hat, sodass dieser die geänderten Eingangsdaten abholen kann.

Ansteuerung von zwei kaskadierten 74xx595

Im folgenden Beispiel werden wir den in Abb. 3.1 skizzierten Aufbau implementieren:

Hinweis:
Im Beispiel werden die »originalen« Pin-Namen verwendet. Es gibt diese ICs von vielen Herstellern, die jeweils ihr eigenes Namensschema anwenden, die Pinbelegung und -funktion sind aber identisch. Bei den elektrischen Eigenschaften kann es minimale Unterschiede geben.

Die maximale Datenübertragungsrate des 74xx595 liegt bei 100 MHz, also kann bedenkenlos ein hoher SPI-Takt gewählt werden, wenn die Verdrahtung sorgfältig durchgeführt wurde. Die Daten werden bei steigender Taktflanke übernommen, also wird der SPI-Modus 0 (CPOL=0, CPHA=0) verwendet.

MISO wird nicht benötigt, könnte aber zum Zurücklesen und Überprüfen der Daten oder zum gleichzeitigen Einlesen von Eingangserweiterungsbauteilen (siehe letzter Absatz dieses Kapitels) verwendet werden.

Folgende Libraries werden benötigt:

```
#include <avr/io.h>
#include <util/delay.h>
```

Es folgt die reine Implementierung der Ansteuerung, diese muss natürlich noch in eine entsprechende Hauptroutine eingebaut werden (vergleiche Kapitel *2.6 Allgemeiner Programmaufbau*).

Zunächst definieren wir unsere Ausgänge für ENABLE, LOAD, MOSI und SCK. Davon ist ENABLE initial HIGH, die Ausgangspins hochohmig.

```
DDRB |= (1<<DDB1) | (1<<DDB2) | (1<<DDB3) | (1<<DDB5);
PORTB |= (1<<PB1);
```

Anschließend wird SPI aktiviert, mit der Konfiguration: Master-Modus, MSB First, CPOL=0, CPHA=0, SCK-Frequenz: CPU-Frequenz/4

```
SPCR = (1<<SPE) | (1<<MSTR);
```

Beim ersten Schieberegister sollen die Ausgangspins auf 0b01111111 und beim zweiten auf 0b00110011 gesetzt werden:

```
SPI_MasterTransceive(127);
SPI_MasterTransceive(51);
```

Nachdem 16 Bit übertragen wurden, sollen die Daten in die Ausgangsregister übernommen werden. Die Ausgänge sind jedoch noch hochohmig geschaltet, also liegen die Werte noch nicht an den Ausgängen an.

```
PORTB |= (1<<PB2); //LOAD HIGH
  _delay_us(1); //Min. Pulslänge SHCP: 110ns
PORTB &= ~(1<<PB2); //LOAD wieder LOW
```

Nachdem Daten in die Ausgangsregister übertragen wurden und man sicher sein kann, welche Werte in den Registern stehen, können die Ausgänge aktiviert werden und das Bitmuster liegt jeweils an den Ausgängen Q0 bis Q7 an.

```
DDRB &= ~(1<<DDB1); //ENABLE LOW
```

Bei den folgenden Aktualisierungen der Ausgänge müssen die Ausgänge dann natürlich nicht mehr aktiviert werden, wenn ENABLE auf LOW bleibt. Eine Alternative ist, den MR-Pin doch zu benutzen um nach dem Start sicherzustellen, dass 0 in allen Registern steht. Die Ausgänge können dann sofort aktiviert werden (vorausgesetzt natürlich, alle Ausgänge auf LOW lösen keine unerwünschte Funktion der Schaltung aus), ohne dass bekannte Daten in die Schieberegister geschrieben werden müssen.

Eingangserweiterung mit 74xx165

Benötigt man mehr Eingänge, bietet sich die Verwendung der 74xx165-Eingangsschieberegister an. Bei einem LOW-Signal am Latch-Pin (PL, Parallel Load) wird der aktuelle Zustand der 8 Eingänge D0 bis D7 in ein Schieberegister übertragen und kann dann am Pin Q7 seriell ausgelesen werden, indem ein Takt an CP (Clock Input) angelegt wird. Beim »Hinaustakten« der Daten muss PL natürlich auf HIGH gelegt werden.

Zum Kaskadieren mehrerer 74xx165 wird der Ausgang Q7 mit dem seriellen Eingang DS des nächsten Schieberegisters verbunden und erst der Pin Q7 des letzten Registers wird an MISO angeschlossen. Den seriellen Eingang DS des ersten Registers sollte man auf einen definierten Wert hängen, damit er nicht zufällige Werte annimmt. Der invertierte Clock-Enable-Pin CE muss LOW sein, damit das Schieberegister die Daten hinaustaktet.

3.3   Schalten großer Lasten

Unabhängig von der Art der Schalter unterscheidet man in erster Linie *Highside-* und *Lowside-Schalter*. Highside-Schalter schalten die Versorgungsspannung auf die Last beziehungsweise trennen sie. Lowside-Schalter schalten die Masse.

Schaltungstechnisch sind meist Lowside-Schalter einfacher oder elektrisch besser, allerdings muss man bedenken, dass es einen Spannungsabfall über das Schaltelement in der Masseleitung gibt, die Massepotenziale also nicht überall gleich sind. Spannungsabfälle in der Betriebsspannungsversorgung sind hingegen in der Regel zwar ebenso unerwünscht (Stichwort Verlustleistung), aber deutlich unkritischer.

Da es in einem Gerät üblicherweise mehr Masseleitungen bzw. mit Masse verbundene Gehäuseteile gibt, ist ein Masseschluss (ein Kurzschluss auf Masse) zudem wahrscheinlicher als eine unerwünschte Verbindung mit der Betriebsspannung. Die angeschlossene Last kann also tendenziell wesentlich leichter unbeabsichtigt eingeschaltet werden, wenn man Lowside-Schalter einsetzt.

Hinweis:
Unterschiedliche Massepotenziale sind generell problematisch, da sie dazu führen können, dass Ausgleichsströme über die Masseverbindungen fließen. Zur Vermeidung unterschiedlicher Massepotenziale muss man sämtliche vorhandenen Masseanschlüsse möglichst dicht und zentral miteinander verbinden, sodass gar nicht erst ein großer Potenzialunterschied entstehen kann. Eine Alternative hierzu ist eine vollständige galvanische Trennung, da bei galvanisch isolierten Teilen das unterschiedliche Masse-potenzial keine Rolle spielt. Allerdings werden dann die Datenübertragung und die Spannungsversorgung deutlich aufwendiger, da auch die Datenleitungen und die Versorgungsspannungen galvanisch getrennt werden müssen.

Zum Schalten größerer Lasten gibt es neben speziell hierfür vorgesehenen ICs die meist billigere und flexiblere Möglichkeit, eine diskrete Schaltung[61] aufzubauen.

Grundsätzlich muss man sich entscheiden, ob man einen *Bipolartransistor* (BJT) oder einen Feldeffekttransistor (MOSFET, oft mit FET abgekürzt) verwenden will. Die beiden Typen unterscheiden sich in ihrer Ansteuerung und in ihrem Verhalten im »geschalteten« Zustand.

Je nach Größe des zu schaltenden Stromes und der Betriebspannung ist entweder ein FET oder ein Bipolartransistor effizienter. Bipolartransistoren haben bei hohen Spannungen Vorteile, FETs sind für höhere Schaltgeschwindigkeiten und bei geringeren Spannungen besser geeignet.

Bei kleinen Lasten, wie etwa LEDs oder Kleinsignalrelais, spielen die Unterschiede eine eher geringe Rolle und man nimmt üblicherweise, was vorhanden oder bereits an anderer Stelle in der Schaltung verbaut ist.

Werden induktive Lasten (Motoren, Relais oder einfach nur längere Kabel) geschaltet, müssen bei allen Halbleiterschaltelementen Vorkehrungen gegen den Ausschaltimpuls der Induktivität getroffen werden. Im einfachsten Fall ist das eine antiparallel (parallel zur Induktivität, im Normalbetrieb in Sperrrichtung) geschaltete Diode.

Alternativ werden dafür auch *RC-Snubber* (Widerstand R und Kondensator C in Serie) gerne eingesetzt. Die Faustformel für die Dimensionierung der Startwerte für Widerstand und Kondensator lautet 1 Ω pro Volt und 100 nF pro Ampere. Ausgehend von diesen Werten muss eine genauere Messung und eine schrittweise Anpassung erfolgen.

---

[61] Anstatt also eine spezialisierte, »integrierte« Schaltung – einen IC – zu nutzen, wird die gewünschte Funktionalität »von Hand« mittels einzelner, »diskreter« Bauteile, etwa Transistoren, aufgebaut.

Beim Schalten von Lasten gilt die Grundregel: Je steiler die Flanke, desto mehr höhere Frequenzen, und je mehr Strom geschaltet wird, desto stärker ist die EMV-Abstrahlung. Wenn mehrere Lasten geschaltet werden sollen, wird man natürlich möglichst versuchen, diese nicht gleichzeitig zu schalten, auch um die eigene Spannungsversorgung nicht zu überlasten. Bei sehr kritischen Anwendungen wird man das mittels Hardware (Logikgatter, spezielle Sequencer etc.) erledigen, in den meisten Fällen ist aber eine geschickte Programmierung nicht nur einfacher, sondern auch flexibler und billiger.

Hinweis:
EMV steht für elektromagnetische Verträglichkeit und beschreibt einerseits, wie ein Bauteil / eine Schaltung / ein Gerät auf externe elektromagnetische Einflüsse reagiert, und andererseits, wie es selbst die Umgebung beeinflusst und stört. Diese Wechselwirkungen entstehen durch elektromagnetische Abstrahlungen – schließlich ist jede Leiterbahn und jedes Kabel eine kleine, mehr oder weniger gute Antenne, die Signale aussenden und einfangen kann. Insbesondere sprunghafte Strom- und Spannungsänderungen sowie Schwingungen aufgrund von Resonanzeffekten können EMV-Probleme verursachen.
Kommerzielle Geräte müssen vor ihrer Zulassung EMV-Prüfungen durchlaufen, in denen sie beweisen müssen, dass sie unter normalen Alltagsumständen unempfindlich genug sind, um ihre Funktion zu erhalten, sowie ihrerseits nicht zu starke elektromagnetische Wechselfelder erzeugen, um Schaltungen in ihrer Umgebung zu stören.

3.3.1 Schalten mit MOSFETs

Ein MOSFET (*Metal-Oxide-Semiconductor Field Effect Transistor*, Schaltsymbole siehe *Abb. 3.2*) kann mit einer sehr geringen Leistung am Gate (G) geschaltet werden und verhält sich im geschalteten Zustand zwischen den Anschlüssen D (Drain) und S (Source) wie ein (sehr kleiner) Widerstand.

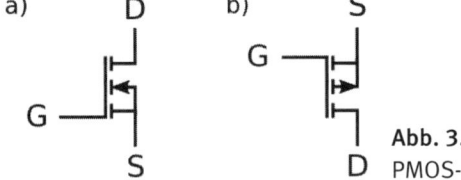

Abb. 3.2: Schaltsymbol NMOS- (a) und PMOS- (b) Feldeffekttransistor

Die Unterscheidung ergibt sich aus dem Kanal aus Ladungsträgern, der sich beim MOSFET im leitenden Zustand aufbaut: beim N-Kanal-MOSFET (NMOS) sind das negative Ladungsträger, also Elektronen, während es beim P-Kanal-MOSFET (PMOS) positive Ladungsträger, hier Elektronen-»Löcher«, sind.

Der Widerstand im eingeschalteten Zustand (on) zwischen Drain und Source wird im Datenblatt des Transistors meist als RDS(on) bezeichnet und liegt im Bereich zwischen wenigen Ohm und einigen Milliohm.[62] Man kann also mit einem kleineren Strom (korrekter: mit einer Spannung, noch korrekter: mit einer Ladung) am Gate größere Ströme schalten, die dann über Drain nach Source (oder umgekehrt) fließen. *Abb. 3.3* zeigt die typischen Schaltungen, wie von einem Ausgang mittels NMOS beziehungsweise PMOS auch größere Lasten geschaltet werden können. Der NMOS-Transistor (Abb. 3.3a) ist durchgeschaltet, wenn der Mikrocontroller ein HIGH-Signal ausgibt, der PMOS-Transistor (Abb. 3.3b) wird bei der Ausgabe eines LOW-Signals durchgeschaltet. Wenn der Mikrocontroller sich im RESET-Zustand befindet, muss man einen definierten Ausgangszustand mit Pullup- oder Pulldown-Widerständen sicherstellen, wie hier in Abb. 3.3a mit R_{PD} gezeigt wird.

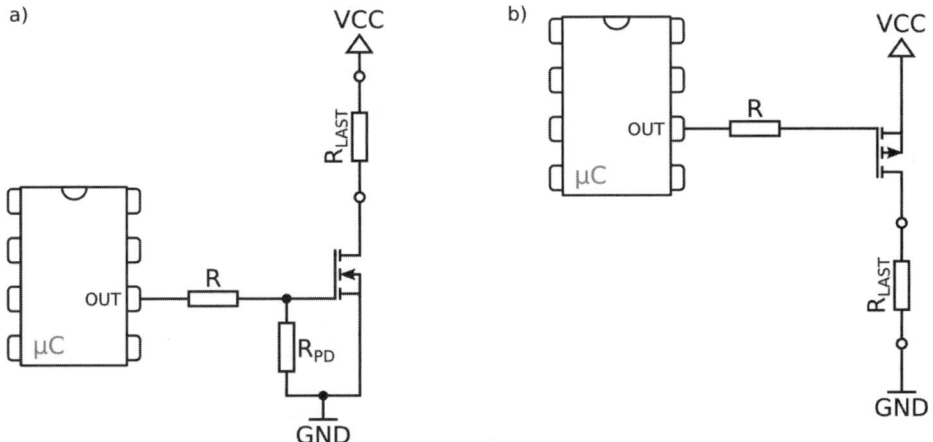

Abb. 3.3: Schaltung mit NMOS (a) und PMOS (b)

Die minimal benötigte Schaltspannung (die Spannung zwischen Gate und Source, Threshold-Spannung) wird, je nach Hersteller, VGS(th) oder ähnlich genannt. FETs mit

---

[62] Er wird zusammen mit der Spannung angegeben, bei der er gemessen wurde, oder es gibt ein Diagramm mit der Abhängigkeit des Drain-Source-Widerstands von der angelegten Gatespannung.

besonders geringer Schaltspannung (< 5 V) werden oft auch als »Logic Level«-FETs bezeichnet. Nur diese können direkt mit dem Spannungspegel eines Mikrocontrollerpins geschaltet werden, ansonsten ist ein Pegelwandler beziehungsweise FET-Treiber notwendig. *Abb. 3.4* zeigt eine mögliche Treiberstufe, in welcher ein (größerer) NMOS vom Mikrocontroller mit einem NPN-Bipolartransistor *(3.3.2 Schalten mit Bipolartransistoren)* geschaltet wird. Mit dem Bipolartransistor wird dabei die höhere Spannung, die der Mikrocontroller selbst nicht schalten kann, zum Beispiel 12 V, auf das Gate des NMOS geschaltet und dieser damit durchgeschaltet. Der zusätzliche Bipolartransistor sorgt für eine Invertierung, sodass der Mikrocontroller ein LOW-Signal ausgeben muss, um den NMOS-Transistor einzuschalten.

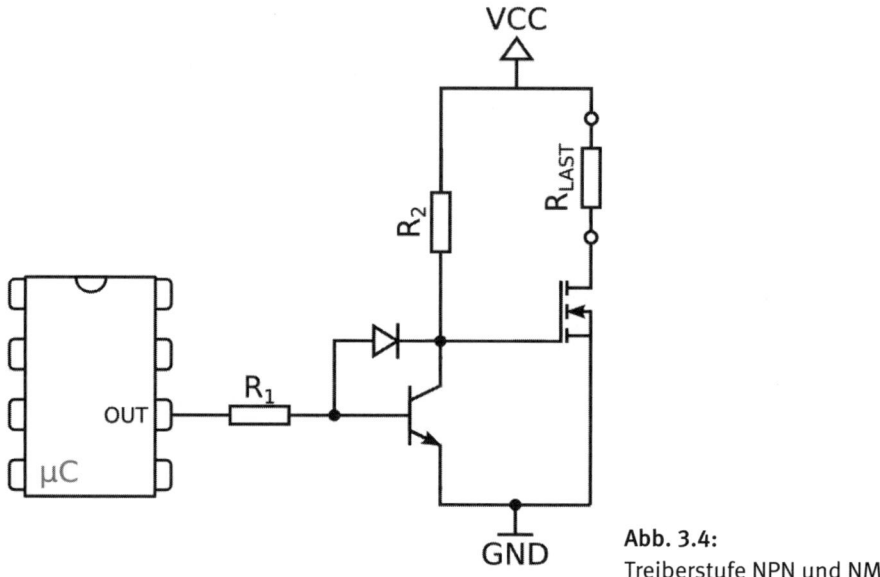

Abb. 3.4:
Treiberstufe NPN und NMOS

Die Schwellwerte sind nicht als »harte« Schaltschwellen zu betrachten, sondern eher als mehr oder weniger sanfte Übergänge, die darüber hinaus noch Schwankungen unterliegen können. Also sollte man ruhig »ein bisschen mehr« Spannung anlegen, um sicher und schnell zu schalten. Dann verbessern sich auch die Eigenschaften, vor allem RDS(on) sinkt und damit auch die Verlustleistung im Transistor. Zuviel Spannung ist aber auch nicht gut, der Maximalwert steht im Datenblatt als VGS(max) oder als Angabe des zulässigen Bereichs für VGS und darf nicht überschritten werden. Vorsichtige Entwickler begrenzen die Spannung sicherheitshalber mit einer entsprechenden Z-Diode (Zenerdiode) zwischen Gate und Source.

Zum Einschalten muss beim NMOS das Gate-Potenzial mindestens um die Threshold-Spannung größer sein als das Source-Potenzial, beim PMOS muss sie um mindestens die Threshold-Spannung kleiner sein. P-MOSFETs können daher direkt als Highside-Schalter und N-MOSFETs als Lowside-Schalter[63] eingesetzt werden, ohne dass eine Zusatzbeschaltung benötigt wird, vorausgesetzt natürlich, es handelt sich um Logic-Level-Typen, die mit der vom Mikrocontroller bereitgestellten Ausgangsspannung bereits gut durchschalten.

N-Kanal-MOSFETs haben prinzipbedingt bessere Werte (beziehungsweise bei gleichen Werten einen tendenziell niedrigeren Preis) als P-Kanal-MOSFETs. Es gibt daher viele Schaltungen, die auch auf der Highside einen NMOS einsetzen und dafür eine Schaltspannung größer als die Versorgungsspannung generieren. Diese Bausteine nennt man Highside Driver.

Die häufig anzutreffende Behauptung, dass man MOSFETs (nahezu) verlustfrei schalten kann, stimmt so nicht ganz: ihre Gatekapazität muss ge- oder entladen werden. Da eine Kapazität im Einschaltmoment praktisch wie ein Kurzschluss wirkt und durchaus einige nF groß sein kann, können dabei hohe Ströme fließen. Ein Vorwiderstand im Bereich von 10 bis 220 Ω begrenzt diesen Spitzenstrom auf Kosten der Schaltgeschwindigkeit und »isoliert« den Pin des Mikrocontrollers zusätzlich von störenden Einflüssen der zu schaltenden Last.

Bei größeren Lasten (ab einigen Ampere) und/oder hohen Schaltgeschwindigkeiten (im kHz-Bereich) ist es sehr wichtig, dass der Leistungs-FET möglichst schnell durchschaltet, da sich der Transistor während des Schaltens im sogenannten Linearbetrieb befindet, sich also wie ein (gesteuerter) Widerstand verhält und dadurch an ihm durchaus eine nennenswerte Verlustleistung abfallen kann.

Dafür werden (wenn auch nur sehr kurz) hohe Ströme benötigt, die ein Mikrocontroller nicht ohne Weiteres schalten kann. Es empfiehlt sich in diesen Fällen der Einsatz von spezialisierten ICs, den MOSFET-Treibern.

Typische FETs für kleine Leistungen im Bereich von weniger als 100 mA sind der (alte) BS170 im steckbretttauglichen TO-92-Gehäuse und der BSS138, wenn man mit SMD arbeitet. Normalerweise kann man in dieser Klasse sogar auf den Gatewiderstand verzichten und das Gate direkt an den Ausgangspin des AVR® hängen.

Es gibt noch andere FET-Transistoren außer NMOS und PMOS (beispielsweise JFET), jedoch werden diese üblicherweise nur in Spezialfällen und nicht an Ausgangspins von Mikrocontrollern eingesetzt.

---

[63] Wir erinnern uns: Highside-Schalter schalten die Versorgung und sind direkt mit ihr verbunden; Lowside-Schalter schalten auf Masse und sind wiederum direkt mit dieser verbunden.

Für sehr hohe Ausgangsspannungen (über 200 V) interessant sind IGBTs, die die (fast) leistungslose Ansteuerung eines MOSFETs mit einem geringen Spannungsabfall im geschalteten Zustand eines Bipolartransistors kombinieren. IGBTs sind eigentlich Bipolartransistoren mit isolierter Gate-Elektrode, werden aber wie MOSFETs geschaltet. Wie gesagt, werden sie aber eigentlich nur in Hochspannungsschaltungen eingesetzt und sollen daher hier nicht weiter behandelt werden.

3.3.2 Schalten mit Bipolartransistoren

Ein *Bipolartransistor* ist im Prinzip ein Stromverstärker. Man muss daher an der Basis (B) einen Bruchteil – zwischen 0,1 % und 10 % – des zwischen Emitter (E) und Kollektor (C) zu schaltenden Stromes aufbringen, was bei größeren Leistungen nicht ohne Zwischenstufe möglich ist.

Bipolartransistoren werden nach ihrem Aufbau in NPN und PNP unterschieden: NPN-Transistoren bestehen aus zwei Schichten negativ dotierten[64] Halbleitermaterials mit dazwischenliegender, positiv dotierter Sperrschicht; bei PNP ist der Aufbau entsprechend umgekehrt. Durch einen geringen Strom an der Basis wird die Sperrschicht durchlässig und zwischen Emitter und Kollektor kann ein (wesentlich größerer) Strom fließen. *Abb. 3.5* zeigt die Schaltsymbole der NPN- und PNP-Bipolartransistoren.

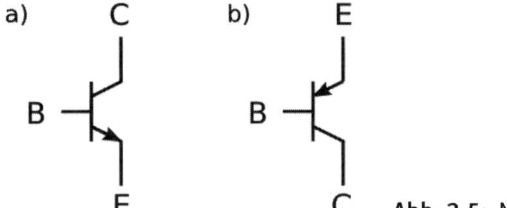

Abb. 3.5: NPN (a) und PNP (b) Bipolartransistoren

Im geschalteten Zustand fällt am Bipolartransistor eine weitgehend gleichbleibende Spannung UCE(Sat) im Bereich von einigen 100 mV ab, natürlich abhängig von Bauteil, Last und Temperatur. In *Abb. 3.6* wird gezeigt, wie mittels Bipolartransistoren auch größere Ströme mit einem Ausgangspin geschaltet werden können. Der NPN-Transistor (Abb. 3.6a) ist durchgeschaltet, wenn der Mikrocontroller ein HIGH-Signal ausgibt, der PNP-Transistor (Abb. 3.6b) wird bei der Ausgabe eines LOW-Signals durchgeschaltet.

---

[64] Unter Dotierung versteht man das Einbringen zusätzlicher Ladungsträger in ein Halbleitermaterial. Bei n-dotierten Halbleitern überwiegt also die Anzahl der negativen Ladungsträger.

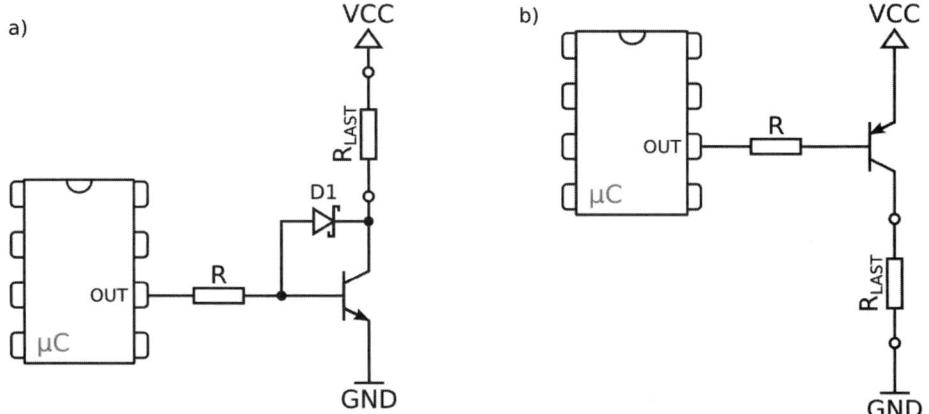

Abb. 3.6: Schaltung mit NPN (a) und PNP (b) Bipolartransistor

Eine zu starke Sättigung hat, vereinfacht ausgedrückt, den Nachteil, dass das Ausschalten deutlich langsamer verläuft. Das kann man aber beim NPN-Transistor durch die Schottky-Diode D1 über die Basis-Kollektor-Strecke verhindern, ohne die Eigenschaften beim Einschalten wesentlich zu beeinflussen (vgl. Abb. 3.6a).

Bei Bipolartransistoren ist zu beachten, dass sie zum Schalten von Lasten im sogenannten Sättigungsbetrieb verwendet werden müssen. Die Berechnung ist jedoch aufgrund der vielen Unbekannten und großen Toleranzen eher eine Schätzung:

Zunächst muss der maximale Laststrom I_L bestimmt werden. Der zur Ansteuerung benötigte Basisstom I_B ist ein Bruchteil davon, genau genommen die um einen Sicherheitsfaktor vergrößerte Stromverstärkung[65]. Im Datenblatt wird diese als β (Beta) oder vereinfacht als B bezeichnet und liegt im Bereich von 10 bis circa 1000. Es gilt also:

$$I_L = β \cdot I_B$$

Leider unterliegt die Stromverstärkung großen Fertigungstoleranzen und ist Temperatur- und Laststromabhängig. Daher muss man den minimal gültigen Wert nehmen und teilt diesen durch einen Sicherheitsfaktor von 2 bis 5.

---

[65] Manchmal findet man diese Angaben auch unter »DC Current Gain« oder hFE bzw. hfe

Beispiel:

Der Laststrom I_L soll 50 mA betragen, es wird ein BC547 mit einer minimalen Stromverstärkung β von etwa 200 verwendet.[66] Der Sicherheitsfaktor soll 4 betragen. Für unseren Basisstrom folgt daraus:

$$I_B = \frac{I_L}{\frac{1}{4} \cdot \beta} = \frac{50\,mA}{50} = 1\,mA$$

Wir möchten, dass unsere Schaltschwelle U_{SCHALT} bei 2,5 V liegt. Aus dem Datenblatt entnehmen wir, dass die mittlere Basis-Emitterspannung U_{BE} bei 660 mV liegt. Daher ergibt sich unser Basiswiderstand R_B zu

$$R_B = \frac{U_{SCHALT} - U_B}{I_B} = \frac{2,5\,V - 0,66\,V}{1\,mA} = 1840\,\Omega$$

Praktisch würde man in diesem Fall einen 1,8-kΩ-Widerstand einsetzen.[67]

Wesentlich höhere Stromverstärkungen, aber auch einen höheren Spannungsabfall über die Basis-Kollektorstrecke UBE hat man bei *Darlington-Transistoren*. Dabei handelt es sich um nichts anderes als um einen kleinen Bipolartransistor, der einen wesentlich größeren Leistungsbipolartransistor schaltet. Beide sind in einem gemeinsamen Gehäuse untergebracht.

3.3.3 Ausgangstreiber

Wenn man sehr viele Lasten schalten muss oder spezielle Anforderungen wie beispielsweise eine serielle Ansteuerung oder einen Überlastschutz benötigt, bieten die Halbleiterhersteller eine sehr große Auswahl an verschiedenen Treiberbausteinen für unterschiedlichste Zwecke an: von der Ansteuerung mehrerer LEDs mit Helligkeitseinstellung bis hin zu vollständigen Motortreibern.

Je nach Einsatzzweck kann ein solcher Treiber sogar billiger sein als eine diskrete Lösung, kleiner und einfacher einzusetzen sind sie fast immer.

---

[66] Die Stromverstärkung kann unterschiedlich sein, je nachdem, von welchem Hersteller der BC547 kommt.

[67] Zu den einfach erhältlichen Bauteilwerten siehe Kapitel *13.3 E-Reihe*.

Für sehr große Lasten im Bereich ab einigen Ampere gibt es jedoch keine integrierten Lösungen und man muss wieder auf diskret aufgebaute Ausgangstreiber mit leistungsfähigen Einzeltransistoren zurückgreifen.

3.3.4 Relais

Relais sind elektrisch gesteuerte mechanische Schalter. Der Schaltkontakt wird dabei mit einem Elektromagneten betätigt. Die zum Schalten eines Relais aufzubringende Leistung beträgt etwa 0,1 % bis 1 % der zu schaltenden Last.

Aus Sicht des schaltenden Mikrocontrollers ist die Induktivität der Ansteuerspule des Relais das Hauptproblem. Der von ihr verursachte Ausschaltstromimpuls kann aber mit einer Diode oder einem RC-Glied wirkungsvoll bekämpft werden werden.

Die Ansteuerung erfolgt wie bei einer beliebigen anderen Last mit einem Bipolartransistor (wie in *Abb. 3.7*) oder mit einem MOSFET, es darf nur nicht die Schutzdiode D vergessen oder unzureichend dimensioniert werden.

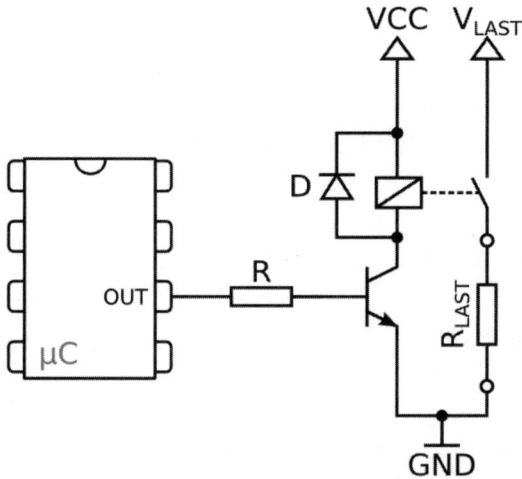

Abb. 3.7: Relais mit Treiberschaltung

Wichtig bei der Auswahl eines Relais ist die Steuerspannung, also die Spannung, auf die die Ansteuerung des Relais ausgelegt ist. Eine sehr große Auswahl gibt es für 12 V und 24 V Ansteuerspannung, aber es sind durchaus auch Relais erhältlich, die auf deutlich geringere Ansteuerspannungen (z. B. 5 V) ausgelegt sind. Letztere sind daher einfacher mit Mikrocontrollerschaltungen anzusteuern, und zwar ohne dass man eine zusätzliche höhere Schaltspannung braucht.

Bei der Relaisauswahl sollte man einen sorgfältigen Blick ins Datenblatt werfen, da dort die zulässigen Betriebsbereiche und vor allem Minimal- und Maximalströme sowohl beim Schalten als auch im Betrieb angegeben sind.

Einige Relais für größere Leistungen haben einen Hilfs-Permanentmagneten, der die benötigte Schaltleistung im geschalteten Zustand minimiert. Bei diesen Relais muss man auf die korrekte Polung der Ansteuerspannung achten (Oft mit + und − beschriftete Anschlüsse), während diese bei normalen Relais keine Rolle spielt.

Für kleine Leistungen eignen sich *Reedrelais* sehr gut, da sie aufgrund ihres hermetisch dichten Aufbaus eine höhere Zuverlässigkeit und Lebensdauer sowie sehr gute elektrische Eigenschaften, wie einen geringen Kontaktwiderstand, haben.

Bei größeren Schaltleistungen (> 10 A) und vor allem wenn unter Last geschaltet wird, verursachen mechanische Relais beachtliche elektromagnetische Störungen, die in der Nähe liegende Schaltungen beeinflussen können. Abhilfe schaffen ein EMV-gerechtes Layout, Entstörkondensatoren und/oder ein ausreichender räumlicher Abstand. Wenn sich der Mikrocontroller beim Schalten eines Relais also »merkwürdig« verhält, muss man in Entstörmaßnahmen investieren. Schaltet man Gleichspannungen ab ca. 50 V mit einem Strom von einigen Ampere, kann es bei Abschaltvorgängen unter Last zur Entstehung eines Lichtbogens zwischen den Schaltkontakten kommen. In diesen Fällen müssen für solche Fälle ausgelegte Relais eingesetzt und die Hinweise des Relaisherstellers beachtet werden.

3.3.5 Wechselspannungen schalten

Bevor wir starten, eine Warnung: Bei Arbeiten an Netzspannung (und bereits vorher) besteht Lebensgefahr. Darum sollen zu Test- und Übungszwecken nur Beispiele mit sicheren Spannungen (kleiner 50 V AC) behandelt werden.

Wenn der Leser mit Schaltungen arbeiten will, an denen 230 V anliegen, so sei dringend angeraten, sich vorher über die einschlägigen Vorschriften und Sicherheitsmaßnahmen zu informieren und bewährte und/oder getestete Schaltungen und Leiterplattenlayouts mit entsprechenden Sicherheitsabständen einzusetzen. Eine galvanische Trennung von Mikrocontroller, dem Messequipment und dem 230-V-Bereich ist sehr empfehlenswert.

Relais

Am einfachsten und in den allermeisten Fällen auch sicher und problemlos schaltet man Wechselströme mit einem hierfür geeigneten Relais, also einem elektrisch betätigten mechanischen Schalter. Die Ansteuerung erfolgt analog zu *3.3.4 Relais*, nur dass natürlich jetzt eine Wechselspannung anliegt und die in Abb. 3.7 eingezeichneten Masseanschlüsse nicht verbunden sein dürfen. Bei einem Relais hat man automatisch eine galvanische Trennung zwischen der Schaltseite und der Lastseite.

Bei höheren Lasten sind zusätzlich Maßnahmen gegen Störabstrahlungen zu treffen. Im Allgemeinen sind Relais bei Wechselspannungen problemloser, weil es immer wieder Zeitpunkte gibt, in denen der Strom Null wird und beim Schaltvorgang entstehende Lichtbögen daher selbständig verlöschen.

Thyristor und TRIAC

Ein interessantes Bauteil zum Schalten von Wechselspannungen ist der *Thyristor*. Dabei handelt es sich im Prinzip um einen Bipolartransistor mit eingebauter Ansteuerung, der durch einen kurzen Impuls an einem Pin (wie beim FET als Gate bezeichnet) aktiviert wird. Er bleibt dann eingeschaltet, bis kein Strom mehr über seine Kathoden-Anoden-Strecke fließt.

Zwei antiparallel verbundene Thyristoren nennt man TRIAC. Damit kann ein Stromfluss in beiden Richtungen, also Wechselstrom, geschaltet werden. *Abb. 3.8* zeigt die Schaltsymbole für Thyristor und TRIAC.

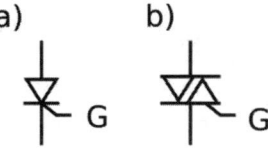

Abb. 3.8: Schaltsymbole Thyristor a) und TRIAC b)

Um mittels eines TRIAC Wechselströme zu schalten, wird bei jedem Nulldurchgang der Spannung ein Zündimpuls am Gate benötigt. Was scheinbar einen Nachteil darstellt, kann auf den zweiten Blick als Vorteil genutzt werden: Da man ja nicht sofort zum Zeitpunkt des Nulldurchgangs zünden muss, ist eine TRIAC-Schaltung eine sehr einfache, effektive und daher weitverbreitete Methode zum Dimmen von Lichtquellen und zur Geschwindigkeitsregelung von Motoren. Dieses Verfahren wird auch als *Phasenanschnittansteuerung* bezeichnet, da je nach Phasenverschiebung des Zündzeitpunktes ein mehr oder weniger großer Anteil des Wechselsignals angeschnitten wird (*Abb. 3.9*).

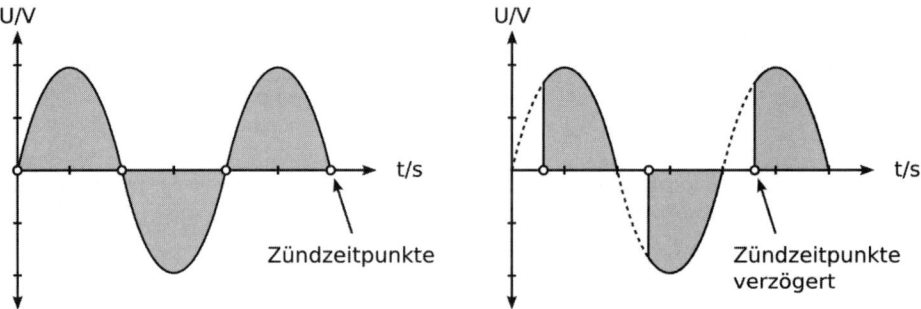

Abb. 3.9: Phasenanschnittsteuerung

Die Länge des Zündimpulses ist abhängig vom TRIAC-Typ und von der angeschlossenen Last. Genaueres dazu im entsprechenden Datenblatt. Ein zu kurzer Puls führt zu keiner Zündung und ein zu langer Puls ist Stromverschwendung. Unbedingt zu beachten ist, dass es nicht ohne weiteres möglich ist, kapazitive Lasten mit einer Phasenanschnittsteuerung zu betreiben, da dort der Strom beim Nulldurchgang der Spannung größer als 0 ist und es daher zu einem großen Stromfluss im Einschaltmoment kommen würde. Die Hersteller der TRIACs haben zu diesen und weiteren Themen interessante und wichtige Hinweise.

Der Hauptnachteil der Phasenanschnittsteuerung ist die Netzrückwirkung: Es wird kein konstanter Strom aus dem Netz gezogen, was dort massive Störungen (Oberwellen) verursacht. Daher sind bei größeren Lasten Kompensationsmaßnahmen (Filterdrosseln) notwendig. Es gilt aber nach wie vor: Aus Sicherheitsgründen besser nicht mit Netzspannung arbeiten.

Im folgenden Abschnitt *Phasenanschnittansteuerung* wird eine Phasenanschnittansteuerung implementiert. Alternativ – um die Netzrückwirkung zu minimieren – kann in manchen Fällen stattdessen auch eine Pulspaketsteuerung verwendet werden, dazu gibt es ebenfalls ein Beispiel weiter unten unter *Pulspaketsteuerung*.

Phasenanschnittansteuerung

Das folgende Programm zeigt die prinzipielle Vorgehensweise zur Implementierung einer Phasenanschnittansteuerung. Für eine vollständige Lösung müssen jedoch zusätzlich Sicherheitsmaßnahmen implementiert werden, für den Fall, dass der *Nulldurchgangsdetektor* (oft mit NDG abgekürzt) nicht oder zu oft anspricht. Es wird davon ausgegangen, dass der Nulldurchgangsdetektor bei jedem Nulldurchgang, also zwei Mal pro Periode, ein Signal an den Mikrocontroller sendet: und zwar eine steigende Flanke beim ersten Nulldurchgang und eine fallende beim zweiten.

Ein Nulldurchgang muss bei Netzspannungsfrequenz laut Norm alle 10 ms ± höchstens 1 % Abweichung erfolgen. Das ergibt sich daraus, dass die Netzfrequenz ja 50 Hz beträgt, also 50 Schwingungen mit je 2 Nulldurchgängen pro Sekunde, was einen Nulldurchgang alle 10 ms ergibt.

Wenn der Nulldurchgangsdetektor fälschlicherweise anspricht, liegt ein Problem mit dem Eingangssignal vor (Oberwellen, zu viele Störungen oder andere Gründe) und man muss beispielsweise eine Filterdrossel einsetzen.

Die meisten Schaltungen zur Nulldurchgangserkennung liefern bereits kurz vor dem Nulldurchgang ein Signal. Diese Verzögerung (NDGVERZOEGERUNG) sollte natürlich mitberücksichtigt werden. Zudem benötigt der TRIAC einen definierten Puls (PULSLÄNGE) gemäß seiner Spezifikation. In *Abb. 3.10* ist veranschaulicht, wie wir in diesem Beispiel unsere 50 % Phasenanschnitt erzeugen. Es wird also die Hälfte jeder Halbwelle durchgeschaltet.

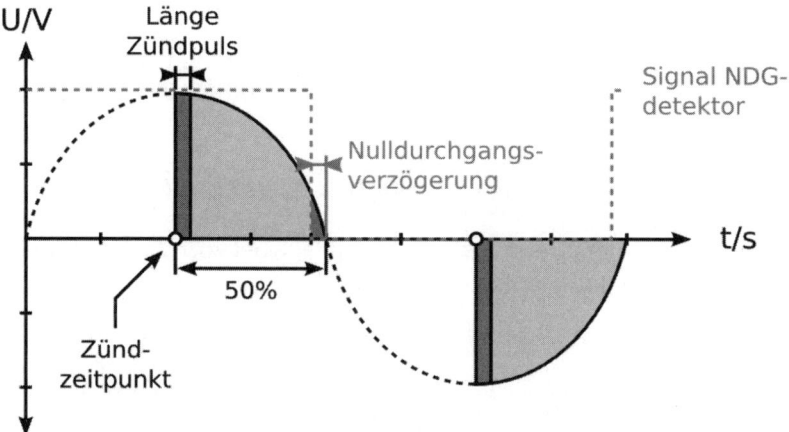

Abb. 3.10: Beispiel mit 50 % Phasenanschnitt

Es muss sichergestellt werden, dass der Zündpuls bis zum nächsten Nulldurchgang beendet ist. Daher muss ein Sicherheitsabstand von mindestens NDGVERZOEGERUNG + PULSLÄNGE zum nächsten Nulldurchgang eingehalten werden.

Praktisch bedeutet das, dass kleine Ansteuerwerte (beispielsweise kleiner 5 %) mit dieser Art der Ansteuerung nicht möglich sind. Als Alternative gibt es die *Phasenabschnittsteuerung*, bei der die Halbwelle nach einer gewissen Zeit ausgeschaltet wird. Dabei steigt jedoch der Schaltungsaufwand stark an, da an- und abschaltbare Bauteile (GTOs oder

MOSFETs) benötigt werden. Phasenabschnittsteuerungen haben deutlich weniger Probleme mit kapazitiven Lasten, dafür aber bei induktiven Lasten.

Im folgenden Codebeispiel wurde eine Phasenanschnittsteuerung implementiert. Der ATmegax8 läuft dabei mit 8 MHz, was bei einem Timerprescaler von 8 zu einer Timerauflösung von genau 1 µs führt. Durch die Rechnung mit µs werden Fließkommarechnungen vermieden.

```
#include <avr/io.h>
#include <avr/interrupt.h>

#define PULSLÄNGE 300 //Länge Zündimpuls in µs
#define NDGVERZOEGERUNG 30 //Zeit in µs
uint8_t Prozentwert = 50; //volatile falls in ISR verändert
```

Die folgende Interruptroutine wird bei einem detektierten Nulldurchgang aufgerufen. Gleich zu Beginn werden dabei externe Interrupts deaktiviert (in EIMSK), da diese nicht erneut ausgelöst werden dürfen, bis die Zündroutine beendet ist.

Wie wir bereits festgestellt haben, läuft unser Timer mit einer Auflösung von 1 µs. Der implementierte 16-Bit-Timer soll im festgelegten prozentuellen Abstand zum nächsten Nulldurchgang überlaufen, also in

$$2^{16}\mu s \ - (\ 10\,ms \ -(Prozentwert \cdot 100)\mu s \ + NDGVERZOEGERUNG\ )$$

Mikrosekunden. Die erste Interruptroutine erzeugt somit einen Timerüberlauf für den Zeitpunkt, an dem der Zündimpuls erzeugt werden soll.

```
ISR ( INT0_vect ) { //Ext. Int: Nulldurchgang detektiert

   EIMSK = 0x00; //Externer Interrupt deaktiviert

   TCNT1 = (65535-(10000-(Prozentwert*100)+NDGVERZOEGERUNG));
   TCCR1B = (1<<CS11); //Starten mit Prescaler 8
}
```

In der Interruptroutine vom externen Interrupt wird der Timer 1 mit einem Wert vorgeladen und gestartet, sodass der Timer 1 genau zum gewünschten Einschaltzeitpunkt des TRIACs überläuft. Wird der Überlaufinterrupt vom Timer 1 zum ersten Mal aufgerufen – ist also in dieser Halbperiode noch keine Zündung erfolgt – wird dort der Zündimpuls für den TRIAC eingeschaltet. Der Timer wird dann so konfiguriert, dass er überläuft, wenn der Zündimpuls ausgeschaltet werden soll, also nach PULSLÄNGE µs. Bei diesem Überlauf wird der Zündpuls ausgeschaltet und der externe Interrupt wieder aktiviert. Zusätzlich werden vorsichtshalber noch eventuell fehlerhaft aufgetretene externe

Interrupts ignoriert und das zugehörige Interruptflag gelöscht. An der Stelle kann eine Fehlerbehandlung erfolgen, falls gewünscht bzw. erforderlich.

Da der TRIAC automatisch weiter leitet, solange über ihn ein Strom fließt, wird der Anteil der Halbperiode zwischen initialem Zündpuls und nächstem Nulldurchgang durchgeschaltet.

Da der TRIAC in beide Richtungen gleich agiert, funktioniert diese Implementierung genauso für die »negative« Halbperiode des Wechselspannungssignals. Es muss keine Unterscheidung getroffen werden.

```
ISR ( TIMER1_OVF_vect ) { //Timerüberlauf
static uint8_t gezuendet = 0;

  if (gezuendet == 0) { //erster Aufruf
    PORTB |= (1<<PB1); //TRIAC zünden
    gezuendet = 1;
    TCNT1 = (65535 - PULSLÄNGE); //Überlauf
  }
  else { //zweiter Aufruf
    PORTB &= ~(1<<PB1); //Zündpuls ausschalten
    TCCR1B = 0x00; //Timer stoppen
    EIFR = (1<< INTF0); //Ext. Interrupt Flag löschen
    EICRA = (1<< ISC00); //Ext. Interrupt NDG ein
    gezuendet = 0; //bereit für nächsten Puls
  }
}
```

Es folgt die Hauptroutine mit Initialisierungen und Hauptschleife.

```
int main(void) { //Hauptroutine

  TIMSK1 = (1<<TOIE1); //Timer Interrupt bei Überlauf
  DDRB = (1 << PB1); //Ausgang Zündpuls
  EICRA = (1<< ISC00); //Interrupt bei jeder Flanke an INT0
  EIMSK = (1<< INT0); //Ext. Interrupt 0 an

  sei(); //Interrupts erlauben

  for (;;) {//Endlosschleife
  }
}
```

Hinweis:
Die Prozentangaben, mit denen wir hier rechnen, beziehen sich auf die Zeit, in der die Halbwelle durchgelassen wird. Da das Signal cosinusförmig ist – also einen nicht-linearen Verlauf hat – entspricht das *nicht* dem Prozentsatz der durchgelassenen Leistung. Das ist von Bedeutung, sobald man die Leistung regulieren will.

Pulspaketsteuerung

Der Nachteil der Phasenanschnittansteuerung ist die ziemlich große Netzrückwirkung. Bei trägen Verbrauchern wie Heizungen oder großen Motoren (allerdings nicht bei Glühlampen, bei diesen würde man ein Flimmern sehen) kann man stattdessen eine *Pulspaketsteuerung* verwenden.

Bei diesem Verfahren wird eine gewisse Anzahl an Vollwellen durchgeschaltet und anschließend eine gewisse Anzahl gesperrt. Wenn also nur jede zweite Vollwelle auf den Verbraucher geschaltet wird, hat man effektiv die halbe Leistung. Es sollten übrigens nur Vollwellen geschaltet werden und keine Halbwellen, da eine unsymmetrische Netz-belastung Probleme verursachen kann, vor allem bei einigen induktiven Lasten. Daher kann mit der Pulspaketsteuerung nicht so fein geregelt werden wie mit einer Phasen-anschnittsteuerung.

Es wird hier derselbe Nulldurchgangsdetektor wie im vorherigen Beispiel verwendet, der auf den ersten Nulldurchgang mit einer steigenden und auf den zweiten mit einer fallen-den Flanke reagiert. Da der TRIAC, wenn er einmal gezündet wird, bis zum nächsten Nulldurchgang (korrekter: bis der Strom über ihn null wird) eingeschaltet bleibt, muss er pro durchgelassener Periode auch zweimal gezündet werden. Das Ausschalten des Zündimpulses für den TRIAC geschieht im Überlaufinterrupt vom Timer 0. Die Länge des Zündpulses muss laut Datenblatt des TRIACs ermittelt werden.

Der ATmegax8 läuft mit 8 MHz, dieser Wert ist hier aber nicht so wichtig, da der Timer nur den Zündimpuls ausschalten muss, was nicht wirklich zeitkritisch ist, solange die Länge größer ist als der Minimalwert.

Im folgenden Beispiel nach *Abb. 3.11* werden jeweils drei Vollwellen (Perioden) durch-geschaltet und anschließend zwei nicht.

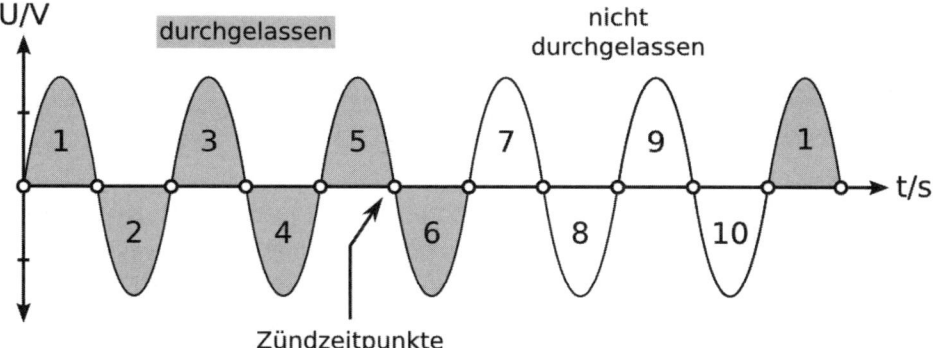

Abb. 3.11: Pulspaketsteuerung

```
#include <avr/io.h>
#include <avr/interrupt.h>

uint8_t PULS 3 //Anzahl durchgeschalteter Perioden
uint8_t PAUSE 2 //Anzahl nicht durchgeschalteter Perioden
//beide: volatile falls Wert in ISR verändert wird
```

In folgender Interruptroutine wird bei jedem auftretenden Nulldurchgang aufgerufen und gleichzeitig mittels eines Counters mitgezählt. Bei den ersten 2 x PULS Halbperioden (hier also sechs) wird der TRIAC für die Länge des Zündpulses (bis zum nächsten Timerüberlauf) gezündet, ansonsten nicht. Wurde das Ende des Zyklus erreicht (2 x PULS + 2 x PAUSE), wird der counter zurückgesetzt. Zur Verdeutlichung des Counterwerts siehe Abb. 3.11.

```
ISR ( INT0_vect ) { //Externer Interrupt: NDG detektiert
static uint8_t counter = 0;

counter++; //also 1 beim 1. Aufruf

if (counter <= (PULS*2) ) { //Vollwelle durchlassen
    PORTB |= (1<<PB1); //TRIAC zünden
    TCNT0 = 0x00; //Setze Timer0 zurück
    TCCR0B = (1<<CS11); //starte Timer mit Prescaler 8
    EIMSK = 0x00; //Ext.Int.0 sicherheitshalber deaktiviert
} else if (counter >= ( (PULS + PAUSE) * 2 ) ) {
```

```
    counter = 0; //Neuer Zyklus
  }

EIFR = (1<<INTF0); //Ext.Int.0 Flag sicherheitshalber zurücksetzen
}
```

Folgende kleine Interruptroutine schaltet nach Überlauf von Timer 0 (hier nach ca. 255 µs) einfach den Zündpuls des TRIAC aus. Anschließend wird wieder auf den Nulldurchgang (externer Interrupt) gewartet, der externe Interrupt muss also aktiviert werden. Durch die Aktivierung in der Zeit des Zündimpulses wird verhindert, dass es zu einer Dauerzündung kommt.

```
ISR ( INT0_vect ) {//Timerüberlauf
  PORTB &= ~(1<<PB1); //Zuendpuls ausschalten
  TCCR0B = 0x00; //Timer0 stoppen
  EIFR = (1<<INTF0); //Ext.Int.0 Flag zurücksetzen
  EIMSK = (1<<INT0);//Ext. Interrupt 0 wieder eingeschaltet
}
```

Es folgt die Hauptroutine mit Initialisierungen und Hauptschleife.

```
int main(void) { //Hauptroutine

TIMSK0 = (1<<TOIE0); //Timer Interrupt bei Überlauf

DDRB = (1<<PB1); //Ausgang Zündpuls

EICRA = (1<<ISC00); //Interrupt bei jeder Flanke an INT0
EIMSK = (1<<INT0); //Ext. Interrupt 0 an

sei(); //Interrupts erlauben

  for (;;) { //Endlosschleife
  }
}
```

3.4   Schutzschaltungen

An dieser Stelle geht es um Schutzschaltungen zur Vermeidung der Beschädigung empfindlicher Komponenten durch unzulässige Betriebszustände (Ströme, Spannungen) an ihren Anschlüssen. Eine ideale Schutzschaltung sollte die Funktion des durch sie geschützten Ein- bzw. Ausgangs im Normalbetrieb möglichst wenig beeinflussen.

Ein- und Ausgänge unserer ICs können durch *Serienwiderstände* (330 Ω bis 10 kΩ) vor Kurzschluss sowie begrenzt auch vor Überspannung und ESD geschützt werden. Moderne CMOS-ICs verfügen über interne Schutzdioden, diese dürfen aber nicht dauerhaft und nur mit maximal 1 mA belastet werden. Der im Fehlerfall fließende Strom muss daher zusätzlich durch geeignete Widerstände begrenzt werden.

Beispiel:
Laut den Angaben in den »Absolute Maximum Ratings« darf etwa ein Pin beim AVR® nur mit höchstens 40 mA belastet werden. Im Kurzschlussfall können jedoch wesentlich größere Ströme fließen und zu Schäden führen. Mit einem Serienwiderstand kann das aber wirkungsvoll verhindert werden. Gemäß dem Ohm'schen Gesetz würde bei einem mit 5 V betriebenen Mikrocontroller ein Serienwiderstand von 5 V / 40 mA = 125 Ω den Kurzschlussstrom auf 40 mA begrenzen.
Von den Angaben bei den »Absolute Maximum Ratings« sollte jedoch etwas Abstand gehalten und eher minimal 270 Ω eingesetzt werden. Üblich ist auch die Verwendung von 1 kΩ als Ausgangsschutzwiderstand. Man muss natürlich immer bedenken, dass ein zusätzlicher Widerstand je nach Eingangswiderstand der Last einen mehr oder weniger großen Einfluss auf das Signal hat.

Natürlich beeinflussen diese Serienwiderstände das Schaltverhalten, vor allem bei schnellen oder präzisen Signalen. Der Vorwiderstand etwa begrenzt die Schaltgeschwindigkeit, da zusammen mit den in jeder Schaltung vorhandenen parasitären Kapazitäten ein Tiefpassfilter gebildet wird.

Handelt es sich um ein analoges Signal, so wird dieses zudem verfälscht. Die Frage ist, ob der Fehler tolerierbar ist.

Ist der Einsatz eines Serienwiderstands aus den genannten Gründen nicht möglich, gibt es spezielle ESD- und Überspannungsschutz-ICs. Dabei handelt es sich im Prinzip um mehrere besonders schnelle Dioden in einem einzigen Gehäuse. Die Varianten für besonders schnelle Signale müssen prinzipbedingt möglichst klein sein, um die parasitären Effekte zu minimieren. Das schließt ihren Einsatz in Steckbrett-/Lochraster-Schaltungen eher aus – dort kann man aber ohnehin kaum mit so schnellen Signalen arbeiten, dass nicht auch eine diskrete Schutzschaltung mit Dioden möglich wäre.

Gegen sogenannte *Überspannungstransienten*, also sehr schnelle und steile Überspannungsimpulse, können IC-Eingänge entweder mit spannungsabhängigen Widerständen (Varistoren oder *Voltage Dependent Resistors VDR*) oder Suppressordioden (engl. *Transient Voltage Suppressor Diodes TVS*) geschützt werden. Dauerhafte Überspannungen zerstören diese Schutzeinrichtungen jedoch, daher werden für diesen Fall weitere Schutzmaßnahmen wie etwa Sicherungen benötigt.

Varistoren sind zwar sehr praktische Sicherungselemente, gelten aber nicht unbedingt als sehr zuverlässig und müssen deutlich überdimensioniert werden. Auch Suppressordioden können ausfallen, vor allem wenn sie thermisch überlastet werden.

Spannungsversorgungsanschlüsse sollten verpolungssicher ausgeführt werden. Die einfachste Lösung ist eine in Serie geschaltete Diode (*Abb. 3.12a*), an der aber natürlich ein gewisser Teil der Spannung abfällt. Dafür ist diese Lösung sehr robust und billig. Es eignen sich hierfür eigentlich alle Gleichrichterdioden mit einer ausreichenden Stromfestigkeit, etwa die weit verbreitete 1N400x-Serie. Wenn der Strom durch eine Sicherung begrenzt wird, kann eine Diode zwischen dem positiven und dem negativen Versorgungsspannungsanschluss im Verpolungsfall die Sicherung auslösen und die Schaltung damit von der Versorgung trennen (*Abb. 3.12b*). Eine weitere Variante ist der Einsatz eines Brückengleichrichters am Eingang (*Abb. 3.12c*). Dann hat man zwar den Spannungsabfall an zwei Dioden, die Polarität der angelegten Spannung ist aber egal und man kann die Schaltung auch mit Wechselspannung versorgen.

Wenn man (fast) keinen Spannungsabfall tolerieren und auch keine Sicherung verwenden kann, etwa weil ein Austausch im Fehlerfall nur schwer möglich wäre, kann man mit einem PMOS, einem Widerstand und einer Z-Diode eine Verpolungssicherung (*Abb. 3.12d*) bauen. Die Z-Diode begrenzt die Gate-Source-Spannung auf für den PMOS ungefährliche Werte (z. B. 15 V). Der Wert des Widerstands ist abhängig vom Typ des Transistors und der Spannung und liegt im Bereich von etwa 10 kΩ oder etwas darüber.

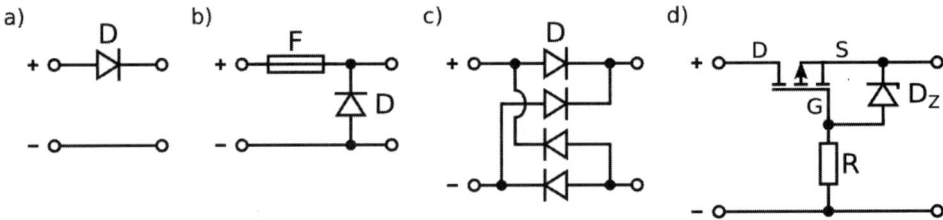

Abb. 3.12: Möglichkeiten zum Schutz gegen Verpolung der Versorgungsspannung

Eine zusätzliche Glas-Sicherung ist immer sehr empfehlenswert, auch wenn sie nicht als primäres Sicherungselement dient. Richtig ausgelegte Sicherungen können wirkungsvoll vor gröberen Schäden wie z. B. Kabelbränden schützen, und zwar auch dann, wenn die anderen Schutzmaßnahmen bereits versagt haben.

Werden größere Lasten am Ausgang angeschlossen und kann man nicht ausschließen, dass es zu einem Kurzschluss kommen kann, empfiehlt sich ein Ausgangstreiber mit integriertem Kurzschluss- und Überlastschutz. Alternativ oder zusätzlich kann auch eine

Sicherung eingesetzt werden, etwa in der selbstrückstellenden Ausführung (*PTC-Siche-rung*, erhältlich von mehreren Herstellern unter verschiedenen Bezeichnungen).

Gegen ESD, aber auch gegen eine versehentlich an einem Ausgang angelegte Spannung, helfen je eine Diode Richtung Masse und Betriebsspannung. Ein kleiner Keramik-kondensator mit ausreichender Spannungsfestigkeit (mindestens 50 V) kann zusammen mit den anderen Maßnahmen gegen ESD helfen und die Flankensteilheit des Signals verringern, um die eigene Störabstrahlung zu minimieren. In *Abb. 3.13* sind diese Maßnahmen, einschließlich der anfangs erwähnten Widerstände zur Strombegrenzung im Fehlerfall, zu einer vollständigen Schutzschaltung für Eingänge zusammengefasst, die Schaltung kann aber auch für Ausgänge verwendet werden.

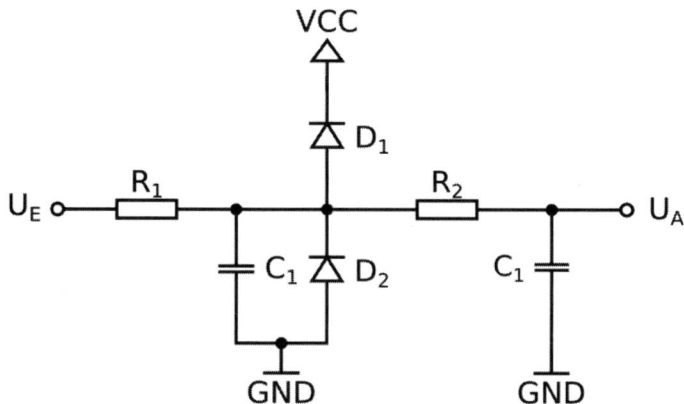

Abb. 3.13: Komplette Eingangsschutz-beschaltung

4 Spannungsmessung

Eine (erstmal) beliebige analoge Spannung wird in einem digitalen Signal, also in einem oder mehreren Zahlenwerten, abgebildet. Den Vorgang bezeichnet man als Analog-Digital-Wandlung und die Schaltung als Analog-Digital-Wandler (engl. analog (to) digital converter, ADC).

Sehr viele Messungen lassen sich auf eine Spannungsmessung zurückführen, da sehr viele Sensoren in irgendeiner Form ein mit einer Spannungsmessung auswertbares Signal liefern. Daher ist diese Art der Messung auch so wichtig und fast jeder Mikrocontroller besitzt einen eingebauten Analog-Digital-Wandler. Die an den Pins des Mikrocontrollers anliegenden Spannungen müssen natürlich innerhalb der Spezifikation der analogen Eingänge liegen: An jedem Pin des AVR® muss die anliegende Spannung größer als –0,5 V und kleiner als Versorgungsspannung (VCC) + 0,5 V sein. Bei einer Spannung außerhalb dieses Bereichs beginnen die internen Schutzdioden zu leiten und es kann zu Beschädigungen oder Funktionsstörungen kommen. Besonders bei den Analogeingängen kann es vorkommen, dass für den Fall, dass die zulässige Eingangsspannung an einem Pin überschritten wird, die AD-Wandlung auch an den anderen Pins gestört wird.

Wie bereits in Kapitel *2.7.5 AD-Wandler* besprochen, wandelt ein ADC ein kontinuierliches, analoges Eingangssignal in einen diskreten, digitalen Wert um. Dabei sind seine Abtastgeschwindigkeit (Anzahl der Abtastschritte pro Sekunde, *Samples Per Second*) und seine Auflösung in Bits Bruchteile der Referenzspannung. Ein 10-Bit-ADC teilt also seine Referenzspannung in $2^{10} = 1024$ Teile (*Counts*), ein Count ist somit die kleinste unterscheidbare Einheit (LSB).

4.1 Anpassung des Eingangsspannungsbereichs

Wenn die Eingangsspannung größer ist als die Betriebsspannung[68], sind Spannungsteiler das Mittel der Wahl. Allerdings muss die Belastung der Signalquelle durch die Teilerwiderstände beachtet werden. Wenn die Belastung nicht toleriert werden kann, sollte zunächst versucht werden, den Spannungsteiler möglichst hochohmig (mehrere 100 kΩ bis einige MΩ) zu dimensionieren. Damit nimmt aber die Empfindlichkeit

---

[68] Bei analogen Signalen spricht man übrigens eher nicht von einer Pegelwandlung wie bei digitalen Signalen.

gegenüber Störungen und parasitären Effekten stark zu, sodass man stattdessen eher auf eine Schaltung mit einem als Spannungsfolger geschalteten Operationsverstärker (*Abb. 4.1a*) zurückgreift. Durch den sehr hochohmigen Eingang des OPVs wird die Eingangsspannung kaum belastet und am Ausgang liegt bei dieser Beschaltung dieselbe Spannung an wie an seinem Eingang. Die Spannungsversorgung des Operationsverstärkers muss aber größer sein als die maximale Eingangsspannung.

Kleine Signale werden oft verstärkt, um den ganzen Eingangsspannungsbereich des ADCs ausnutzen zu können. Dazu wird üblicherweise ein Operationsverstärker als nichtinvertierender Verstärker beschaltet (*Abb. 4.1b*). Dessen Verstärkung G (engl. Gain) berechnet man ohne Berücksichtigung der Nichtidealitäten von Operationsverstärker und Widerständen mit der einfachen Formel:

$$G \;=\; 1+\frac{R1}{R2}$$

Die Größe der Widerstände zum Einstellen der Verstärkung sollte so berechnet werden, dass bei maximaler Ausgangsspannung ein Strom in der Größenordnung von 1 mA durch die Widerstände fließt.

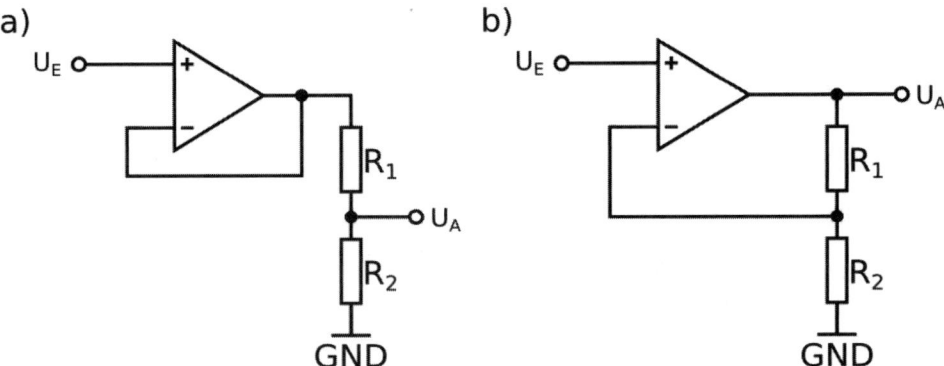

Abb. 4.1: Eingangsbeschaltungen: abschwächend (a) und verstärkend (b)

Bei allen Operationsverstärkerschaltungen muss man die Grenzen der zulässigen Spannungen an den Ein- und Ausgängen beachten. Nur bei sogenannten Rail-to-Rail-Typen kann eine Eingangsspannung bis an die Grenzen der Versorgungsspannung angelegt bzw. eine Spannung am Ausgang bis nahe an Betriebsspannung bzw. Masse erreicht werden. Für genauere Dimensionierungs- und Auswahlkriterien sei auf spezialisierte Bücher verwiesen.

4.2   AD-Wandlungsergebnis berechnen

Ganz allgemein lautet die Formel für das Wandlungsergebnis n_{COUNT} in Counts eines x-Bit-ADCs, abhängig von gemessener Eingangsspannung V_{IN} und ADC-Referenzspannung V_{REF}:

$$n_{COUNT} = \frac{V_{IN} \cdot 2^X}{V_{REF}}$$

Für einen 8-Bit- ($2^8 = 256$) bzw. 10-Bit- ($2^{10} = 1024$) ADC lautet die Formel also

$$n_{COUNT} = \frac{V_{IN} \cdot 256}{V_{REF}} \quad \text{bzw.} \quad n_{COUNT} = \frac{V_{IN} \cdot 1024}{V_{REF}}$$

Analog können wir von den Counts auf die gemessene Spannung zurückrechnen. Diese ergibt sich dann zu:

$$V_{IN} = \frac{n_{COUNT} \cdot V_{REF}}{2^X}$$

Somit ergibt sich für unseren 8- bzw. 10-Bit-ADC wiederum

$$V_{IN} = \frac{n_{COUNT} \cdot V_{REF}}{256} \quad \text{bzw.} \quad V_{IN} = \frac{n_{COUNT} \cdot V_{REF}}{1024}$$

Beispiel:
Bei einem 10-Bit-ADC mit 1,1 V Referenzspannung liegt eine Eingangsspannung von 1 V an. Das Wandlungsergebnis in Counts lautet daher:

$$\frac{1{,}0\,V \cdot 1024}{1{,}1\,V} \cong 931$$

Beträgt die Referenzspannung allerdings 5 V bei sonst gleichbleibenden Werten, so lautet unser Ergebnis stattdessen:

$$\frac{1{,}0\,V \cdot 1024}{5\,V} \cong 205$$

Natürlich können wir auch von den Counts zurückrechnen. 400 Counts bei 5 V Referenzspannung erlauben einen Rückschluss auf eine Eingangsspannung von

$$\frac{400 \cdot 5\,V}{1024} \cong 1,95\,V$$

4.3 Referenzspannung

Wie wir in Kapitel *4.2 AD-Wandlungsergebnis berechnen* gesehen haben, hängt das Wandlungsergebnis unmittelbar von der gewählten Referenzspannung ab. Eine stabile Referenzspannung ist für die Qualität der Messung somit entscheidend.

Prinzipiell unterscheidet man zwischen Anfangsgenauigkeit (*initial accuracy*) und Stabilität der Referenzspannung. Die Anfangsgenauigkeit gibt an, in welchem Bereich die Spannung nach dem ersten Einschalten bei Raumtemperatur (25 °C) ist. Kriterien für die Stabilität sind die Langzeitstabilität und die Temperaturabhängigkeit der Referenzspannung. Es gilt dabei der Grundsatz, dass bei der Herstellung entweder auf eine gute Stabilität oder eine gute Anfangsgenauigkeit optimiert werden kann und es auch mit sehr hohem Aufwand nur sehr schwer möglich ist, Bestwerte in beiden Bereichen zu erhalten.

4.3.1 Interne Referenzspannungsquelle

Wie wir bereits im Einführungskapitel bemerkt haben, ist die AVR-interne Referenzspannung ungenau und damit für präzise absolute Messungen eher ungeeignet.

Die Anfangsgenauigkeit kann etwa bei der internen Referenzspannungsquelle der AVRs recht stark von den nominalen 2,56 V (bzw. 1,1 V bei den neueren Typen) abweichen. Im Datenblatt werden beispielsweise für die ATmegax8P-Serie Werte zwischen 1,0 V und 1,2 V angegeben, also ± 10 % Abweichung bei Raumtemperatur. Ohne Korrektur würde sich dieser Fehler direkt im Wandlungsergebnis zeigen.

Abhilfe schafft man, indem die Referenzspannung mit einem (sehr) guten Multimeter gemessen wird. Sie liegt am AREF-Pin an, wenn die interne Referenzspannungsquelle aktiviert wurde, und kann dann möglichst hochohmig, also mit möglichst geringer Belastung, gemessen werden. Den so bestimmten Wert für die Referenzspannung setzt man dann bei den Berechnungen ein. Eine andere Möglichkeit ist es, den ADC mit der ungenauen Referenzspannung eine sehr genau bekannte Spannung V_{BEK} messen zu lassen. Anhand dieser Messung wird dann auf den Wert der Referenzspannung zurück-gerechnet:

$$V_{REF} = \frac{V_{BEK} \cdot 2^N}{n_{COUNT}}$$

Langzeitstabilität und Temperaturabhängigkeit werden beim AVR® nicht wirklich im Datenblatt spezifiziert. Man kann und muss daher von relativ schlechten Eigenschaften, also Abweichungen von mehreren Prozent, ausgehen. Eine Kompensation der Langzeit-eigenschaften ist nur durch eine Korrektur beziehungsweise Kalibrierung in regelmäßi-gen Abständen möglich.

Beim Einsatz der internen Referenzspannungsquelle ist zudem folgendes zu beachten: Wenn die eingebaute Referenzspannungsquelle aus Stromspargründen (sie braucht etwa 10 µA) ausgeschaltet wird, muss beim erneuten Einschalten beachtet werden, dass sie eine gewisse Zeit (40 µs bis maximal 70 µs) braucht, um sich zu stabilisieren. Erst dann kann sie verwendet werden.

4.3.2 Externe Referenzspannungsquelle

Die teurere Alternative ist die Verwendung einer externen Referenzspannungsquelle. Um sie einzusetzen, wählt man in den Einstellungen »AREF« eine Referenzspannungs-quelle aus (siehe dazu den nächsten Abschnitt *4.4 Interner AD-Wandler*).

Auch bei externen Referenzspannungsquellen muss man sich entscheiden, ob tendenzi-ell eine gute Anfangsgenauigkeit gewünscht ist, was eine Kalibrierung ersparen kann, oder ob eine geringe Langzeitdrift wichtiger ist. Leider schließen sich beide Eigenschaf-ten bei vertretbaren Kosten aus. Daneben gilt, dass Referenzspannungsquellen in größe-ren Gehäusen tendenziell bessere Eigenschaften aufweisen.

Hinweis:
Die Empfehlung von Atmel®, einen externen Kondensator (ca. 100 nF KERKO) zwi-schen AREF-Pin und Masse anzubringen, verbessert nicht nur das Rauschen deutlich, sondern kann auch helfen, größere Störungen wegzufiltern. Die Position des Kon-densators sollte dafür aber möglichst nahe am AREF-Pin sein, ansonsten ist er eher nutzlos.

4.4   Interner AD-Wandler

Wie bereits erwähnt, sind der interne ADC und vor allem die interne Referenzspannungsquelle nicht wirklich präzise, aber für viele Zwecke absolut ausreichend. Durch verschiedene Maßnahmen kann man die Genauigkeit deutlich verbessern.

Erster Ansatzpunkt ist die Referenzspannung, die extern am AREF-Pin gemessen werden sollte. Dieser Wert wird dann zur Berechnung eingesetzt.

Eine weitere Verbesserung der Eigenschaften erreicht man, wenn die analoge Versorgungsspannung AVCC gefiltert wird. Im Datenblatt wird dafür ein LC-Filter mit einer 10 µH Drossel und einem 100 nF Kondensator eingesetzt, statt der Drossel kann auch ein Ferrit oder (wenn es besonders kostengünstig sein muss) ein Widerstand im Bereich von 10 Ω bis 100 Ω verwendet werden. Die genauen Werte sind dabei eher unkritisch, der Erfolg der Filtermaßnahme sollte aber mit einem Oszilloskop oder einem guten Multimeter (im mV_{AC}-Messbereich) überprüft werden.

Es wird zudem empfohlen, die ersten Wandlungsergebnisse nach dem Einschalten zu verwerfen. Die erste Wandlung nach dem Einschalten des ADCs dauert übrigens etwa doppelt so lange wie die folgenden.

4.4.1   Konfiguration

Die Erklärung erfolgt anhand des ATmegax8, jedoch gelten die Einstellungen auch für viele andere Modelle. Dabei handelt es sich hier, wie die Kapitelüberschrift bereits suggeriert, um eine Erläuterung der Konfigurationseinstellungen. Sie müssen natürlich je nach Anwendung angepasst und in eine Hauptroutine gepackt, die benötigten Libraries geladen und Interruptserviceroutinen geschrieben werden (siehe *2.6 Allgemeiner Programmaufbau* sowie *2.7.1 Interrupts*).

In dieser Konfiguration wird die zu messende Spannung am Pin ADC1 eingelesen.

Zum Verbessern der Wandlungsergebnisse – und auch um etwas Strom zu sparen – ist es sinnvoll, die digitale Eingangsstufe an allen Pins, an denen ein analoges Signal anliegt, zu deaktivieren. Dafür gibt es die DIDR-Register (*Digital Input Disable*). Setzt man das Bit AINxD, wird die digitale Stufe vom Pin Nr. x deaktiviert.

```
DIDR0 = (1<<ADC1D); //Deaktiviert die Digitalstufe an AIN1
```

Eingangsmultiplexer

Zunächst werden die Referenzspannungsquelle, der Modus (8 oder 10 Bit) und der Eingangsmultiplexer im ADMUX-Register[69] eingestellt.

Der AVR® hat – wie nahezu alle Mikrocontroller – nur einen internen ADC, allerdings kann über einen Multiplexer (im Prinzip ein analoger Mehrfachschalter) zwischen mehreren Eingängen umgeschaltet und diese können dann nacheinander gemessen werden.

Die Quelle wird mit den Bits MUX0, MUX1, MUX2 und MUX3 eingestellt. 0000 bis 1000 sind ADC0 bis ADC8, wobei auf ADC8 der interne Temperatursensor (*10.2.1 AVR®-interner Temperatursensor*) liegt und ADC6 und 7 nur in einigen Gehäusevarianten, nicht jedoch bei DIP, verfügbar sind.

```
ADMUX = (1<<REFS1) | (REFS0); //Interne 1,1V Referenz
ADMUX |= (1<<MUX0); //ADC1 als Quelle auswählen
```

AD-Wandlung

Als nächstes kommt das ADCSRA (*ADC Control and Status Register A*) dran.

Das Bit ADEN (*ADC Enable*) aktiviert bzw. deaktiviert den ADC, ADSC (*ADC Start Conversion*) startet eine Wandlung und ADIE (*ADC Interrupt Enable*) sorgt dafür, dass nach einer erfolgten Wandlung der ADC-Interrupt ausgelöst wird.

```
ADCSRA = (1<<ADEN) | (1<<ADIE); //ADC Aktiv, Interrupt ein
```

Wenn das Bit ADATE gesetzt wird, kann im ADCSRB-Register mit den ADTS-Bits eine Quelle für das automatische Auslösen der AD-Wandlung (etwa Timer oder externer Interrupt) ausgewählt werden (*Autotrigger*).

Die Geschwindigkeit des AD-Wandlers hat einen Einfluss auf die Genauigkeit und die Rauscheigenschaften der Wandlung und sollte für optimale Ergebnisse im Bereich zwischen 50 kHz und 200 kHz liegen. Diesen Takt generiert man aus dem CPU-Takt mit einem Vorteiler (*Prescaler*).

Die AD-Wandlung dauert dann 13 ADC-Takte beziehungsweise 13,5 Takte mit Autotrigger. Mit 200 kHz ADC-Takt kommt man somit auf knapp 15 ksps, also 15000 Messungen pro Sekunde.

Nehmen wir an, der AVR® läuft mit 8 MHz Takt: unter der Annahme wäre ein Prescaler von 128 (8000000/128 = 62500 Hz) geeignet.

```
ADCSRA |= (1<<ADPS2) | (1<<ADPS1) | (1<<ADPS0);
```

---

[69] Das Bit ADLAR in diesem Register ist später noch von Bedeutung und wird beim Auslesen des Ergebnisses behandelt.

Denkbar wäre aber auch beispielsweise ist ein Prescaler von 64 (8000000/64 = 125 kHz):

```
ADCSRA |= (1<<ADPS2) | (1<<ADPS1);
```

Ein Prescaler von 32 überschreitet die zulässige Geschwindigkeit knapp (250 kHz ADC-Takt), kann aber bei etwas eingeschränkter Genauigkeit auch verwendet werden:

```
ADCSRA |= (1<<ADPS2) | (1<<ADPS0);
```

Nun muss die Wandlung durch Setzen des ADSC-Bits gestartet werden. Dabei dürfen die vorher gemachten Einstellungen natürlich nicht überschrieben werden.

```
ADCSRA |= (1<<ADSC);
```

Neben dem hier verwendeten *Single Conversion Mode* verfügt der ADC auch über einen *Autotrigger Mode* (Bit ADATE in ADCSRA gesetzt). Dabei kann die AD-Wandlung vom analogen Komparator, vom externen Interrupt oder timergesteuert ausgelöst werden. Dieser Modus eignet sich sehr gut, wenn Messungen zu genauen Zeitpunkten (etwa eine gewisse Zeit nach dem Einschalten einer externen Last) durchgeführt werden müssen.

Die Einstellung erfolgt mit den Bits ADTS0, ADTS1 und ADTS2 im ADCSRB *(ADC Control and Status Register B)*.

Sind diese drei Konfigurationsbits auf 0, läuft der ADC im *Free Running Mode*. Dabei wird sofort nach der Beendigung der Messung eine weitere gestartet, was natürlich die Pausen zwischen den Messungen verringert und damit eine höhere Abtastrate und einen deutlich geringeren Jitter (Kapitel *2.7.5 Störungen und Fehlerquellen*) ermöglicht. Der Messwert muss ausgelesen werden, bis die nächste Messung beendet ist, da der alte Wert ansonsten überschrieben wird.

Ein automatisches Umschalten auf andere Kanäle ist aber leider nicht vorgesehen, sodass dieser Modus meist nur Sinn macht, wenn nur ein Kanal gemessen wird.

Der *ADC Noise Reduction Mode* funktioniert zudem nur im Single-Conversion-Modus.

Auslesen des Ergebnisses

Nach einer erfolgreichen AD-Wandlung wird das ADCS-Bit in ADCSRA gelöscht und, wenn aktiviert, der ADC-Interrupt ausgelöst.

```
ISR( ADC_vect ) { //AD-Wandlung fertig
  //Lese Messwert aus und verarbeite ihn
}
```

Zum Auslesen des Wandlungsergebnisses muss zunächst das Register ADCH (Bits Nr. 8 und 9) und anschließend das Register ADCL (Bits 0 bis 7) gelesen und das Ergebnis richtig zusammengesetzt werden:

```
erg = (uint16_t) ( ADCL + (ADCH<<8) );
```

oder gleichbedeutend:

```
erg = (uint16_t) ( ADCL + (ADCH * 256) );
```

Wurde das Bit ADLAR (*ADC Left Adjust Result*) im ADMUX-Register gesetzt, befinden sich im ADCH-Register die Bits 2 bis 9 und im ADCL-Register die Bits 0 und 1. Wird nun nur das ADCH-Register gelesen, hat man einen 8-Bit-Wert. Bit 0 und 1 werden verworfen. Man verliert also Auflösung, spart aber einen Registerzugriff und kann die ADC-Taktgeschwindigkeit auf deutlich über 200 kHz erhöhen (maximal 1 MHz laut Datenblatt, es geht aber durchaus noch etwas mehr). Dass dabei die Genauigkeit soweit abnimmt, dass die Bits 0 und 1 unbrauchbar sind, stört ja nicht weiter, da sie ignoriert werden.

Wenn die Ergebnisse trotz einer störungsarmen Eingangsspannung schwanken, kann der *Sleep Mode Noise Canceler* (ADC Noise Reduction Mode) deren Qualität verbessern. Dabei werden, wie im »normalen« Stromsparmodus, alle nicht benötigten Teile während der AD-Wandlung abgeschaltet, jedoch nicht um Strom zu sparen, sondern um Störungen durch die anderen Periperieeinheiten direkt auf dem Chip zu minimieren. Wie man dabei vorgeht, steht im Kapitel *ADC Noise Reduction*.

Es ist aber zwingend notwendig, den ADC-Interrupt (oder einen beliebig anderen, der sicher auftritt) zu aktivieren, damit der AVR® nach der Wandlung auch wieder aufgeweckt wird.

4.5   Externer AD-Wandler

Externe ADCs können eine bessere Genauigkeit, eine höhere Auflösung, eine schnellere Wandlungsgeschwindigkeit, mehr Eingänge, einen größeren Eingangsspannungsbereich oder eine Kombination dieser Eigenschaften haben. Nachteilig sind natürlich der Preis und der zusätzliche Schaltungsaufwand.

Audio-ADCs sind für Wechselspannungsmessungen in der Audioanwendung optimiert und haben in diesem Bereich teilweise sehr gute Spezifikationen zu einem recht niedrigen Preis. Leider fehlen fast immer Angaben, die für die präzise Messung von Gleichspannungen wichtig sind, wie beispielsweise Linearität und Offsetangaben. Man kann daher davon ausgehen, dass diese Werte nicht besonders gut sind, da diese Bausteine gar nicht für diese Art von Messungen entwickelt wurden. Benötigt man keine Gleichspannungsmessung, sind Audio-ADCs oft eine sinnvolle Alternative.

In den folgenden Unterkapiteln wollen wir kurz die Anbindung externer ADCs über verschiedene Schnittstellen behandeln.

4.5.1 ADC mit I²C-Schnittstelle

ADCs mit I²C-Schnittstelle können aufgrund der recht geringen Übertragungsrate dieses Busses nur ziemlich geringe Geschwindigkeiten erreichen, aber es gibt sie in sehr hochauflösenden (bis 24 Bit) und präzisen und auch in sehr stromsparenden Varianten.

Zur Anbindung eines beliebigen externen Bausteins über I²C sei auf Kapitel *2.7.11 I2C / TWI / 2-Wire* verwiesen.

4.5.2 ADC mit SPI-Schnittstelle

ADCs mit SPI-Schnittstelle können sehr hohe Geschwindigkeiten erreichen. Dabei kommt es dann eher auf Seiten des AVRs zu Problemen, da dieser nur eine SPI-Taktrate von höchstens der halben CPU-Geschwindigkeit ermöglicht.

Bei einfachen externen ADCs nach dem SAR-Verfahren *(Sukzessive Approximation)* mit SPI-Schnittstelle müssen keine speziellen Einstellungen vorgenommen werden. Ein Selektieren des Chips mit dem Pin CS oder SC *(Start Conversion)* startet den Samplingvorgang. Der Takt für die Wandlung wird vom SCK-Signal übernommen, das damit auch die Wandlungsgeschwindigkeit bestimmt. Das Ergebnis wird sofort seriell ausgegeben und kann eingelesen werden.

Diese Wandler verfügen sehr oft über keinen seriellen Eingang, da ja keine Einstellungen getätigt werden müssen. Die Leitung wird also einfach nicht angeschlossen, zum Starten der Übertragung muss aber trotzdem ein Dummy-Wert in das SPDR-Register geschrieben werden.

Bei etwas leistungsfähigeren SPI-ADCs mit mehreren Kanälen der anderen Einstellungsmöglichkeiten entscheiden oft die ersten Bits auf der MOSI-Leitung darüber, ob es sich um einen Konfigurationsbefehl oder um eine Wandlung handelt. Die grundsätzliche Ansteuerung ist aber dieselbe, es wird nur ein anderer Wert als »0« zum Starten der Wandlung übertragen.

Problematisch kann es werden, wenn der ADC beispielsweise 18 Bit erwartet. Die SPI-Einheit des AVRs ist unflexibel und kann nur 8 Bit beziehungsweise ein Vielfaches davon übertragen. In diesem Fall müssten daher 24 Bit übertragen werden. Den meisten

Bausteinen ist das egal, ansonsten muss der SS-Pin so gesteuert werden, dass er nur während der richtigen 18 Bit LOW ist.

In den folgenden Beispielen wird hauptsächlich darauf eingegangen, in welcher Form Daten von zwei verschieden komplexen ADC-Bausteinen entgegengenommen werden. Die grundlegende Kommunikation über SPI wird detailliert im Kapitel *2.7.10 SPI / Microwire* beschrieben.

Ansteuerung 12-Bit-ADC

Im Beispiel wird angenommen, dass wir einen externen 12-Bit-ADC zur Verfügung haben. Der genaue Typ ist zunächst egal, da die Ansteuerung bei sehr vielen Modellen gleich oder zumindest sehr ähnlich verläuft: Nach dem Starten der Wandlung durch ein LOW-Signal (an PB1 angeschlossen) dauert es vier Takte, bis das Ergebnis (MSB zuerst) »herausgetaktet« wird (*Abb. 4.2*). Die Daten werden bei fallender Flanke übertragen.

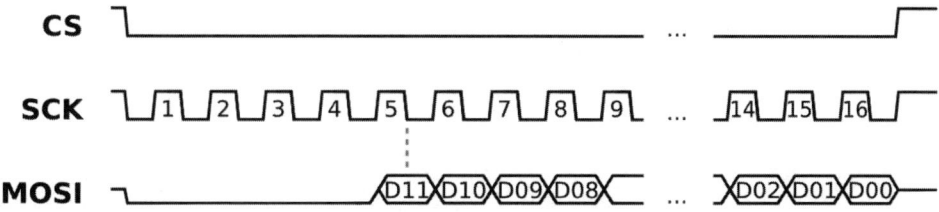

Abb. 4.2: Datenübertragung bei einem 12-Bit-ADC

```
PORTB &= ~(1<<PB1); //Starte Wandlung durch CS=LOW

//2 mal 8 Bit empfangen
Wert = SPI_MasterTransceive( 0 ) << 8;
Wert |= SPI_MasterTransceive( 0 );

PORTB |= (1<<PB1); //Ende Wandlung + Übertragung

Wert &= 0xFFF; //nur die unteren 12 Bit verwenden
```

Ansteuerung 24-Bit-ADC mit mehreren Kanälen

Präzise oder besonders leistungsfähige ADCs, beispielsweise mit mehreren Kanälen, müssen etwas aufwendiger angesteuert werden: Zunächst wird die Wandlung gestartet. Das kann je nach Modell über einen SPI-Befehl oder über einen extra Pin erfolgen. Der IC startet dann seine Wandlung. Ist diese beendet, wird beispielsweise über einen Pin dem Mikrocontroller die erfolgreiche Wandlung gemeldet, woraufhin der Controller die Daten abholt.

Andere ADCs setzen nach beendeter Wandlung nur ein Bit in ihrem Statusregister. Dieses muss dann regelmäßig abgefragt werden.

Im folgenden Beispiel[70] verfügen wir über einen 24-Bit-ADC mit mehreren Kanälen. Das Wandlungsende wird durch Setzen von Bit 4 im Statusregister des ADCs angezeigt.

```c
#define START_CONV_CH1 0x2A //beispielhaft!
#define GET_STATUSREG 0x80
#define GET_ADC_Value 0x40

uint32_t ADC_Val;
uint8_t ADC_Status;

//Konfiguriere SPI: Mastermode, CLK/4, MSB First, Mode 0
SPCR = (1<<SPE) | (1<<MSTR) | (1<<SPR0);

(void) SPI_MasterTransceive( START_CONV_CH1 );

do {
  //eventuell Pause einfügen
  ADC_Status = SPI_MasterTransceive( GET_STATUSREG );
} while ( !( ADC_Status & (1<<4) ) ); //bis Ende angezeigt

//24-Bit Ergebnis abholen (3*8Bit)
ADC_Val = SPI_MasterTransceive( GET_ADC_Value ) << 16;
ADC_Val |= SPI_MasterTransceive( 0 ) << 8;
ADC_Val |= SPI_MasterTransceive( 0 );
```

4.5.3 Parallel angeschlossene ADCs

ADCs mit parallelem Datenausgang erreichen die höchsten Datenraten. Ein AVR® kann diese jedoch nicht sinnvoll verarbeiten. Die langsameren ADCs mit parallelem Datenbus wurden nahezu vollständig von SPI-ADCs verdrängt. Für einige Einsatzzwecke gibt es sie aber durchaus noch.

---

[70] Ein allgemeines Initialisierungsbeispiel zum SPI-Mastermode findet sich im Kapitel *2.7.10 SPI / Microwire – Initialisierungsbeispiel Master-Mode*.

Ein Problem der meisten kleineren AVRs (außer beispielsweise ATtiny2313) ist, dass sie keinen vollen 8-Bit-Port zur Verfügung stellen. Es muss also »gestückelt« werden. Im folgenden Beispiel hängen die Datenleitungen D11–D7 an PB1 bis PB5, D6–D1 an PC0 bis PC5 und D0 an PD2. Das 12-Bit-Ergebnis muss also zusammengesetzt werden, das kann beispielsweise folgendermaßen aussehen:

```
uint16_t ADC_Val;

ADC_Val = (PINB & 0x1F) << 6;
ADC_Val |= (PINC & 0x3F) << 1;
ADC_Val |= (PIND & 0x4) >> 2;
```

Es sollte auf alle Fälle vermieden werden, die Pins so anzuschließen, dass Bits vertauscht werden müssen. Der AVR® kann die Bitvertauschoperation nicht wirklich effizient ausführen, sodass eine »softwarefreundliche« Verkabelung definitiv die bessere Idee ist.

4.6 Verifizieren der Messung

Sehr oft will oder muss man wissen, wie »gut« die ADC-Messung funktioniert beziehungsweise wie realitätsnah und damit aussagekräftig das so ermittelte Ergebnis ist. Bei komplizierten Eingangssignalen kann das ganz schön aufwendig werden und sehr gutes Messequipment erfordern. Einige einfache Messungen und Abschätzungen kann man jedoch auch mit einfachen Mitteln und einigen Überlegungen durchführen.

4.6.1 Referenz- und Versorgungsspannung

Zur Verifizierung von Gleichspannungsmessungen sollte man in eine sehr gute Referenzspannungsquelle *(Voltage Reference)* mit einer hohen Langzeitstabilität und einer niedrigen Temperaturdrift investieren. Solche ICs gibt es von vielen Herstellern.

Besonders praktisch sind natürlich mehrere Referenzspannungsquellen mit unterschiedlicher Ausgangsspannung, aber für den Anfang reicht eine mit beispielsweise 2,5 V Ausgangsspannung.

Die Spannungsversorgung der Referenzspannungsquelle erfolgt am Besten mit Batterien (zum Beispiel einem 9-V-Block), da diese eine sehr »saubere« Ausgangsspannung ohne Störungen und vor allem unabhängig vom zu testenden System bereitstellen.

Diese saubere Spannung wird nun an den ADC-Eingang angeschlossen und möglichst oft gemessen. Die Messwerte werden an den PC übertragen und können dort mit einem Tabellenkalkulationsprogramm ausgewertet werden.

4.6.2   Das Histogramm

Für etwaige Rückschlüsse interessant ist natürlich der Mittelwert über alle Messwerte (und die Abweichungen nach oben und unten, also wie die Messwerte »streuen«).

Besonders aussagekräftig ist ein *Histogramm.* Dazu wird für jeden aufgenommenen Count gezählt, wie oft er vorgekommen ist, und das Ergebnis anschließend dargestellt.

Im Beispielexperiment, das in *Abb. 4.3* wiedergegeben ist, wurde eine Referenzspannung von 2,5 V an einen mit 3,3 V versorgten AVR® mit AREF = AVCC angeschlossen.

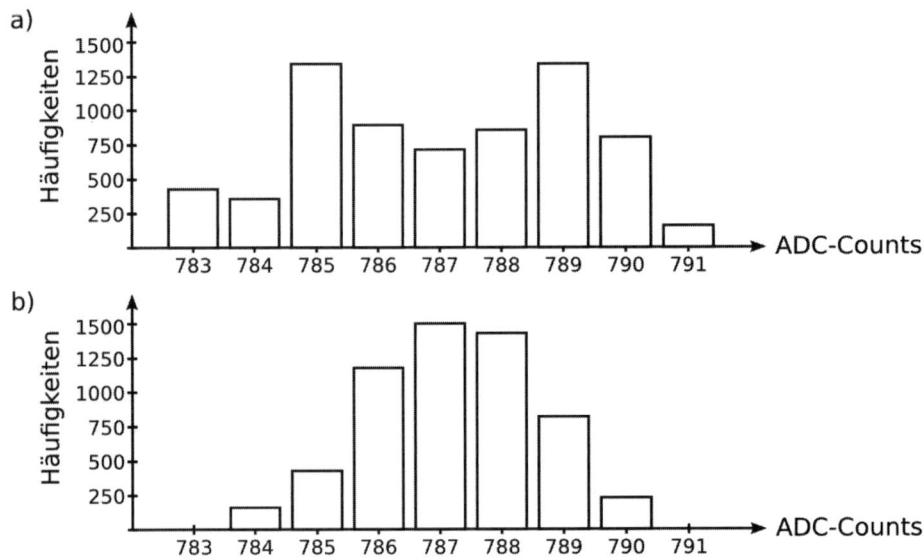

Abb. 4.3: Histogramme

Was sofort auffällt, ist, dass der erwartete ADC-Messwert im Bereich von 2,5 V / 0,00322 = 776 liegen sollte, die gemessenen Werte aber liegen etwa 10 Counts (also um ungefähr 33 mV) darüber. Eine genauere Untersuchung in diesem Fall ergab, dass die 2,5 V Referenzspannung sehr genau stimmte, aber der Mikrocontroller statt mit 3,3 V nur mit 3,25 V versorgt wurde, was das Ergebnis erklärt.

Die nächste Auffälligkeit ist die ungewöhnliche Form des Histogramms (Abb. 4.3a). Ohne tiefer in die Theorie einzusteigen, sei gesagt, dass ziemlich viele in der Praxis auftretende Störungen (oft unsauber auch als »Rauschen« bezeichnet) eine normalverteilte Störamplitude besitzen – sie folgen der Gauß-Verteilung. Kleine Störungen treten häufiger auf als größere und ihre Verteilung ist zufällig. Wenn die Störungen also normalverteilt sind, erwartet man sich eine näherungsweise glockenförmige Verteilung (daher auch »Gauß'sche Glockenkurve«): die meisten Werte unterliegen kleinen Störungen und liegen daher irgendwo in der Mitte, nahe dem tatsächlichen Wert. Größere Störungen bedeuten eine größere Abweichung vom Mittelwert, Messwerte in den Randbereichen der Kurve sollten also seltener vorkommen.

Das ist aber in Abb. 4.3a nicht der Fall. Der Grund für die »Delle« in diesem konkreten Beispiel war eine hochfrequente Störung mit einer Amplitude von einigen mV, die über ein nicht abgeschirmtes Kabel eingekoppelt wurde.

Nachdem das Kabel abgeschirmt und anders verlegt wurde, ergab die Wiederholung der Messung das Histogramm in Abb. 4.3b. Man sieht, dass die Messwerte um maximal drei Counts nach oben und unten streuen und dass die größeren Abweichungen deutlich seltener auftreten als kleine Störungen.

4.6.3   Für Fortgeschrittene: Zufall und Korrelation

In der Praxis werden sehr viele Prozesse als zufällig betrachtet, auch wenn sie eigentlich nicht zufällig sind. Eine häufig zutreffende Regel lautet, dass man es »Zufall« nennt, wenn man nichts Genaueres weiß. Man spart sich damit manchmal ganz schön viel Arbeit.

In der Natur trifft man häufig auf die Normal- oder Gaußverteilung, wie im vorherigen Kapitel erwähnt. Nehmen wir zum Beispiel die Größe von erwachsenen Männern in Europa. Die Wahrscheinlichkeit, dass jemand zwischen 175 cm und 180 cm groß ist, ist wesentlich höher, als eine Körpergröße von weniger als 150 cm oder mehr als 200 cm. Je größer die Abweichung ist, desto geringer ist die Wahrscheinlichkeit dafür.

Den statistisch häufigsten Wert nennen wir den *(statistischen) Mittelwert* oder, korrekter, den *Erwartungswert*. Die *Varianz* ist ein Maß für die Streuung – je größer, desto breiter die Glockenkurve.

Sehr viele für uns interessante Prozesse folgen in etwa der Gauß'schen Glockenkurve, natürlich immer mit gewissen Abweichungen und Einschränkungen.

Wichtig ist noch der Begriff der *Korrelation.* Zwei (oder mehrere) Zufallsvariablen sind *positiv korreliert,* wenn sie sich in die gleiche Richtung entwickeln (wenn Variable A größer wird, wird auch Variable B größer). Ist die Steilheit des Anstiegs gleich (steigt Variable A in einer Sekunde auf den doppelten Wert, so steigt auch Variable B in einer Sekunde auf den doppelten Wert), ist der *Korrelationskoeffizient* +1. Entwickeln sich die Werte genau entgegengesetzt, hat man eine *negative Korrelation* (wenn Variable A größer wird, wird Variable B kleiner).

Eine positive Korrelation sagt nichts darüber aus, *warum* sich die Werte gleich entwickeln und warum oder *ob sie überhaupt zusammenhängen*. Wenn eine Ursache nachweislich zu einer Wirkung führt, spricht man von *Kausalität*. Dass Werte *korrelieren*, heißt also nicht, dass Werte auch zwingend *kausal* sind. So korreliert etwa die (sinkende) Anzahl der Störche mit der (sinkenden) Geburtenrate.

Wenn man aber mehrere verschiedene Messungen mit ähnlichen oder sogar (fast) gleichen Störungen hat, empfiehlt sich eine systematische Suche nach den Ursachen. Das übliche Vorgehen bei einem Messsystem ist, der Reihe nach alle Eingänge bis auf einen kurzzuschließen (sehr gut mit einem möglichst kurzen Kabel auf Masse zu legen) und zu beobachten, ob der Fehler verschwindet oder man irgend einen Einfluss auf die Größe des Fehlers feststellen kann.

4.7 Messen von Wechselspannungen

Beim Messen von Wechselspannungen mit dem AVR® stößt man auf das Problem, dass der ADC nicht mit einer negativen Eingangsspannung zurechtkommt. Daher muss man hier schaltungstechnische Maßnahmen treffen, um den erlaubten Eingangsspannungsbereich nicht zu überschreiten. Siehe dazu auch Kapitel *4.1 Anpassung des Eingangsspannungsbereichs* sowie besonders *8.1.1 Beispiel Messung der Periodendauer mit Timer und analogem Komparator*.

4.7.1 Parameter einer Wechselspannung

Eine Wechselspannung ist definitionsgemäß ein periodisches Spannungssignal, das seine Polarität wechselt und den *Mittelwert* null hat.[71] Sie kann, wie in *Abb. 4.4*, sinusförmig aussehen, muss aber nicht.

---

[71] Andernfalls bezeichnet man das Spannungssignal als *Mischspannung*.

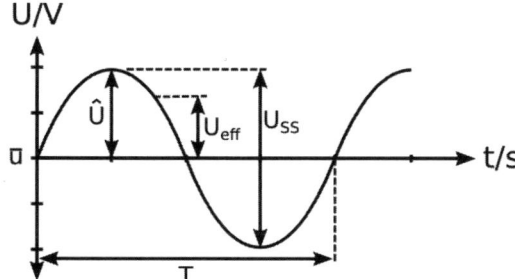

Abb. 4.4: Sinusförmige
Wechselspannung und ihre Parameter

Die *Periodenlänge T* bezeichnet die Zeit, nach der sich der Signalverlauf wiederholt. Sie ist der Kehrwert der Frequenz.

Der *Spitzenwert (Scheitelwert, Amplitude) Û* bezeichnet den größten Wert des Signals. Der *Spitze-Spitze-Wert Uss* ist die Differenz zwischen größtem und kleinstem Signalwert und entspricht der doppelten Amplitude, wenn das Signal symmetrisch ist.

Der *Mittelwert* ū ist derjenige Wert, der sich ergibt, wenn man über eine Periode integriert (beziehungsweise den Mittelwert der Messpunkte berechnet). Definitionsgemäß muss der Mittelwert einer reinen Wechselspannung 0 betragen, andernfalls hat man einen Gleichspannungsanteil im Signal.

Der *Effektivwert Ueff* einer Wechselspannung ist diejenige Spannung mit derselben thermischen Leistung wie eine gleich große Gleichspannung. Es würde also keinen Unterschied machen, ob man einen elektrischen Ofen mit 230 V$_{eff}$ Wechselspannung oder einer Gleichspannung von 230 V betreiben würde.

Bei einer sinusförmigen Wechselspannung (und nur da!) entspricht der Effektivwert dem Spitzenwert geteilt durch √2:

$$U_{eff} = \frac{\hat{U}}{\sqrt{2}}$$

Beim europäischen Stromnetz (U$_{eff}$ von 230 V) beträgt der Spitzenwert somit

$\hat{U} = \sqrt{2} \cdot 230\ V = 325\ V$

Der Spitze-Spitze-Wert liegt in diesem Beispiel also bei 650 V.

Um diese Parameter einer Wechselspannung zu messen, gibt es mehrere Möglichkeiten. Die universellste davon ist eine Softwarelösung. Dabei muss das Eingangssignal aber gemäß dem Abtasttheorem mit mindestens der doppelten Abtastrate der höchsten im

Signal vorkommenden Frequenz abgetastet werden. Den entsprechend angepassten Antialiasingfilter darf man dabei natürlich nicht vergessen (vergleiche Kapitel *Abtasttheorem und Antialiasing*).

Aus den so aufgenommenen Werten können dann Parameter wie Mittelwert, Effektivwert und Spitzenwert berechnet werden.

4.7.2   Effektivwertmessung (RMS)

RMS bedeutet »Root-Mean-Square« und gibt damit auch die Berechnungsvorschrift zur Berechnung des Effektivwertes an.

Die Messwerte werden einzeln quadriert (*Square*), aufsummiert, durch die Anzahl der Messwerte geteilt (*Mean*) und von diesem Wert wird die Wurzel (*Root*) gezogen.

$$U_{RMS} = \sqrt{\frac{x_1^2 + x_2^2 + \ldots + x_n^2}{n}}$$

Vor allem wenn Wurzeloperationen wie bei der Effektivwertmessung nötig sind, werden die Berechnungen in Software für einen kleinen AVR® sehr schnell zu aufwendig.

Die Lösung kann in einem externen *RMS-Konverterbaustein* liegen, der eine zum RMS-Wert der Eingangsspannung proportionale Ausgangsspannung liefert. Diese Bausteine gibt es von mehreren Herstellern.

Hinweis:
Billige Multimeter messen den Spitzenwert und teilen ihn durch √2, um sich den doch eher teuren RMS-Baustein zu sparen. Bei nicht sinusförmigen Eingangsspannungen zeigen sie also den falschen Wert an. Nur Geräte mit RMS-Funktion berechnen den »echten« Effektivwert[72].

4.7.3   Spitzenwertmessung

Auch den Spitzenwert kann man zwar in Software aus ausreichend vielen Messwerten berechnen, ein externer Spitzenwertgleichrichter ist aber oft die effektivere Variante. Eine Möglichkeit ist die Schaltung aus *Abb. 4.5*. Deren Grundprinzip ist, dass der OPV

---

[72] Die RMS-Bausteine haben natürlich gewisse, dem Datenblatt zu entnehmende Einschränkungen.

den Spannungsabfall an der Gleichrichterdiode D1 ausregelt, sodass am Ausgang der Spitzenwert der Eingangsspannung anliegt.

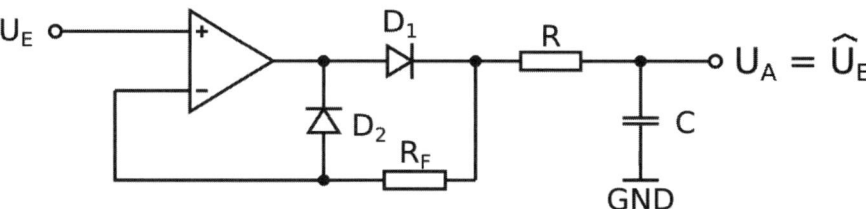

Abb. 4.5: Spitzenwertgleichrichter

Der OPV braucht eine ausreichend hohe Anstiegszeit *(Slew Rate)* und muss mit kapazitiven Lasten umgehen können. Der Widerstand R (10–100 Ω) entkoppelt den Kondensator vom Ausgang des Operationsverstärkers und verbessert so dessen Stabilität – natürlich auf Kosten der Geschwindigkeit. Als Diode kann eine beliebige Kleinsignaldiode (z. B. die altbewährte 1N4148) verwendet werden. R_F (ca. 100x größer als R) und D2 verhindern, dass der Ausgang des OPV in Sättigung geht, was negative Auswirkungen auf Geschwindigkeit und Leistungsverbrauch hätte.

Eine weitere Möglichkeit zur Spitzenwertmessung ist, auf den OPV zu verzichten und die Gleichrichtung mit einer einfachen Diode *(Einweggleichrichter)* und einem ausreichend groß dimensionierten Kondensator zu erledigen *(Abb. 4.6)*. Die Diode lässt jeweils nur die positive Halbwelle durch, welche den Kondensator bis zum Spitzenwert der Eingangsspannung auflädt. Der Wert des Kondensators liegt bei ein paar µF, abhängig von Frequenz und Amplitude des Eingangssignals.

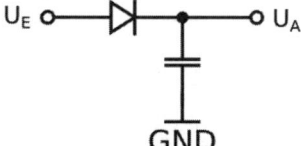

Abb. 4.6: Einweggleichrichter

Den Spannungsabfall an der Gleichrichterdiode muss man dann in den Berechnungen berücksichtigen. Der Spannungsabfall an der Diode beträgt dabei aber keinesfalls die oft zitierten 0,6-0,7 V, sondern ist abhängig vom Strom durch die Diode. Wichtig ist also, dass man den Strom durch die Diode möglichst konstant (und möglichst niedrig) hält, indem man den Ausgang wenig belastet, etwa mit einem OPV-Spannungsfolger oder direkt mit dem recht hochohmigen ADC-Eingang.

5 Spannungen ausgeben

Manche Anwendungen erfordern es, dass der Mikrocontroller nicht nur Spannungen einlesen, sondern auch Spannungen ausgegeben muss. Die Umwandlung eines digitalen Wertes in eine analoge Spannung nennt man *Digital-Analog-Wandlung* und es gelten sehr viele bereits bei der Analog-Digital-Wandlung (Kapitel *2.7.5 AD-Wandler* und *4 Spannungsmessung*) beschriebenen Sachverhalte, wenn auch oft »umgekehrt«.

Das Bauteil selbst wird meist als *DAC (Digital-(to)-Analog Converter)* oder auf Deutsch als Digital-Analog-Wandler bezeichnet.

Als kleinen Unterschied zu den ADCs gibt man bei DACs oft nicht die Abtastrate oder die Wandlungsgeschwindigkeit an, sondern die *Settling Time*, also die Zeit, die benötigt wird, um den gewünschten Ausgangswert zu erreichen, natürlich mit einer gewissen Toleranz *(Fehlerband)*.

Wenn die Settling Time in der Anwendung eine wichtige Rolle spielt, muss man sie natürlich mit einem Oszilloskop verifizieren. Ein beliebter Anfängerfehler ist, dabei eine eventuell angeschlossene Verstärkerstufe nicht mit zu berücksichtigen. Es zählt immer der Wert am Ausgang.

Es ist oft sinnvoll, eine gemeinsame Referenzspannung für die Analog-Digital- und die Digital-Analog-Wandlung zu verwenden. Das minimiert Abweichungen, vor allem wenn eine Spannung gemessen und eine davon abhängige Spannung wieder ausgegeben werden soll, etwa als Stellsignal für externe Systeme. Die Schwankungen der Referenzspannung haben dann auf die eingelesene und auf die auszugebende Spannung (idealerweise) denselben Einfluss, was den negativen Einfluss ausgleichen sollte. Das Prinzip ist ähnlich wie unter *6.3 Ratiometrische Messung* beschrieben.

Auch Digital-Analog-Wandler benötigen wie ADCs einen Antialiasingfilter (vergleiche Kapitel *2.7.5 AD-Wandler – Abtasttheorem und Antialiasing*), hier jedoch am Ausgang. Er hat die Aufgabe, im Ausgangssignal enthaltene unerwünschte hochfrequente Anteile und Störungen von anderen Schaltungskomponenten fernzuhalten und das Signal zu glätten.

5.1 Interner DA-Wandler

Von den klassischen AVR-Typen verfügen leider nur sehr wenige über einen eingebauten DA-Wandler, konkret sind das einige Varianten aus der AT90PWM-Familie und die eher auf Automotive-Anwendungen ausgerichteten ATmegaxxM1 und -C1.

Bei den ATxmega zählt ein DA-Wandler hingegen wesentlich häufiger zur Standardausstattung, hierbei handelt es sich aber um eine andere Prozessorfamilie.

5.2 Externer DA-Wandler

Wenn man die Preise und Spezifikationen von externen DA-und AD-Wandlern vergleicht, kann man schnell zu der Überzeugung kommen, dass DA-Wandler entweder schlechtere Leistungsdaten oder einen höheren Preis als AD-Wandler mit gleicher nomineller Auflösung besitzen. Das hängt mit ihrem Herstellungsprozess zusammen, der eine mehr oder weniger aufwendige Kalibrierung erfordert. Aus demselben Grund findet man nur sehr selten wirklich hochwertige DACs in Mikrocontrollern, da sich diese Herstellungsschritte nicht gut kombinieren lassen.

Viele DACs haben keine Spannungs- sondern Stromausgänge und benötigen noch eine externe Beschaltung mit einem Widerstand und einem Operationsverstärker als Buffer. Ein genauer Blick ins Datenblatt ist sehr zu empfehlen, oft ist bezüglich der Außenbeschaltung von DACs einiges zu beachten. Beliebt und oft günstig sind Audio-DACs. Hier gilt ähnliches wie bei den Audio-ADCs: Ihre Gleichspannungseigenschaften sind selten spezifiziert, da sie für die Ausgabe von Wechselsignalen im Audio-Frequenzbereich optimiert wurden.

Die Ansteuerung eines externen DA-Wandlers erfolgt prinzipiell sehr ähnlich wie die eines externen AD-Wandlers, mit dem Unterschied, dass nicht eine Wandlung gestartet und der Messwert dann gelesen wird. Stattdessen wird der auszugebende Wert an den DA-Wandler gesendet.

Bei manchen Modellen erfolgt das Update des Ausgangs, nachdem der Sollwert vollständig empfangen wurde. Bei sehr vielen SPI-DACs übernimmt der Chip-Select-Pin (CS) diese Aufgabe. Der Chip wird mit dem CS-Pin angewählt, die gewünschte Ausgangsspannung seriell übertragen und nach dem Abwählen des Chips (CS HIGH) übernimmt der DAC das Ergebnis und gibt die Spannung aus.

Andere DACs – vor allem Modelle mit mehreren Ausgangskanälen – verfügen über einen eigenen Pin, über den das Update ausgelöst wird. Dadurch können alle Kanäle gleichzeitig aktualisiert werden.

Je nach angeschlossener Last kann das Verhalten des DACs nach dem Einschalten wichtig sein. Sehr viele Modelle schalten ihren Spannungsausgang nach dem Einschalten hochohmig oder verfügen über einen Pin, der dieses Verhalten bewirkt. Man benötigt also einen externen Widerstand (Pullup oder Pulldown), um einen definierten Zustand nach dem Start zu haben. Der Widerstand sollte natürlich nicht zu niederohmig gewählt werden, um den DAC im Normalbetrieb nicht allzusehr zu belasten. Werte im Bereich von 10 kΩ bis 100 kΩ oder ein maximaler Strom von 0,5 mA bis 1 mA durch den Widerstand haben sich bewährt, hängen aber natürlich von der Ausgangsstufe des DAC ab (siehe Datenblatt).

Andere DA-Wandler geben 0 V aus oder schalten auf *Half-Scale*, also auf die halbe mögliche Ausgangsspannung.

5.3   Analogspannung mit PWM generieren

Da die allermeisten AVR-Mikrocontroller ja nicht über einen eingebauten DAC verfügen, greift man oft auf die PWM-Einheiten zurück, um eine analoge Spannung auszugeben.

Die Grundidee ist, dass das PWM-Signal mit einem Tiefpassfilter gemittelt wird (die ursprünglich pulsförmige Spannung wird »geglättet«). Bei 50 % Puls-Pausen-Verhältnis hat man dann beispielsweise die halbe Versorgungsspannung als Ausgangsspannung. Zu beachten ist, dass die Genauigkeit immer von der Höhe der Versorgungsspannung abhängt und es nicht so einfach möglich ist, eine genauere Referenzspannung zu verwenden.

Wenn man keine allzu großen Anforderungen an die Glattheit oder die mögliche Änderungsgeschwindigkeit der Ausgangsspannung hat, genügt oft ein einfaches RC-Filter mit einem Widerstand im kΩ-Bereich und einen Kondensator im Bereich von 100 nF bis einige µF (RC-Tiefpassfilter werden in Kapitel 2.7.5 *AD-Wandler – Abtasttheorem und Antialiasing* erklärt). Je höher die PWM-Frequenz, desto einfacher ist die Filterung, man wird also eher keinen Prescaler einsetzen. Wenn eine nennenswerte Last am Ausgang hängt, sollte das gefilterte PWM-Signal zusätzlich mit einem Operationsverstärker gepuffert werden.

Viele Lasten, etwa einfache Gleichstrommotoren, können direkt mit einem PWM-Signal angesteuert werden (natürlich nur, wenn die Strombelastung geprüft und eine Treiberstufe verwendet wird), da sie mit ihrer Induktivität und der mechanischen Trägheit wie ein Filter wirken.

Andere Motoren, etwa bei PC-Lüftern, verfügen allerdings über eine interne Ansteuerelektronik und sollten daher nicht mit einem ungefilterten PWM-Signal angesteuert werden, da unter Umständen die interne Elektronik nicht damit klarkommt.

5.3.1 Analogspannung mit Fast-PWM

Im Beispiel wird das PWM-Signal an OC1A (PB15) ausgegeben. Wir verwenden den 8-Bit-*Fast-PWM-Modus*, dabei wird der Zähler von 0 bis 255 hochgezählt. Zur detaillierten Erklärung siehe Kapitel *2.7.8 PWM – Fast-PWM-Modus.*

Hinweis:
Man kann im Fast-PWM-Modus nicht 0 % PWM erzeugen, da der Pin immer am Anfang eines jeden Zyklus gesetzt wird. Selbst wenn man 0 in OC1A schreibt, wird der Pin für kurze Zeit HIGH. Will man das nicht, kann der invertierte Modus verwendet werden, bei dem OC1A zunächst LOW ist und gesetzt wird, wenn der Zähler den Wert in ORC1A erreicht. Damit kann aus denselben Gründen allerdings nicht ein PWM-Verhältnis von 100 % erreicht werden. Um diese Probleme zu umgehen, kennt der AVR® noch weitere PWM-Modi (*Phase Correct* und *Phase and Frequency Correct*), die jedoch den Zähler einmal hinauf- und dann wieder herunterzählen lassen, also nur die halbe Geschwindigkeit bei gleicher Auflösung wie der Fast-PWM-Modus erreichen, aber dafür auch 0 und 100 % PWM-Verhältnis sauber darstellen können.
Man kann auch eine Fallunterscheidung treffen und bei 0 % gewünschtem PWM-Verhältnis den Ausgangspin einfach auf LOW schalten und die PWM-Funktion an diesem Pin deaktivieren.

Am Anfang eines Zählzyklus wird der Pin OC1A gesetzt. Ist der Zählerwert gleich dem Wert in ORC1A, wird OC1A LOW.

```
DDRB = (1<<DDB1); //Pin OC1A als Ausgang
TCCR1A = (1<<COM1A1) | (1<<WGM11) | (1<<WGM10);//OC1A FastPWM
TCCR1B = (1<<WGM12) | (1<<CS10); //Kein Prescaler
```

Ins ORC1A-Register schreiben wir nun den Bruchteil von 255, der dem Prozentsatz unseres gewünschten PWM-Signals und in weiterer Folge der zu generierenden Spannung als Bruchteil der Versorgungsspannung entspricht.

Für ein PWM-Verhältnis von 20 % beziehungsweise 80 % erhalten wir damit beispielsweise

$$\frac{255}{100} \cdot 20 = 51 \quad \text{beziehungsweise} \quad \frac{255}{100} \cdot 80 = 204$$

Wir schreiben also beispielsweise:

```
OCR1A = 128; //50%
OCR1A = 51; //20%
OCR1A = 204; //80%
```

Das so generierte Signal kann, falls erforderlich, gefiltert werden. Die genaue Vorgehensweise wird im folgenden Kapitel *5.3.2 Für Fortgeschrittene: Filterauslegung* vorgestellt.

> **Hinweis:**
> Die Ausgangsspannung ist direkt abhängig von der Genauigkeit der Betriebsspannung, die je nach verwendetem Spannungsregler durchaus um einige Prozent schwanken kann. Abhilfe schafft entweder ein genauerer Spannungswandler (besser als ±1 % Ausgangsspannungsgenauigkeit ist erhältlich), eine Korrektur des ausgegebenen Wertes durch Einlesen der ausgegebenen Spannung mit dem ADC, der natürlich dann über eine entsprechend genaue Referenzspannung verfügen muss, oder ein komplett ratiometrisches Design der Schaltung, in dem die Schwankungen der Versorgungsspannung nicht die Funktion beeinflussen.

5.3.2 Für Fortgeschrittene: Filterauslegung

Wir wollen nun das notwendige Filter berechnen. Dazu ist es notwendig, die Schaltfrequenz des PWM-Signals (und ihre Vielfachen) für die jeweilige Anwendung ausreichend stark zu dämpfen. Wir gehen von 31,25 kHz PWM-Frequenz (AVR® mit 8 MHz und 8-Bit-Fast-PWM) aus. Das Puls-Pausen-Verhältnis kann also in 256 Stufen zwischen 0 % und 100 % verändert werden.

Um 8-Bit-Genauigkeit zu erhalten, muss die Störung durch die PWM-Frequenz um

$$8 \; Bit \cdot 6 \; dB + 1,76 \; dB \cong 50 \; dB$$

gedämpft werden, um denselben Rauschabstand wie ein idealer 8-Bit-ADC oder -DAC zu haben (Erklärung dB siehe *13.6 Dezibel (dB)*).

Wir verwenden zunächst ein einfaches RC-Tiefpassfilter mit 20 dB/Dekade Abfall. Vorsichtshalber halten wir 3 Dekaden (also 60 dB) Abstand, landen also bei 31,25 Hz (31250 / 10 / 10 / 10) Grenzfrequenz für den einfachen RC-Tiefpassfilter (*Abb. 5.1*).

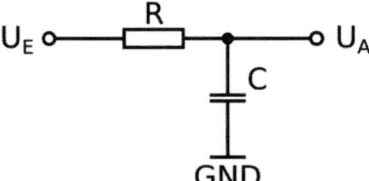

Abb. 5.1: RC-Tiefpassfilter

Zur Erinnerung: Die Grenzfrequenz eines einfachen RC-Filters berechnet man mit der Formel:

$$f_g = \frac{1}{2 \cdot \pi \cdot R \cdot C}$$

Mit R = 10 kΩ und C = 560 nF kommt man auf eine Grenzfrequenz von

$$f_g = \frac{1}{2 \cdot \pi \cdot 10k\,\Omega \cdot 560\,nF} = 28,4\,Hz$$

Der genaue Wert ist recht unkritisch, nur der Bereich sollte ungefähr stimmen, und man sollte das Ergebnis mit einem Oszilloskop überprüfen.

Wenn im Ausgangssignal noch Störungen erkennbar sind, muss entweder der Filterwiderstand oder der Filterkondensator vergrößert werden. Zu große Werte und damit eine zu niedrige Grenzfrequenz verzögern natürlich das Erreichen der gewünschten Ausgangsspannung. Man spricht dann davon, dass das Ausgangssignal zu wenig *Bandbreite* hat.

Braucht man mehr Bandbreite, kann ein *Filter höherer Ordnung*[73] verwendet werden. Mit einem LC-Filter hat man 40 dB/Dekade Dämpfung, kann also eine Bandbreite im Kilohertzbereich erreichen. LC-Filter können jedoch recht kritisch sein und Induktivitäten werden aufgrund ihres verhältnismäßig hohen Preises, ihrer nichtidealen Eigenschaften und auch aufgrund ihres magnetischen Streufeldes recht ungern eingesetzt, wenn sie nicht wirklich nötig sind.

---

[73] Die Ordnung eines Filters steigt mit der Anzahl der Energiespeicher (kapazitiv oder induktiv, also C oder L). Ein RC-Filter beispielsweise ist also 1. Ordnung, ein LC-Filter oder ein Filter mit zwei Kondensatoren ist zweiter Ordnung und so weiter.

Oft ist es daher sinnvoller, ein *aktives Filter*[74] mit einem Operationsverstärker aufzubauen. Das hat den zusätzlichen Vorteil, dass gleichzeitig auch noch die Pufferung der
Ausgangsspannung mit erledigt wird und eine Verstärkung des Ausgangssignals (etwa
auf 0 V bis 12 V) möglich ist.

Die Dimensionierung eines aktiven Filters ist allerdings nicht mehr so einfach, man
sollte spezialisierte Programme hierfür verwenden, die verschiedene Hersteller kostenlos
bereitstellen. Beispiele hierfür sind das etwas ältere FilterLab® von Microchip und Filter-
Pro™ von TI. Diese Programme verfügen über einen Assistenten, dem man die
gewünschten Eigenschaften des Filters vorgeben kann, woraufhin dieser das Filterdesign
automatisch übernimmt.

Sehr empfehlenswert ist es übrigens, bei den Vorgaben auf Werte aus den Normreihen
zu bestehen (vergleiche Kapitel *13.3 E-Reihe*), damit die vorgeschlagenen Widerstände
und Kondensatoren auch problemlos erhältlich sind. Die dadurch verursachten Abweichungen zum gewünschten Verlauf sind meist unbedeutend.

Abb. 5.2 zeigt ein solches aktives Filter, das auf eine Grenzfrequenz von 1,5 kHz ausgelegt ist. Im Diagramm rechts ist der *Frequenzgang* des Filters aufgetragen (Vorsicht: die
Skalierung ist logarithmisch). Man erkennt, wie die Verstärkung ab der Grenzfrequenz
ins Negative wegknickt, alle Signalanteile mit höherer Frequenz werden also *gedämpft.*

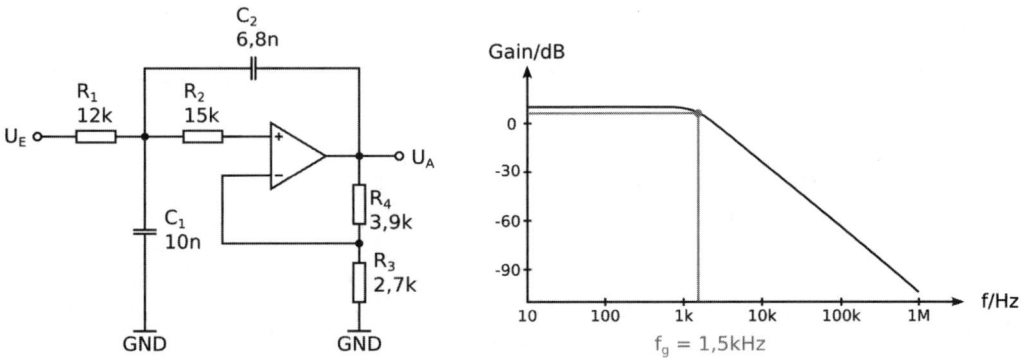

Abb. 5.2: Aktives Tiefpassfilter mit Frequenzgang

---

[74] Als »aktive« Komponenten bezeichnet man, vereinfacht gesagt, Bauteile, die eine eigene Versorgung benötigen – in diesem
Fall der Operationsverstärker. Alle sonstigen Bauteile wie Widerstände, Kondensatoren und so weiter, sind »passive«
Komponenten.

5.4 Software-PWM

Alternativ zur Hardwarelösung kann eine PWM natürlich auch in Software generiert werden. Je nachdem ob man nur wenige oder viele Software-PWMs benötigt, gibt es mehrere Möglichkeiten, von denen hier zwei vorgestellt werden.

Die maximal zulässige PWM-Frequenz bei einer Softwarelösung hängt natürlich stark vom CPU-Takt und den anderen Aufgaben des Mikrocontrollers ab und ist geringer als die mit den Hardware-PWM-Einheiten erzielbare Geschwindigkeit. Die Hardware-PWM hat zudem noch den unschlagbaren Vorteil, dass sie unabhängig im Hintergrund läuft und den Prozessor nicht belastet.

5.4.1 Software-PWM mit Compare Match

Bei bis zu zwei Ausgängen pro Timer kann sehr effizient die *Compare Match*-Einheit der MCU verwendet werden. In der entsprechenden Interruptroutine wird dann einfach der für die Software-PWM verwendete Pin auf LOW geschaltet und im Timer-Overflow-Interrupt werden der oder die Pins HIGH gesetzt.

Bei dieser Implementierung handelt es sich im Prinzip um eine Fast-PWM mit demselben Nachteil (0 % nicht erreichbar). Das kann man beheben, indem beim Setzen des entsprechenden Pins in der Überlauf-Interruptroutine überprüft wird, ob der Sollwert null ist – und in dem Fall auf ein Setzen verzichtet wird.

Im folgenden Code wird eine Software-PWM an den Pins PC4 und PC5 ausgegeben, die ja nicht über eine Hardware-PWM-Funktion verfügen.

```
#include <avr/io.h>
#include <avr/interrupt.h>

ISR( TIMER0_OVF_vect ) {
  //Hier kann ev. geprüft werden, ob 0%PWM gewünscht ist
  //Dann wird der Pin nicht gesetzt.
  PORTC |= (1<<PC4) | (1<<PC5); //beide HIGH
}

ISR( TIMER0_COMPA_vect ) {
  PORTC &= ~(1<< PC4); //LOW
}

ISR( TIMER0_COMPB_vect ) {
  PORTC &= ~(1<< PC5); //LOW
}
```

```
int main(void) {
  DDRC = (1<<PC4) | (1<<PC5); //Ausgänge
  PORTC |= (1<<PC4) | (1<<PC5); //beide HIGH
  TCCR0B = (1<<CS02); //Prescaler 256
  //Overflow + Compare Match A+B Interrupts aktivieren
  TIMSK0 = (1<<TOIE0) | (1<<OCIE0A) | (1<<OCIE0B);
  OCR0A = 51; //20% PWM an PB4
  OCR0B = 204; //80% PWM an PB5

sei(); //Interrupts erlauben


  for (;;) { //Leere Hauptschleife
  }
}
```

5.4.2 Software-PWM mit Timer Overflow

Benötigt man mehrere Ausgänge, muss man eine andere Vorgehensweise wählen.

Ein Timer wird so konfiguriert, dass er in einer PWM-Periode je nach gewünschter Auflösung mehr oder weniger oft überläuft: Benötigt man also etwa 100 Stufen, muss der Timer 100 Mal pro Periode überlaufen.

Bei jedem Überlauf wird ein Zähler inkrementiert und mit den Sollwerten jedes Ausgangssignals verglichen. Ist der entsprechende Wert erreicht, wird der Pin auf LOW gesetzt, und am Ende jeder Periode werden alle Pins HIGH gesetzt.

Im Beispiel wird eine 50 Hz PWM (20 ms Periodenlänge) an 6 Pins von Port C erzeugt. Die Auflösung beträgt 100 Stufen, also muss der Timer alle 200 μs (200 μs · 100 = 20 ms) überlaufen.

Dazu wählen wir 10 MHz CPU-Takt, den 8-Bit-Timer und einen Prescaler von 8. Das ergibt einen Timerüberlauf alle

$$\frac{1}{10 MHz \cdot 256 \cdot 8} = 205 \mu s \ ,$$

was ausreichend genau sein sollte.

```
#include <avr/io.h>
#include <avr/interrupt.h>
```

```
volatile uint8_t PWM0 = 0;
volatile uint8_t PWM1 = 1;
volatile uint8_t PWM2 = 45;
volatile uint8_t PWM3 = 60;
volatile uint8_t PWM4 = 99;
volatile uint8_t PWM5 = 100;

ISR(TIMER0_OVF_vect) { //Timer1 Overflow
static uint8_t counter = 0;

counter++;

  if (counter >= 100) { //Initialisieren
    counter = 0;
    //Wenn 0%PWM gewünscht, wird der Pin nicht gesetzt
    if (PWM0 > 0) {
      PORTC |= (1<<PC0); //HIGH
    } else {
      PORTC &= ~(1<<PC0); //LOW
    }
    if (PWM1 > 0) {
      PORTC |= (1<<PC1); //HIGH
    }else {
      PORTC &= ~(1<<PC1); //LOW
    }
    if (PWM2 > 0) {
      PORTC |= (1<<PC2); //HIGH
    }else {
      PORTC &= ~(1<<PC2); //LOW
    }
    if (PWM3 > 0) {
      PORTC |= (1<<PC3); //HIGH
    }else {
      PORTC &= ~(1<<PC3); //LOW
    }
    if (PWM4 > 0) {
      PORTC |= (1<<PC4); //HIGH
    }else {
      PORTC &= ~(1<<PC4); //LOW
    }
    if (PWM5 > 0) {
      PORTC |= (1<<PC5); //HIGH
```

```
    }else {
      PORTC &= ~(1<<PC5); //LOW
    }
  }
  else { //vergleichen
    if (counter == PWM0) { //Wert erreicht
      PORTC &= ~(1<< PC0); //also Pin LOW
    }
    if (counter == PWM1) {
      PORTC &= ~(1<< PC1);
    }
    if (counter == PWM2) {
      PORTC &= ~(1<< PC2);
    }
    if (counter == PWM3) {
      PORTC &= ~(1<< PC3);
    }
    if (counter == PWM4) {
      PORTC &= ~(1<< PC4);
    }
    if (counter == PWM5) {
      PORTC &= ~(1<< PC5);
    }
  }
}

int main(void) {

  DDRC = (1<<DDC0) | (1<<DDC1) | (1<<DDC2) |
         (1<<DDC3) | (1<<DDC4) | (1<<DDC5); //Ausgänge
  TCCR0B = (1<<CS01); //Takt = Clk/8
  TIMSK0 = (1<<TOIE0); //Overflow Interrupt an
  sei(); //Interrupts erlauben

  for (;;) { //Loop forever
  }
}
```

6 Widerstandsmessung

Widerstände müssen zwar nicht oft direkt gemessen werden, jedoch lösen sehr viele Effekte eine Widerstandsänderung in einem hierfür empfindlichen Material aus. Es gibt sehr viele Sensoren, die einen von der gemessenen Größe abhängigen Widerstandswert besitzen. Ein sehr gutes Beispiel hierfür sind einige Temperatursensoren, denen ein eigenes Kapitel *(10 Temperaturmessung)* gewidmet ist.

Einige Möglichkeiten, wie Widerstände gemessen werden können, werden im Folgenden kurz vorgestellt.

6.1 Spannungsteiler

Am naheliegendsten ist die Widerstandsmessung mit einem Spannungsteiler wie in *Abb. 6.1* gezeigt. Kennt oder misst man die Versorgungsspannung U_{REF} des Spannungsteilers und misst die Spannung U_{MESS} am zu messenden (unteren) Widerstand, kann man den Wert eines der beiden Teilerwiderstände berechnen, wenn man den anderen Widerstandswert R_{REF} kennt.

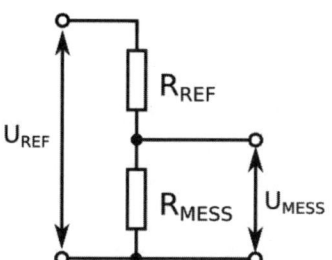

Abb. 6.1: Spannungsteiler

$$R_{MESS} = \frac{R_{REF} \cdot U_{MESS}}{U_{REF} - U_{MESS}}$$

Hauptnachteil dieser Methode ist, dass sowohl Schwankungen der Referenzspannung als auch Abweichungen des Referenzwiderstands direkt Auswirkungen auf das Messergebnis haben. Wenn zusätzlich die Referenzspannung U_{REF} gemessen werden soll, um eine Fehlerquelle zu eliminieren, braucht man doppelt so viele Messungen.

In jedem Fall empfiehlt es sich, einen Blick ins Datenblatt des Referenzwiderstands zu werfen und zu überprüfen, wie groß dessen Temperaturabhängigkeit, Genauigkeit und Langzeitstabilität ist.

6.2   Messung mit Konstantstrom

Lässt man einen konstanten (oder zumindest genau bekannten) Strom durch einen Widerstand fließen, fällt an diesem gemäß dem Ohm'schen Gesetz eine Spannung von

$$U \ = \ R \cdot I$$

ab, also kann man den Widerstand direkt bestimmen:

$$R_{gesucht} \ = \ \frac{U_{gemessen}}{I_{const}}$$

Eine Möglichkeit, einen Widerstand[75] recht genau zu messen, ist die *Vierleitermessung* (*Abb. 6.2*), auch als *Kelvin Sensing* bezeichnet. Dabei wird ein konstanter Messstrom I über zwei Leitungen L1 und L4 durch den zu messenden Widerstand R_{MESS} geschickt. Die Spannungsmessung erfolgt hochohmig über zwei weitere Messleitungen L2 und L3.

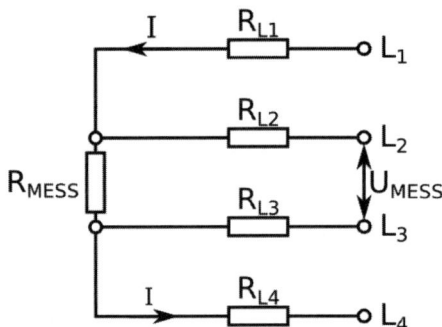

Abb. 6.2: Vierleitermessung

---

[75] Der mit dieser Methode gemessene Widerstand kann auch sehr klein (kleiner 1 Ω) sein, wenn man die gemessene Spannung zusätzlich verstärkt.

Der Vorteil einer Messung mit einem Strom ist, dass die Leitungs- und Kontaktwiderstände R_{L1} bis R_{L4} praktisch keine Rolle spielen. R_{L1}, der Messwiderstand R_{MESS} und R_{L4} werden von demselben Strom durchflossen. Ein Spannungsabfall an diesen Leitungen stört also nicht. Da die Spannung am Widerstand hochohmig gemessen wird, fließt zudem (fast) kein Strom über die Leitungen L2 und L3, sodass deren Widerstand auch nur einen sehr geringen Fehler verursacht.

Der Entwurf einer temperaturstabilen Konstantstromquelle ist jedoch keinesfalls trivial, die oft gezeigte Variante mit einem LM317-Spannungsregler hat Abweichungen von mehreren Prozent und sollte daher nicht verwendet werden. Sie wird deshalb auch hier nicht vorgestellt.

Besser geeignet ist die Schaltung in *Abb. 6.3* mit einem Operationsverstärker:

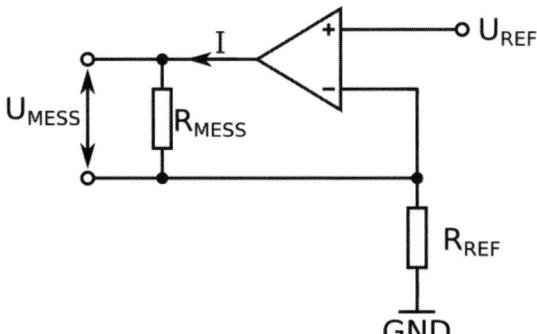

Abb. 6.3: Beispiel für eine Konstantstromquelle

Sowohl die Referenzspannung U_{REF} als auch der Referenzwiderstand R_{REF} müssen temperaturstabil sein oder sich so verändern, dass sich die Auswirkungen kompensieren, da sie direkt den Strom durch den zu messenden Widerstand bestimmen:

$$I = \frac{U_{REF}}{R_{REF}}$$

Bei längeren Anschlussleitungen hat man zudem beachtliche Leitungskapazitäten, mit denen nicht alle OPVs zurechtkommen. Man achte dann auf die Angabe der maximalen Lastkapazität im Datenblatt. Der Operationsverstärker muss zudem in der Lage sein, den Messstrom am Ausgang zu liefern. Das stellt in den meisten Fällen aber kein allzu großes Problem dar, da der Messstrom I so gewählt werden sollte, dass es zu keiner nennenswerten Temperaturerhöhung im zu messenden Widerstand kommt, man also nur Ströme im Bereich von höchstens einigen mA liefern muss.

> **Hinweis:**
> Das auszumessende Objekt – in diesem Fall der Widerstand R_{MESS} – wird häufig als *DUT (Device Under Test)* bezeichnet.

6.3 Ratiometrische Messung

Bei einer Ratiometrischen Widerstandsmessung ist man »nur« am Verhältnis zweier oder mehrerer Messgrößen – in diesem Fall zweier Widerstände – interessiert. Daraus kann dann entweder ein unbekannter Wert errechnet oder auf eine Änderung der Umgebungsbedingungen geschlossen werden. Eine relative Messung kann zudem wesentlich genauer durchgeführt werden als eine absolute.[76]

Ist ein Widerstand R_{REF} bekannt, kann bei bekanntem Verhältnis der andere Widerstand R_{MESS} bestimmt werden. Die Voraussetzung für diese Art von Messung ist, dass die Referenzspannung U_{REF} des ADCs gleich der Versorgungsspannung des Spannungsteilers ist. Der genaue Wert der Referenz-und Versorgungsspannung (und damit die Möglichkeit eventueller Schwankungen) fällt dann aus der Rechnung heraus und die Berechnung des Widerstands erfolgt bei einem 10-Bit-ADC aus dem eingelesenen ADC-Wert (Count) n_{COUNT} zu:

$$R_{MESS} = \frac{n_{COUNT} \cdot R_{REF}}{1024 - n_{COUNT}}$$

Ungenauigkeiten der Versorgungs- bzw. Referenzspannung spielen also keine Rolle mehr.

Fehlerquelle ist, neben den unvermeidbaren Ungenauigkeiten des ADCs, nur noch der Referenzwiderstand. Bei langen Leitungen kann der Widerstand der Zuleitungen eventuell noch eine Rolle spielen, dann kann eine Vierleitermessung eingesetzt werden.

---

[76] Das Prinzip kennen wir vom Menschen: Unterschiede, etwa in einer Tonlage, werden schnell erkannt – die Absolutwerte dieser Töne hingegen sind schwerer zu bestimmen.

Beispiel:

In folgendem Beispiel soll die Funktionsweise der ratiometrischen Messung verdeutlicht werden, indem sie »von Hand« durchgeführt wird. Nehmen wir dazu an, wir hätten einen einfachen Spannungsteiler mit zwei Widerständen R_{REF} und R_{MESS}. Wir wollen den Spannungsabfall U_{MESS} an R_{MESS} bestimmen. Dabei zeigt unsere »normale« Messung allerdings 5 % zu viel an – unter Vernachlässigung aller anderen Fehler haben wir also 5 % Abweichung.

Nun führen wir die Messung erneut, allerdings diesmal ratiometrisch durch. Dazu messen wir die Gesamtspannung U_{REF} sowie die Spannung U_{MESS} an R_{MESS}. Bilden wir nun das Verhältnis der (nach wie vor 5 % fehlerbehafteten) Messwerte, erhalten wir:

$$\frac{1,05 \cdot U_{REF}}{1,05 \cdot U_{MESS}} = \frac{U_{REF}}{U_{MESS}} = \frac{R_{REF} + R_{MESS}}{R_{MESS}}$$

Wie wir sehen, kürzt sich die Abweichung heraus, und wir können bei bekanntem R_{REF} auf R_{MESS} zurückrechnen.

Beim AVR® wird dieses Messprinzip unbewusst oft eingesetzt, wenn als Referenz für den ADC die Versorgungsspannung VCC gewählt wird (Bit REFS0 in ADMUX gesetzt) und der Spannungsteiler auch mit AVCC versorgt wird, also etwa in einem System mit nur einer Versorgungsspannung.

Sinkt VCC um 5 %, so sinkt automatisch auch die Spannung am Widerstand und damit am ADC-Eingang ebenfalls um 5 %. Gleichzeitig wird – da ja VCC als Referenzspannung genutzt wird – auch der Wert für ein Count des ADCs um 5 % kleiner. Die Spannungsschwankung von VCC hat somit (im Idealfall) nichts am AD-Wandlungsergebnis geändert.

7 Strommessung

Da im Normalfall ein ADC einen Spannungseingang und keinen Stromeingang besitzt,[77] ist das Grundprinzip aller Strommessverfahren, den Strom in eine proportionale Spannung oder in eine zum Strom proportionale Zeit umzuwandeln.

Prinzipiell ist eine Strommessung mit vielen Unsicherheiten verbunden und man muss einen ziemlich großen Aufwand betreiben, um eine schnelle, zuverlässige und vor allem langzeitstabile Messung zu erhalten. In sehr vielen Fällen will man aber nur die Größenordnung des Stromes erfassen, um beispielsweise eine Überlast am Ausgang zu erkennen. Die Genauigkeitsanforderungen sind dabei wesentlich geringer.

7.1 Messung mit Shuntwiderstand

Ein Widerstand zur Strommessung wird auch als *Shunt* bezeichnet. Damit ist auch das Messprinzip klar: Man misst die über einen bekannten Widerstand abfallende Spannung und bestimmt daraus mithilfe des Ohm'schen Gesetzes

$$U = R \cdot I$$

den durch den Widerstand fließenden Strom.

Dabei ergeben sich zwei Grundprobleme: Die im Shunt in Wärme umgesetzte Verlustleistung und die Stabilität des Widerstands.

Den Wert des Widerstands kann man entweder in regelmäßigen Abständen bestimmen, etwa indem ein bekannter Strom durch ihn geschickt wird, oder man investiert eine beträchtliche Menge Geld (oft mehr als in die aktiven Komponenten) in einen hochwertigen, temperatur- und alterungsbeständigen Widerstand.

Bei sehr kleinen Widerständen und/oder hohen Strömen spielen die Übergangs- und Kontaktwiderstände von der Leiterbahn beziehungsweise Kabeln zum Widerstand eine zunehmende Rolle. In diesen Fällen wird mit einer Vierleitermessung (*Kelvin Sensing*, siehe auch Kapitel *6.2 Messung mit Konstantstrom*) und entsprechenden Shunts mit vier Anschlüssen gearbeitet.

---

[77] Es gibt jedoch auch *Current Input*-ADCs, wenn auch speziell für sehr geringe Ströme.

Das Problem mit der Verlustleistung kann man minimieren, indem der Widerstands-wert möglichst klein gewählt wird. Das führt natürlich zu einem entsprechend kleinen Spannungssignal, das vor der Messung verstärkt werden muss. Hierfür gibt es eigene ICs (*Current Shunt Monitor* oder *Current Sense Amplifier*) in einer Vielzahl von Ausführun-gen.

Prinzipiell gibt es zwei Möglichkeiten, den Shunt zu platzieren: entweder in die Versor-gungsspannung *(Highside)* oder in die Masseleitung *(Lowside)*.

Lowside-Messungen haben den Nachteil, dass das Massepotenzial verändert wird und dass der Messverstärker bis an seine Versorgungsspannungsgrenzen arbeiten muss. Eine unerwünschte Überbrückung des Shunt-Widerstands kann unter gewissen Umständen (etwa Gehäuse auf Massepotenzial) leicht vorkommen und führt zu einer falschen Messung (kein Stromfluss erkannt). Die Änderung des Massepotenzials ist vor allem bei präzisen Analogschaltungen zudem kritisch und sollte daher dort vermieden werden.

Bei der *Highside-Messung* hat man eine *Common Mode Voltage* (eine Offsetspannung) bei der Messung, was vor allem bei hohen Betriebsspannungen (ab etwa 80 V) proble-matisch ist. Speziell für diesen Einsatzzweck ausgelegte *Current Shunt Monitor*-ICs kommen damit aber zurecht und sind sogar relativ preiswert zu haben, selbst in beson-ders präzisen Varianten. Sie verfügen entweder über eine eingebaute fixe oder eine mit einem externen Widerstand einstellbare Verstärkung. Dabei sind die Varianten mit fixer Verstärkung zu bevorzugen, da ihr Verstärkungsfaktor stabiler ist als bei ICs, bei denen die Verstärkung mit externen Widerständen eingestellt wird.

7.1.1 Current Shunt Monitor

Bei der Auswahl des *Current Shunt Monitor*-ICs muss noch entschieden werden, ob der Strom nur in eine Richtung *(unidirektional)* oder in beide Richtungen *(bidirektional)* fließen kann.

Bei ICs für die bidirektionale Strommessung *(Abb. 7.1)* wird häufig die halbe Aus-gangsspannung oder eine frei wählbare Spannung als Wert für 0 A (kein Strom) defi-niert. Etwas unglücklich ist der Pin, an dem dieser Offset vorgegeben werden kann, oft als REF bezeichnet, obwohl es sich nicht wirklich um die Referenzspannung handelt. Bei einem negativen Strom sinkt die Ausgangsspannung ausgehend von der Spannung an diesem Pin, bei einem positiven Strom steigt sie ausgehend vom Wert für 0 A.

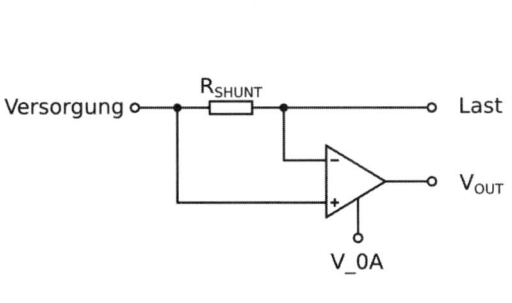
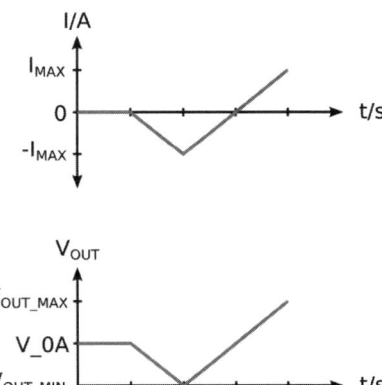

Abb. 7.1: Current Shunt Monitor mit beispielhaftem Ausgangssignal

Den durch den Messwiderstand (Shunt) fließenden Strom berechnet man mit der Formel:

$$I_{SHUNT} = \frac{V_{OUT} - V\_0A}{R_{SHUNT} \cdot Gain}$$

Beispiel:
Angenommen, die Ausgangsspannung des Current Shunt Monitors bei 0 A sei 2,5 V (V_0A), der Messwiderstand beträgt 0,1 Ω, die Verstärkung (Gain) ist 100 und es wird eine Ausgangsspannung des Verstärkers von 3,5 V gemessen. Dann fließen +100 mA durch den Messwiderstand. Bei einer Ausgangsspannung von 1,5 V würden 100 mA in die andere Richtung fließen (−100 mA).

7.2 Transimpedanzverstärker

Den *Transimpedanzverstärker* oder *Transimpedanzwandler* bezeichnet man auch als *Strom-Spannungs-Wandler (I-U-Wandler)* – er wandelt also einen (meist sehr kleinen) Strom in eine Spannung um.

In der einfachsten Ausführung handelt es sich dabei um einen Operationsverstärker mit einem Rückkoppelwiderstand (*Abb. 7.2*). Aufgrund der Eigenschaften des Operationsverstärkers entspricht der Spannungspegel des Stromeingangs (nichtinvertierender Eingang) dabei nahezu dem Wert am invertierenden Eingang, also in diesem Beispiel Masse. Die Stromquelle wird also fast kurzgeschlossen – was im ersten Moment problematisch klingt, in Wirklichkeit jedoch den idealen Betriebszustand für eine Stromquelle wie etwa den später behandelten Stromwandler (Kapitel *7.4 Stromwandler*) oder auch für eine Fotodiode darstellt. Ein Transimpedanzverstärker ist also eine der elektrisch besten Lösungen, eine Stromquelle zu messen.

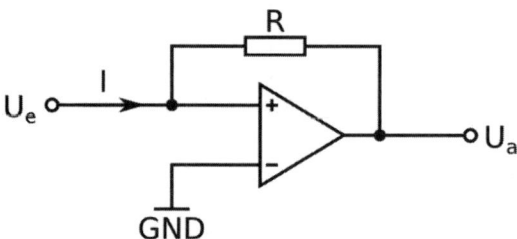

Abb. 7.2:
Transimpedanzverstärker mit OPV

Die Ausgangsspannung beträgt:

$$U_A = -I + R$$

Man beachte das negative Vorzeichen. Es wird also eine negative Versorgungsspannung für den Operationsverstärker benötigt, wenn der Strom positiv ist.

Wenn man sehr kleine Ströme im unteren nA oder sogar im fA-Bereich[78] messen will, muss der Widerstand sehr hochohmig und der Eingangsstrom *(Input Bias Current)* des Operationsverstärkers möglichst niedrig sein. Das erfordert eine sehr sorgfältige Bauteilauswahl (OPV mit FET-Eingangsstufe) und einen sehr »sauberen« Aufbau. Und zwar im wahrsten Sinn des Wortes: Selbst geringe Verschmutzungen oder Fingerabdrücke können Leckströme in derselben Größenordnung wie der zu messende Eingangsstrom bewirken.

Bei Rückkoppelwiderständen im Megaohm-Bereich wird meist ein kleiner Kondensator (einige pF) zu diesem parallelgeschaltet, um das Rauschen und die Störempfindlichkeit zu reduzieren.

---

[78] nano- und femto-Ampere, siehe Kapitel *13.2 Darstellung von Bauteilwerten*

7.3 Hallsensor

Hallsensoren liefern eine Ausgangsspannung, die proportional zum sie durchfließenden Magnetfeld ist. Das Magnetfeld eines Leiters ist wiederum proportional zum ihn durchfließenden Strom – somit können Hallsensoren zur Strommessung genutzt werden.

Der besondere Vorteil dieser Methode ist, dass keine elektrische Verbindung zwischen dem zu messenden Strom und dem Messsystem nötig ist. Die Messung ist also galvanisch getrennt (potenzialfrei).

Die Hersteller dieser Sensoren liefern auch die Umrechnungsfaktoren mit, um aus der Ausgangsspannung auf den Strom durch den Leiter zurückzurechnen. Die Anwendung erfolgt also prinzipiell wie die eines Current Shunt Monitors und das Messprinzip ist sowohl für Gleich- als auch für Wechselspannungen geeignet.

Nachteile gegenüber der Shuntmessung sind die tendenziell geringere Genauigkeit, eine gewisse Anfälligkeit gegenüber starken externen Magnetfeldern und der höhere Preis. Vorteile sind die praktisch nicht vorhandene Verlustleistung und die galvanische Trennung.

7.4 Stromwandler

Ein Stromwander ist im Prinzip ein für Messaufgaben optimierter Transformator. Er überträgt einen festen Teil des zu messenden Stromes galvanisch getrennt auf die Messseite. Dort wird der Strom dann mit einem Shunt oder (meist besser) mit einem Transimpedanzwandler in eine Spannung »umgewandelt« und kann dann gemessen werden.

Da es sich beim Stromwandler ja prinzipiell um einen Transformator handelt, können damit keine Gleichströme gemessen werden. Für die Wechselstrommessung ist es aber oft eine preiswerte und sehr robuste Lösung.

7.5 Strommessung mit einem Kondensator

Sehr geringe Ströme können gemessen werden, indem man damit einen hochwertigen Kondensator aufladen lässt. Wenn man in einen Kondensator mit einer Kapazität von 1 Farad 1 Sekunde lang 1 Ampere fließen lässt, steigt die Spannung um 1 Volt. Das ist die Definition der Kapazität.

In der Praxis muss man aber froh sein, hochwertige Kondensatoren mit einer Kapazität von einigen nF bis einigen μF zu bekommen, was den Messstrom auf sehr geringe Werte beschränkt.

Elektrolytkondensatoren sind für Präzisionsanwendungen aufgrund ihrer im Verhältnis zu anderen Kondensatortypen ziemlich hohen Leckströme ungeeignet. Man bevorzugt Folienkondensatoren oder Keramikkondensatoren (KERKOs) aus C0G oder NP0-Material.

Zusätzlich benötigt man noch einen präzisen Komparator, um den Anstieg der Spannung am Kondensator zu detektieren, wann (zu welchem Zeitpunkt) diese einen Schwellenwert überschritten hat. Der im AVR® eingebaute analoge Komparator ist bei geringen Ansprüchen durchaus geeignet, bei höheren Anforderungen greift man aber besser auf externe Lösungen zurück.

Ein Beispielprogramm zum Einsatz des analogen Komparators zur Zeitmessung findet sich im Kapitel *8 Zeit- und Frequenzmessung*. Für die praktische Realisierung muss noch ein Schalter vorgesehen werden, der den Kondensator am Ende des Messzyklus wieder entladen kann. Man misst also, möglichst mehrmals, die Zeitspanne t_{LADE}, vom Öffnen des Entladeschalters bis zum Erreichen der Schwellspannung U_{REF} und berechnet den Stromwert dann mit der Formel:

$$I = \frac{C \cdot U_{REF}}{t_{LADE}}$$

8 Zeit- und Frequenzmessung

Als Frequenz bezeichnet man die Anzahl der Schwingungen eines periodischen Signals pro Sekunde. Bei komplizierten Signalen mit mehreren Nulldurchgängen ist es schwierig, von einer Frequenz zu sprechen.[79] Bei den folgenden Beispielen müssen wir also von einem Signal mit einer definierten Periodenlänge und damit mit einer definierten Frequenz ausgehen.

Bei Mischspannungssignalen wird meist trotzdem von Nulldurchgängen gesprochen, auch wenn das Signal niemals den Wert null erreicht. Man meint dann mit »Nulldurchgang« den Schnittpunkt des Signals mit einer gedachten Linie. In der Praxis ist das oft der Mittelwert, bei reinen Wechselspannungen ist dieser definitionsgemäß null.

Jedem zu messenden Signal werden in der Praxis Störungen überlagert sein, die eine Erkennung des Nulldurchgangs nur mit einem gewissen Fehler erlauben. Daher muss man über eine ausreichende Anzahl an Perioden mitteln, um ein brauchbares und stabiles Ergebnis zu bekommen. Je mehr Messungen vorgenommen werden, desto genauer kann das Ergebnis werden, man muss aber immer in der konkreten Anwendung die zulässige Verzögerung berücksichtigen.

8.1 Periodendauermessung

Die Periodenlänge eines Signals ist der Kehrwert der Frequenz. Je größer die Frequenz, desto geringer die Periodenlänge. Bei der Umrechnung zwischen diesen Werten muss man bei der benötigten Kehrwertbildung besonders auf Rundungsfehler aufpassen oder sie am besten ganz vermeiden, indem konsequenterweise alle folgenden Berechnungen mit der Periodendauer durchgeführt werden.

Abhängig von der Geschwindigkeit des verwendeten Zählers macht man dabei einen Fehler von ±1 Zählerschritt und man muss aufpassen, dass der Zähler dabei nicht überläuft, da es ansonsten zu einem völlig falschen Ergebnis kommt.

---

[79] In einem solchen Fall wird man mit deutlich aufwendigeren Methoden ein Frequenzspektrum bilden, also alle im Signal vorhandenen Frequenzanteile in einem Diagramm darstellen.

8.1.1 Beispiel Messung der Periodendauer mit Timer und analogem Komparator

Es soll die Frequenz eines annähernd sinusförmigen, aber verrauschten Signals mit 50 Hz und U_{eff} = 12 V (also rund 34 V Spitze-Spitze-Spannung) gemessen werden.

Das Originalsignal hat den Mittelwert 0. Es ist also zunächst eine Anpassung des Pegels notwendig, da die Eingänge des analogen Komparators wie alle anderen Eingänge nur Spannungen von 0 V bis VCC (hier 5 V) verkraften.

Zur Pegelanpassung und Verschiebung des Mittelwerts dient ein einfacher Spannungs-teiler mit Levelshift-Widerstand. Dabei handelt es sich nicht um eine Präzisionsschaltung, wir sind aber auch nicht an der Amplitude, sondern an den Abständen der Nulldurch-gänge interessiert – und dafür eignet sich die Schaltung aus *Abb. 8.1* ganz hervorragend.

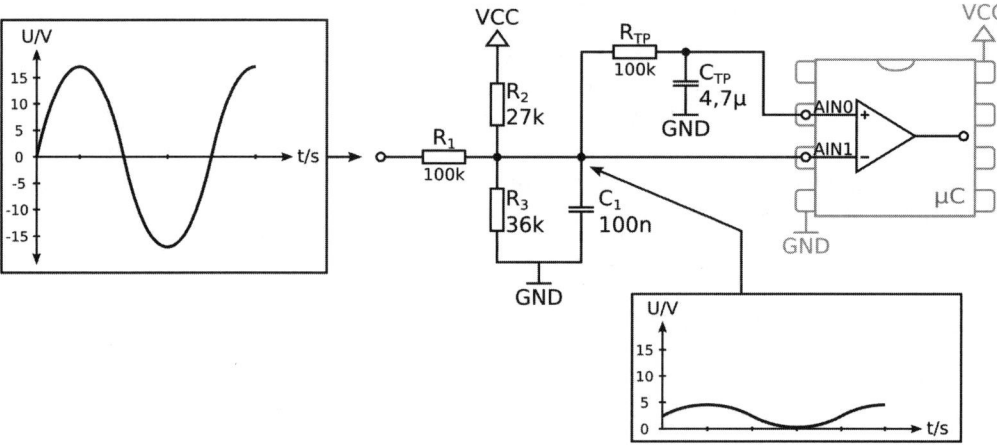

Abb. 8.1: Messung der Periodendauer

In unserer Implementierung nutzen wir den internen $AVR^{®}$-Komparator, der wie in Abb. 8.1 symbolisiert an den Pins AIN0 und AIN1 liegt. R2 ist ungefähr gleich groß wie die Parallelschaltung aus R1 und R3. Damit wird der Mittelwert des Signals am Pin AIN1 auf ungefähr die halbe Versorgungsspannung gelegt. Die Signalamplitude wird mit dem Verhältnis von R1 zur Parallelschaltung von R2 und R3 festgelegt. Im Beispiel ergibt sich bei R1 = 100 kΩ, R2 = 27 kΩ und R3 = 36 kΩ ein Signal, das sich ungefähr zwischen 0,5 V und 4,5 V bewegt, also innerhalb des erlaubten Bereichs (mit Toleranz) liegt.

Nun wird noch ein Vergleichssignal am Pin AIN0 benötigt. Man kann dort einfach mit einem fixen Spannungsteiler 2,5 V einstellen oder das Signal von AIN1 sehr stark Tiefpassfiltern. Eine Tiefpassfilterung eines beliebigen Signals ergibt seinen Mittelwert. Die Zeitkonstante (R · C) dieses Filters muss 10 bis 20 Mal so groß sein wie eine Periodenlänge des zu messenden Signals. 100 kΩ für R_{TP} und 4,7 µF für C_{TP} sind in diesem Fall ein guter Startwert.

Widmen wir uns nun der Programmierung: Da es sich um ein verrauschtes Signal handeln kann, wird der Input Capture Noise Canceler der Capture Unit von Timer 1 aktiviert. Dieser wartet, bis vier aufeinanderfolgende Messungen dasselbe Ergebnis liefern, bevor er dieses weiterleitet. Die Verzögerung stört nicht, da sie konstant ist. Die Frequenz wird damit also nicht beeinflusst. Zur besseren Störungsunterdrückung kann zudem der Filterkondensator C1 angepasst werden (Startwert ~100 nF).

Bei Frequenzmessungen ist es wichtig, über möglichst viele Messungen zu mitteln, um Störungen im Signal (Jitter) und Messabweichungen möglichst herauszurechnen.

Wenn die Capture-Einheit anspricht, der analoge Komparator also einen Nulldurchgang mit steigender Flanke detektiert, wird der aktuelle Zählerwert von Timer 1 automatisch ins ICR1 *(Input Capture Register 1)* kopiert und anschließend der Interrupt aufgerufen.

Der AVR® in diesem Beispiel hat 8 MHz Taktfrequenz. Unser Signal hat eine erwartete Frequenz von 50 Hz, also eine Periodenlänge von 20 ms. Ohne Prescaler würden das 160000 Zählschritte sein, was einen Überlauf des 16-Bit-Timers 1 auslösen würde. Wir müssen also einen Prescaler von 8 einstellen (kleinster Wert für Timer 1) und erwarten uns einen Zählerwert von etwa 20000 pro Periode, also genau die Periodenlänge in µs. Es bietet sich also an, alle Berechnungen in µs zu erledigen.

Die Frequenz in Hertz berechnet man dann also mittels Zählstand (= Periodenlänge in µs) zu

$$f = \frac{1}{Periodenlänge} \cdot 1000 \cdot 1000 = \frac{1000000}{Periodenlänge}$$

Aus Sicherheitsgründen aktivieren wir zudem den Overflow-Interrupt. Falls dieser auslöst, wissen wir, dass auch nach 65535 Zählschritten (etwa 65 ms) kein Nulldurchgang detektiert wurde und irgendwas mit dem Signal nicht stimmt.

```
#include <avr/io.h>

//Ausgang Komparator als Eingang Capture Einheit Timer 1
ACSR = (1<<ACIC);

//Deaktiviere digitalen Schaltungsteil Pins AIN0 und AIN1
```

```
DIDR1 = (1<<AIN0D) | (1<<AIN1D);

//Init Input Capture INT
TCCR1B = (1<< ICNC1); //Noise Canceler aktivieren
TCCR1B |= (1<< ICES1); //Reagiere auf steigende Flanke
TCCR1B |= (1<< CS11); //Prescaler = 8

//Overflow Interrupt + Input Capture Interrupt ein
TIMSK1 = (1<< TOIE1) | (1<< ICIE1);

sei(); //Interrupts global erlauben

volatile uint16_t Periodenlaenge;
```

Folgende ISR detektiert Nulldurchgänge mit steigender Flanke. Der erste Aufruf muss gesondert behandelt werden, da nicht sichergestellt werden kann, bei welcher Lage des Signals der Zähler gestartet wurde.

Zudem muss die Verzögerung des Aufrufs der ISR kompensiert werden.

```
ISR(TIMER1_CAPT_vect) {  //NDG mit steigender Flanke
static uint8_t erster_Aufruf = 1;
uint16_t Periode = ICR1; //Wert auslesen

  if (erster_Aufruf) {
    TCCR1B = 0x00;
    Periodenlaenge = 20000;
    erster_Aufruf = 0;
  }
  else {
    TCCR1B = TCCR1B - Periode; //Verzögerung kompensieren

    //Einfache Mittelwertbildung
    Periodenlaenge = (Periodenlaenge + Periode ) / 2;
  }
}
```

Zudem wird eine Interruptroutine vorgesehen, falls ein Überlauf von Timer 1 stattfindet, also kein Nulldurchgang detektiert wurde.

```
ISR(TIMER1_OVF_vect) {
//Reagiere auf nicht vorhandenes / detektiertes Signal
}
```

Es folgt die Hauptroutine mit Endlosschleife, wie gewohnt (vergleiche *2.6 Allgemeiner Programmaufbau*).

Aus der globalen Variablen `Periodenlaenge` (in µs) kann, falls gewünscht, die Frequenz f in Hz berechnet werden.

Es wird aber empfohlen, nach Möglichkeit mit der Periodenlänge weiterzurechnen und die Umrechnung in eine Fließkommazahl zu vermeiden. Eine Alternative zur Fließkommadarstellung ist natürlich, die Frequenz in der etwas unüblichen Einheit mHz (Millihertz) ohne Nachkommastellen anzugeben.

8.2 Zählen der Nulldurchgänge

Bei größeren Frequenzen würde man eine sehr hohe Zählerfrequenz benötigen, um die Periodendauer genau zu messen. Man wählt daher eine andere Methode: Ein Zähler gibt eine Torzeit vor. In dieser Zeit inkrementiert das Messsignal bei jeder Periode einen Zähler. Nach Ablauf der Torzeit wird ausgewertet, wie viele Periodenlängen in der Torzeit enthalten waren und daraus die Frequenz berechnet. Je länger die Torzeit, desto kleiner wird der Fehler aufgrund nicht komplett in den Messzeitraum passender Perioden.

Ist die Messfrequenz auch für dieses Verfahren zu hoch, setzt man einen (schaltbaren) Vorteiler (Binärzähler) ein.

Beim AVR® bietet es sich an, einen Timer mit dem externen Takteingang zu betreiben. Dazu kann beim ATmegax8 ein Signal an den Pins T0 bzw. T1 für Timer 0 bzw. Timer 1 angelegt werden. Die Maximalfrequenz dieses Zähltaktes liegt theoretisch bei der halben CPU-Taktrate (genauer: beim halben IO-Takt, der jedoch beim ATmegax8 dem CPU-Takt entspricht), von Atmel® wird jedoch mindestens ein Faktor von 2,5 empfohlen.

Beim Timer 2 funktioniert es etwas anders, da es sich um einen asynchronen Aufbau handelt (siehe *2.7.2 Timer*).

Timer 1 wird also so konfiguriert, dass die Takte am Pin T1 gezählt werden. Da es sich hierbei um einen digitalen Eingang handelt, muss das Signal in einer entsprechenden Form (Rechtecksignal) vorliegen. Ist das nicht der Fall, benötigt man einen (externen) Komparator.

Im Beispiel soll die Frequenz eines Rechtecksignals bestimmt werden. Diese soll zwischen 0,8 Mhz und 1,2 MHz liegen. Der AVR® wird mit 8 MHz betrieben, das zu messende Signal kann also problemlos am Pin T1 angelegt werden.

Wenn kein Prescaler verwendet wird, kann der 16-Bit-Zähler im schlimmsten Fall nach

$$\frac{1}{1,2\,MHz}\cdot 2^{16} \;=\; 54,6\,ms$$

überlaufen. In diesem Fall wird der Timer1-Überlaufinterrupt ausgelöst, wo eine Fehlermeldung erfolgen sollte. Die Messzeit muss also kleiner sein als dieser Wert. Mit einem Prescaler von 1024 wird der 8-Bit Timer 0 in 32768 μs überlaufen. Wenn in dieser Zeit 32768 Nulldurchgänge detektiert würden, hätte man eine Frequenz von genau 1 MHz (Periodendauer 1 μs). Die Interruptlatenz und sonstige Verzögerungen müssen bestimmt werden, indem man eine bekannte Frequenz einspeist und den Korrekturfaktor anpasst.

```c
#include <avr/io.h>
#include <avr/interrupt.h>

#define KORREKTURFAKTOR 10 //Interruptlatenz kompensieren
#define TORZEIT_IN_US 32768

volatile float frequenz = 1.0;

ISR(TIMER1_OVF_vect) { //Timer1 Overflow
  //Fehlerbehandlung: Messsignal zu schnell / unsauber
}

ISR(TIMER0_OVF_vect) { //Timer0 Overflow
//Beide Timer stoppen
  TCCR0B = 0x00;
  TCCR1B = 0x00;

  frequenz = (TCNT1 - KORREKTURFAKTOR) / TORZEIT_IN_US;

//Neustart der Messung
  TCNT1 = 0x00;
  TCNT0 = 0x00;
 //Timer 0: CPU-Takt mit Prescaler 1024
  TCCR0B = (1<<CS02) | (1<<CS00);
//Timer 1:Externer Takt an T1, fallende Flanke
  TCCR1B = (1<<CS12) | (1<<CS11);
}
int main(void) {
```

```
  PORTD |= (1<<PD5); //Pullup an T1 einschalten
  TIMSK0 = (1<<TOIE0); //Überlaufinterrupt aktivieren
  TIMSK1 = (1<<TOIE1); //Überlaufinterrupt aktivieren

 //Timer 0: CPU-Takt mit Prescaler 1024
  TCCR0B = (1<<CS02) | (1<<CS00);
//Timer 1:Externer Takt an T1, fallende Flanke
  TCCR1B = (1<<CS12) | (1<<CS11);

  sei(); //Interrupts erlauben

  for (;;) { //Endlosschleife
  }
}
```

9 Kapazitäts- und Induktivitätsmessung

Manche Sensoren ändern ihre Kapazität oder ihre Induktivität in Abhängigkeit vom Messwert (beispielsweise Feuchtigkeitssensoren). Da beide Messprinzipien sehr ähnlich sind, wird die Beschreibung der Messung zusammengefasst.

Bei Messungen mit großen Kapazitäten muss darauf geachtet werden, den Kondensator vor und nach der Messung definiert zu entladen, weil in ihm noch eine nicht unerhebliche Energiemenge gespeichert sein kann. Induktivitäten dürfen hingegen bei der Messung nicht in die Sättigungsgrenze getrieben werden (Maximalstrom nicht überschreiten), weil das zu falschen Ergebnissen führt.

Je nach Anwendung kann es wichtig sein, das Messobjekt unter den Betriebsbedingungen zu vermessen, unter denen es später eingesetzt werden soll. Kapazitäten und Induktivitäten haben eine Abhängigkeit ihrer Werte vom sie durchfließenden Strom, von der angelegten Gleichspannung und (wie immer) auch von der Temperatur. Dazu kommen noch Hysterese-Effekte.

Die meisten negativen Auswirkungen kann man zumindest minimieren, indem versucht wird, die Messung immer möglichst gleichartig und ratiometrisch durchzuführen.

9.1 Ladekurve

Die Ladung eines Kondensators erfolgt im einfachsten Fall mit einer konstanten Spannung über einen bekannten Widerstand. Das ergibt beim Kondensator die Kondensatorladekurve mit dem Spannungsverlauf gemäß

$$U_C = U \cdot (1 - e^{\frac{-t}{R \cdot C}})$$

Dabei ist U die angelegte Spannung, an die sich die Ladekurve annähert. Grafisch ist die Ladekurve in *Abb. 9.1* qualitativ dargestellt.

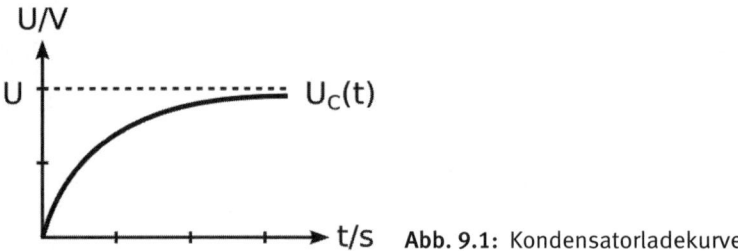

Abb. 9.1: Kondensatorladekurve

Theoretisch wird die Endspannung U niemals erreicht, in der Praxis spricht man davon, dass der Kondensator nach 5 Zeitkonstanten (R • C) voll aufgeladen ist.

Die Bestimmung der Kapazität erfolgt am einfachsten, indem zu zwei Zeitpunkten t_1 und t_2 die Spannung U_1 bzw. U_2 am Kondensator gemessen wird (der Kondensator also über die Zeitspanne $t = t_2 - t_1$ geladen wird). Die Kapazität kann dann durch Umformen der obigen Formel errechnet werden:

$$C = \frac{t_2 - t_1}{R \cdot \ln\left(\dfrac{U_1}{U_2}\right)}$$

Potenzielle Fehlerquellen sind Ungenauigkeiten bei der Spannungs- und Zeitmessung sowie Schwankungen der Versorgungsspannung und des Ladewiderstands. Die Berechnung des natürlichen Logarithmus (ln) ist zudem keine Tätigkeit, für die der kleine AVR®besonders gut geeignet ist, da es sich dabei um eine verhältnismäßig rechenintensive Operation handelt.

Wenn ein Kondensator aber mit einem konstanten Strom geladen wird (etwa mit der Konstantstromquelle aus Kapitel *6.2 Messung mit Konstantstrom*), erhält man einen linearen Anstieg beziehungsweise Abstieg der Spannung am Kondensator und kann aus der Zeit bis zum Erreichen einer bestimmten Spannung direkt auf die Kapazität zurückrechnen. Das Messprinzip ist im Abschnitt *7.5 Strommessung mit einem Kondensator* beschrieben.

Wie immer bei Zeitmessungen sind mehrere Messungen und eine anschließende Mittlung empfehlenswert.

9.2 Schwingkreis

Üblicher ist jedoch die universellere und auch tendenziell genauere Auswertung mit einem LC-Schwingkreis mit Hilfe der Thomson'schen Schwingungsformel für die Resonanzfrequenz

$$f_{RES} = \frac{1}{2 \cdot \pi \cdot \sqrt{L \cdot C}}$$

Sie gilt unabhängig von der Topologie – es ist also egal, ob L und C in Serie oder parallel geschaltet sind. Ein Schwingkreis schwingt mit der oben berechneten Frequenz – es kann also durch Bestimmung der Frequenz und Kenntnis des kapazitiven oder induktiven Anteils auf den jeweils anderen zurückgeschlossen werden.

Ein LC-Schwingkreis hat natürlich den Nachteil, dass ein Referenzelement benötigt wird. Referenzkondensatoren sind deutlich teurer und nicht so präzise wie Referenzwiderstände. Bei Referenzinduktivitäten sieht die Lage noch schlechter aus, vor allem wenn größere Werte benötigt werden. Zur Bestimmung einer Induktivität ist ein Schwingkreis jedoch eine sehr gute Lösung.

Ein wesentlicher Nachteil ist, dass es trotz der scheinbar einfachen Schwingungsformel in der Praxis nicht so einfach ist, den genauen Wert einer Induktivität zu bestimmen, da man hierfür den »effektiven« Wert der Kapazität im Schwingkreis benötigt. Leider gibt es aber immer unvermeidbare parasitäre Effekte, sodass ein Schwingkreis immer mit (idealerweise mehreren) bekannten Werten abgeglichen werden muss. Das gilt auch bei der Schaltung in *Abb. 9.2*, die mit den angegebenen Werten bei etwa 71 kHz schwingt. Frequenzbestimmend ist neben der Induktivität L der Wert der Parallelschaltung der Kondensatoren C_1 und C_2.

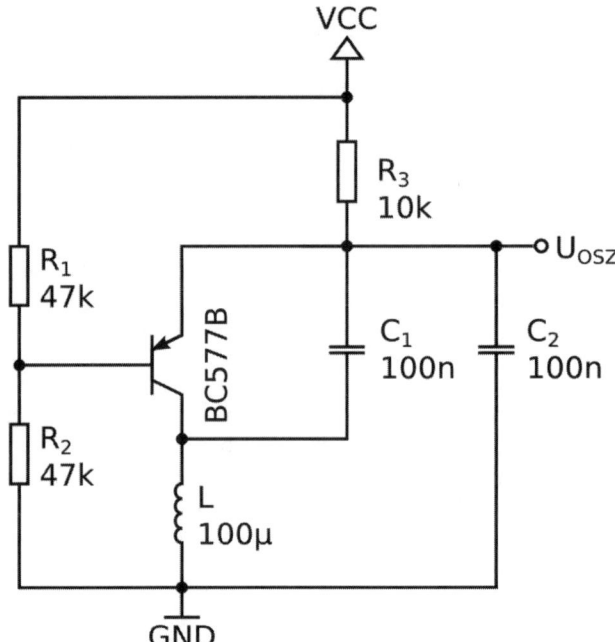

Abb. 9.2: LC-Schwingkreis

Sehr gut geeignet sind Schwingkreise aber für relative Messungen, also zur Bestimmung der Induktivitätsänderung durch einen äußeren Einfluss, da sich Frequenzänderungen mit den im Kapitel *8 Zeit- und Frequenzmessung* vorgestellten Methoden recht einfach und zuverlässig bestimmen lassen.

9.3 RC-Oszillator

Eine gerne verwendete Möglichkeit zur Kapazitätsmessung ist eine RC-Oszillatorschaltung. Hierfür gibt es sehr viele verschiedene Varianten, von einer sehr einfachen (und nicht besonders genauen) Schaltung mit dem altbekannten und beliebten Timer 555 bis hin zu Präzisionsschaltungen. Im Prinzip ist jede Schaltung geeignet, in der ein Kondensator ein frequenzbestimmendes Bauteil ist.

Beim *Relaxationsoszillator* in *Abb. 9.3* wird die zu messende Kapazität zwischen den durch das Teilerverhältnis von R_2 zu R_3 gegebenen Grenzen aufgeladen und wieder entladen. Mit den Widerständen R_4 und R_5 wird ein Offset in der Höhe der halben Betriebsspannung angelegt, um einen Betrieb ohne negative Versorgungsspannung zu

ermöglichen. Es sollte besser kein Operationsverstärker, sondern ein Komparator eingesetzt werden. Komparatoren haben dasselbe Schaltbild, sind aber im Gegensatz zu OPVs
speziell für den schaltenden Betrieb am Ausgang ausgelegt und haben in diesem Fall
bessere Eigenschaften.

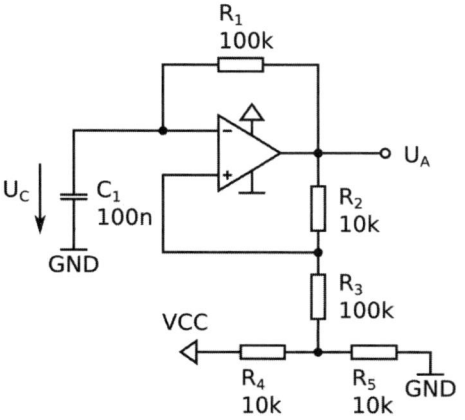 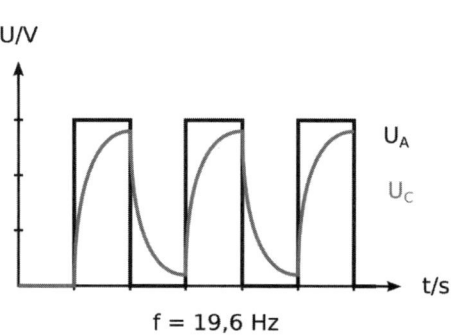

Abb. 9.3: RC-Oszillator mit Komparator

Der Nachteil dieser Schaltung ist, dass sehr viele Faktoren, unter anderem auch der
Komparator, bei der Berechnung der Schwingfrequenz eine Rolle spielen und eine
genaue Berechnung daher nur sehr schwer möglich ist. Es empfiehlt sich daher ein
Abgleich der aufgebauten Schaltung mit bekannten Werten. Die Schaltung mit den in
Abb. 9.3 verwendeten Werten schwingt mit ungefähr 19,6 Hz.

10   Temperaturmessung

Da sehr viele Prozesse in Natur und Technik und auch unser persönliches Wohlbefinden stark von der Temperatur abhängen, sind Temperaturmessungen eine häufige Aufgabenstellung. Die Genauigkeitsanforderungen bei Temperaturmessungen sind jedoch stark unterschiedlich, ebenso die geforderten Temperaturbereiche, sodass es eine Vielzahl von Lösungen gibt.

Prinzipiell ist fast jeder Vorgang temperaturabhängig. Normalerweise ist das eine unerwünschte Eigenschaft und man versucht diesen Einfluss beispielsweise durch den Einsatz geeigneter Materialien zu minimieren. Umgekehrt kann man den Einfluss der Temperatur auf physikalische Effekte (vor allem auf die elektrische Leitfähigkeit) nutzen, um damit die Temperatur zu bestimmen.

Man muss bei Temperaturmessungen immer beachten, dass Temperatursensoren *ihre eigene* Temperatur messen, und diese muss nicht notwendigerweise mit der gesuchten Umgebungstemperatur übereinstimmen. Zu berücksichtigen sind etwa Eigenerwärmung der Sensoren durch den Betriebsstrom, Erwärmung durch benachbarte Geräte oder Bausteine und Wärmeleitungseffekte, wenn der Sensor beispielsweise an einem Stück Metall befestigt ist. Natürlich spielt es auch eine Rolle, wo gemessen wird, da warme Medien (z. B. Luft) ja bekanntlich nach oben steigen.

10.1   Widerstandstemperatursensoren

Fast alle leitfähigen Materialien haben eine mehr oder weniger starke Abhängigkeit ihres Widerstandswertes (korrekter: des Leitwerts[80]) von der Temperatur. Diese Änderung kann natürlich gemessen und ausgewertet werden und wird auch als *Temperaturkoeffizient* bezeichnet.

Grundsätzlich unterscheidet man ein negatives und ein positives Temperaturverhalten. Ein positiver Temperaturkoeffizient *(Positive Temperature Coefficient PTC)* bedeutet, dass der Widerstand des Materials bei steigender Temperatur zunimmt. Diese Materialien werden auch als Kaltleiter bezeichnet und es ist ein typisches Verhalten aller Metalle.

---

[80] Der Leitwert ist, einfach ausgedrückt, der Kehrwert des Widerstandswertes.

Das Gegenteil sind *NTCs (Negative Temperature Coefficient)*, also Materialien mit negativem Temperaturverhalten, auch als Heißleiter bezeichnet. Dabei handelt es sich um Halbleitermaterialien oder bestimmte Keramiken bzw. Metalloxide. Die Abhängigkeit ihres Widerstands von der Temperatur ist ziemlich stark ausgeprägt. Leider ist dieser Zusammenhang aber auch stark nichtlinear, sodass man nur in den seltensten Fällen ohne eine Linearisierung auskommt.

Widerstandstemperatursensoren werden auch als *Thermistoren* bezeichnet, wobei die Bezeichnung »Thermistor« oft auch für ein (sehr) ungenaues Element nur zu Schaltzwecken reserviert ist. *RTDs (Resistance Temperature Detectors)* unterscheiden sich streng genommen in ihrer materiellen Zusammensetzung von Thermistoren.

10.1.1 Ptxxx (Pt100, Pt1000, ...)

Die bekanntesten Temperatursensoren sind sicherlich die *Platinsensoren* mit der Bezeichnung Ptxxx[81], wobei »Pt« für das Material Platin steht und xxx für den Widerstandwert in Ohm (Ω) bei 0 °C, also beispielsweise Pt100 für einen Sensor mit einem Wert von 100 Ω bei 0 °C. Die Widerstandsänderung liegt (näherungsweise) bei etwa 0,385 % /°C, beim Pt100 sollte der Widerstandswert bei 100 °C also bei 138,5 Ω liegen, bei einem Pt1000 wären das 1385 Ω. Der Widerstandsverlauf ist aber leicht nichtlinear, sodass man bei höheren Genauigkeitsanforderungen vom Hersteller vorgegebene Korrekturfaktoren zweiter und dritter Ordnung berücksichtigen muss.

Ein besonderer Vorteil der Ptxxx ist, dass diese Sensoren genormt sind, man kann also problemlos Modelle unterschiedlicher Hersteller ohne erneute Kalibrierung einsetzen und austauschen, wenn sie nach derselben Genauigkeitsklasse spezifiziert wurden. Zudem gibt es sie in unterschiedlichen mechanischen Ausführungen, auch als sehr robuste und temperaturbeständige Modelle. Der mögliche Temperaturbereich erstreckt sich je nach Modell von -200 °C bis etwa 800 °C, manchmal sogar noch weiter.

Nachteile sind der eher geringe Temperaturkoeffizient und der recht hohe Preis.

Oft werden statt der Pt100 eher Pt1000 eingesetzt, da durch ihren höheren Widerstandswert eventuelle Kontakt- und Leitungswiderstände eine geringere Rolle spielen.

Für die Auswertung gibt es mehrere Möglichkeiten. Bei der klassischen Variante lässt man einen konstanten Strom durch den Temperaturfühler fließen. Dieser sollte jedoch höchstens 1 mA betragen (bei Pt1000 eher weniger), um die Eigenerwärmung zu minimieren.

---

[81] Auch »PTxxx« kommt als Bezeichnung vor.

Die genaue Vorgehensweise ist im Kapitel 6 *Widerstandsmessung* erklärt.

Sehr einfach ist der Aufbau eines temperaturabhängigen Spannungsteilers. Der Referenzwiderstand R_{REF} sollte möglichst temperaturstabil sein und vor allem der zu messenden Temperatur nicht ausgesetzt werden. Seine Größe wird so gewählt, dass der Strom durch die beiden Widerstände (R_{REF} und Pt1000) kleiner als 1 mA ist.

Da die Widerstandsänderung recht gering ist, muss zusätzlich ein Verstärker wie in *Abb. 10.1* eingesetzt werden. Ideal eignet sich hierfür ein als nichtinvertierender Verstärker geschalteter OPV mit einer Verstärkung GAIN von 3 bis 5, je nach benötigtem Temperaturmessbereich.

Es gibt noch wesentlich aufwendigere analoge Schaltungen, die eine Linearisierung oder die Subtraktion des Offsets vor der Digitalisierung durch den ADC vornehmen können. Der Aufwand ist jedoch meist unnötig und diese Operationen werden günstiger, problemloser und sehr oft auch genauer vom Mikrocontroller erledigt.

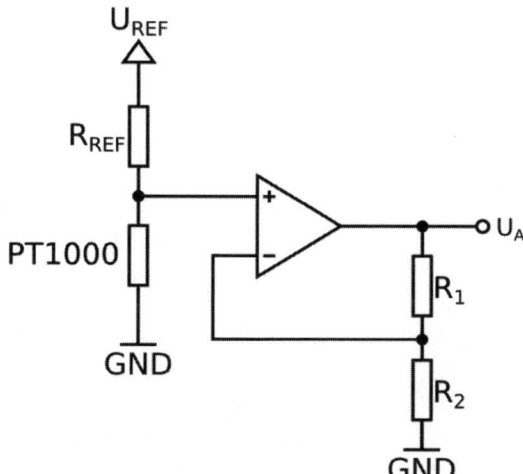

Abb. 10.1: Temperaturabhängiger Spannungsteiler mit Pt1000

Bei bekannter Versorgungsspannung U_{REF} errechnet sich der Wert des unteren (Mess-) Widerstands zu:

$$R_{PT1000} = \frac{R_{REF} \cdot U_A}{GAIN \cdot U_{REF} - U_A}$$

Wenn man die Versorgungsspannung gleich der Referenzspannung des ADCs wählt, fällt die Toleranz der Versorgungs- und der Referenzspannung aus der Gleichung heraus (vergleiche *6.3 Ratiometrische Messung*).

Fehlerquellen sind dann neben den Ungenauigkeiten des ADCs nur noch die Verstärkung und der Referenzwiderstand. Bei sehr langen Leitungen spielt der Leitungswiderstand eventuell noch eine Rolle, dem Problem kann mit einer Vierleitermessung begegnet werden (siehe *6.2 Messung mit Konstantstrom*).

Die Berechnung des Widerstands vereinfacht sich unter diesen Voraussetzungen (Referenzspannung ADC gleich Versorgungsspannung U_{REF}) bei Verwendung eines 10-Bit-ADCs mit ADC-Count n_{COUNT} zu:

$$RRAT_{PT1000} = \frac{n_{COUNT} \cdot R_{REF}}{GAIN \cdot 1024 - n_{COUNT}}$$

Die Umrechnung des Widerstandswertes in eine Temperatur kann je nach Temperaturbereich oder Genauigkeitsanforderung entweder einfach über den (mittleren) Temperaturkoeffizienten (hier: 3,85) oder aufwendiger über eine Linearisierung, wie unter *13.8 Linearisierung* beschrieben, erfolgen.

```
Temp = (RPT1000RAT - 1000) / 3.85;
```

10.1.2 KTY-Serie

Die Temperatursensoren der KTY-Serie sind aus hochdotiertem Silizium hergestellt. Es gibt mehrere Varianten der KTY-Serie mit unterschiedlichen Widerstandswerten bei 25 °C (typisch 1 kΩ und 2 kΩ) und vor allem mit unterschiedlichen Toleranzen und in unterschiedlichen Gehäuseformen. Sie sind günstig, je nach Ausführung recht genau (dann aber natürlich nicht mehr ganz billig) und haben einen großen Temperaturkoeffizienten (im Bereich von 10 Ω/°C). Dieser ist zwar nichtlinear, kann aber recht gut linearisiert werden (Erklärung und Berechnung siehe *13.8 Linearisierung*). Zur Auswertung wird ein Spannungsteiler bestehend aus einem (möglichst temperaturstabilen) Referenzwiderstand und dem KTY-Sensor aufgebaut. Im Gegensatz zur Lösung mit einem Pt1000 ist eine Verstärkerschaltung aufgrund des deutlich größeren Temperaturkoeffizienten normalerweise nicht nötig. Daher sind diese Sensoren bei Mikrocontrolleranwendungen sehr beliebt.

Gemeinsamer Nachteil aller auf Silizium basierenden Temperatursensoren ist der maximale Temperaturbereich von –40 °C (gelegentlich –55 °C) bis +150 °C (selten auch +175 °C). Die Ursache hierfür liegt im Herstellungsprozess: die Dotierung des Siliziums »verschwindet« bei höheren Temperaturen.

10.1.3 PTC

Neben den Ptxxx und den KTY gibt es noch eine Reihe weiterer Temperatursensoren mit positivem Temperaturkoeffizienten. Oft verfügen diese über einen wesentlich größeren Temperaturkoeffizienten, aber dafür auch über deutlich stärkere Nichtlinearitäten.

Ihre Auswertung erfolgt prinzipiell gleich wie bei den Ptxxx, man muss natürlich den Referenzwiderstand und die Verstärkung anpassen. Oft kommt man auch ohne Verstärker aus, eine idealisierte lineare Betrachtung ist bei diesen Typen jedoch oft nicht mehr sinnvoll, weil der Linearitätsfehler zu groß ist. Der Anfangswiderstand unterliegt zudem größeren Schwankungen, sodass zumindest eine Einpunktkalibrierung angebracht ist (siehe *13.7 Kalibrierung*). Der Preis dieser PTCs ist dafür aber auch deutlich geringer als bei den »edlen« Platinsensoren, ein Austauschen von Sensoren unterschiedlicher Hersteller funktioniert aber auch nicht mehr ohne Anpassungs- und Kalibrierungsarbeiten.

Die Spezifikation eines solchen PTC-Widerstands erfolgt üblicherweise nicht bei 0 °C sondern bei 25 °C, also hat ein PTC 10k bei 25 °C einen Widerstandswert von (nominal) 10000 Ω. Der Widerstandswert kann sich über 100 °C oft um mehrere Größenordnungen ändern, also bei −50 °C bei über 100 kΩ liegen und bei 100 °C nur noch einige 100 Ω betragen. Daher nimmt man diese Art Sensoren auch gerne als einfache Temperaturschalter oder zu Überwachungszwecken.

10.1.4 NTC

NTCs, auch als Heißleiter bezeichnet, haben bei steigender Temperatur einen abnehmenden Widerstand. Sie werden ebenso wie PTCs üblicherweise über ihren Widerstand bei 25 °C spezifiziert. NTC 2k2 bezeichnet also einen NTC mit nominal 2200 Ω bei 25 °C. Der Temperaturkoeffizient ist ziemlich groß, aber auch nichtlinear. Zudem gibt es außer bei speziellen (und dann recht teuren) Modellen große Toleranzen des Grundwiderstands, sodass eine Kalibrierung empfehlenswert ist (siehe *13.7 Kalibrierung*).

Die Auswertung erfolgt wie bei den PTC-Widerstandsfühlern am einfachsten mit einem Spannungsteiler, jedoch vertauscht man gerne die Position des Referenzwiderstands und des Messwiderstands, um bei steigender Temperatur eine steigende Ausgangsspannung zu erhalten.

10.2 Halbleitertemperatursensoren

Bei den Halbleitertemperatursensoren muss man streng genommen zwischen passiven und aktiven Sensoren unterscheiden. Die aktiven Sensoren liefern direkt ein (analoges oder digitales) Ausgangssignal, das zur Temperatur proportional ist, während passive Halbleitertemperatursensoren ihren Widerstand ändern und mit den bereits gezeigten Methoden gemessen werden können. Die KTY-Serie ist ein Beispiel für solche passiven Halbleitertemperatursensoren[82].

Gemeinsamer Nachteil aller auf Silizium basierenden Temperatursensoren ist der maximale Temperaturbereich von −40 °C (auch −55 °C möglich) bis +150 °C (selten auch +175 °C). Dafür werden viele (wenn auch längst nicht alle) Halbleitertemperatursensoren während der Herstellung kalibriert, sodass sie eine recht gute *Initial Accuracy*, also Anfangsgenauigkeit besitzen.

10.2.1 AVR®-interner Temperatursensor

Einige, aber leider nicht alle AVRs haben einen eingebauten Temperatursensor. Dabei handelt es sich prinzipiell um nichts anderes als eine künstlich besonders temperaturabhängig gestaltete Diodenstrecke. Der »Sensor« ist jedoch nicht kalibriert und so wird im Datenblatt auch nur eine Genauigkeit von ±10 °C spezifiziert. Für die Messung der Umgebungstemperatur ist diese Methode also nur bei sehr geringen Genauigkeitsanforderungen und bei erfolgter Kalibrierung in zumindest einem Punkt brauchbar (vergleiche *13.7 Kalibrierung*).

Beim ATmegax8(P)A ist der Temperatursensor auf den 8. Kanal des Analogmultiplexer gelegt. Zur Minimierung externer Einflüsse empfiehlt der Hersteller, die interne 1,1 V Referenzspannungsquelle zu verwenden, da diese ähnlichen unerwünschten Einflüssen unterliegt wie der Temperatursensor und sich diese daher teilweise automatisch kompensieren. Wie wir jedoch wissen, ist die interne Referenzspannung absolut gesehen nicht genau. Wenn man sie also gemessen hat (hochohmige Messung mit präzisem Multimeter am VREF-Pin mit bestücktem 100 nF Filterkondensator) sollte man den genaueren Wert in die Rechnung einsetzen.

Bei 25 °C ist die typische Spannung des Temperatursensors 314 mV, also bei 10-Bit theoretisch:

$$n_{COUNT} = \frac{0,314\,V \cdot 1024}{1,1\,V}$$

---

[82] Der KTY ändert »nur« seinen Widerstand und verfügt über keine integrierte Auswerteschaltung, daher wird er im Kapitel *10.1 Widerstandstemperatursensoren* behandelt.

Den wirklichen Wert bei Raumtemperatur (genormt 23 °C) nehmen wir als Startwert und verlassen uns auf die Angabe, dass sich die Sensorspannung um etwa 1 mV/°C, also näherungsweise 1,04 Count/°C, ändert (dies entspricht der Steigung).

Kennt man den genauen Wert der Steigung, beispielsweise durch eine Zweipunktkalibrierung, setzt man natürlich diesen Wert ein. Leider ist es aber nicht ganz so einfach, einen Mikrocontroller auf eine wirklich stabile Temperatur zu bringen, man kann die Schaltung ja nicht wie einen externen Temperatursensor in Eiswasser (näherungsweise 0 °C) eintauchen.

Hinweis:
Im Kapitel *13.7 Kalibrierung* im Anhang dieses Buches werden eine Ein- und Zweipunktkalibrierung am Beispiel Temperatursensor erklärt.

Die Implementierung kann wie im folgenden Beispielcode aussehen, wobei die Steigung bei geringen Anforderungen auch auf 1 gesetzt werden kann.

```
#define STEIGUNG 1.04 //Counts pro Grad
#define OFFSET 268 //Counts bei 0°C

//interne "1.1V" Referenzspannung, MUX auf CH8
ADMUX = (1<<REFS1) | (1<<REFS0) | (1<<MUX3);

//ADC enable, Prescaler 64
ADCSRA = (1<<ADEN) | (1<<ADPS2) | (1<<ADPS1);
ADCSRA | = (1<<ADSC); //Starte ADC

//Warte bis Wandlung beendet
while (ADCSRA & (1<<ADSC));
   Adcwert = (ADCL + ADCH*256); //Auslesen

Temp = (Adcwert - OFFSET) * STEIGUNG;
//Die 1. Messung sollte verworfen werden
```

Wie man sieht, handelt es sich zwar um eine preiswerte Variante, aber man kann eben nur ungenau die Temperatur des eigenen Mikrocontrollers bestimmen, außer man investiert mehr Zeit in eine genaue Zweipunktkalibrierung. Aber auch in diesem Fall wird man nicht an die Genauigkeit von (guten) externen Sensoren herankommen.

Sehr gut geeignet ist diese Methode aber als Sicherheitsmaßnahme: Steigt die gemessene Spannung am Temperatursensor des Mikrocontrollers über einen Schwellenwert an, gibt es ernsthafte Überhitzungsprobleme. Eine solche Messung muss weder besonders genau noch schnell sein und man kann auch auf den rechentechnisch etwas ungünstigen Faktor von 1,04 verzichten und diesen Wert auf 1 setzen. Der dadurch zusätzlich verursachte Fehler liegt im Bereich von etwa ±2 °C über den ganzen Temperaturbereich von − 40 °C bis 85 °C.

10.2.2 Externe Temperatursensoren mit Spannungs-/Stromausgang

Ähnlich, aber deutlich präziser als der interne Temperatursensor in einigen AVRs arbeiten externe Bausteine. Sie geben eine zu ihrer internen Temperatur proportionale Spannung oder einen proportionalen Strom aus.

Bei ICs mit Stromausgang gibt es weniger Probleme mit unerwünschten Leitungs- und Kontaktwiderständen, dafür benötigt man aber zusätzlich noch einen möglichst präzisen Widerstand, der den Strom in eine vom ADC messbare Spannung umsetzt, sodass der Spannungsbereich gut an den Eingangsspannungsbereich des ADCs angepasst ist.

Temperatursensoren mit Stromausgang sind beispielsweise die Modelle LM134/LM234/ LM334. Sie liefern einen (einstellbaren) Strom von typischerweise 1 µA/°C.

Bekannte Vertreter von Temperatursensoren mit Spannungsausgang sind die Modelle LM135/LM235/LM335, mit einer zur absoluten Temperatur in K (Kelvin)[83] proportionalen Ausgangsspannung und 10 mV/K Spannungsänderung. Es gibt sie von mehreren Herstellern und mit unterschiedlichen Genauigkeitsspezifikationen. Bei 25 °C (273 K + 25 K = 298 K) sollten sie idealerweise eine Spannung von 2,98 V ausgeben und bei 100 °C 3,73 V. Sie können mit einem zusätzlichen Potentiometer auf eine Genauigkeit von besser als 1°C eingestellt werden, die Korrektur kann jedoch auch in der Software erfolgen.

Ähnlich funktionieren auch der (sehr preiswerte) MCP9700 und der LM50. Diese Modelle haben die gleiche Steigung der Ausgangsspannung von 10 mV/°C Temperaturänderung, aber einen Offset von nur 500 mV, liefern bei 0 °C also 0,5 V am Ausgang. Der Vorteil ist, dass die Schaltung damit auch mit weniger als 5 V Versorgungsspannung funktioniert und beispielsweise in 3,3-V-Systemen sehr gut eingesetzt werden kann.

Es gibt noch zahlreiche weitere vergleichbare Modelle, auch mit anderen Temperaturkoeffizienten von z. B. 6,25 V/°C oder 19,5 mV/°C sowie Modelle mit zur Temperatur in °C proportionaler Ausgangsspannung wie etwa den LM35. Damit kann dann aber ohne zusätzliche Maßnahmen keine negative Temperatur gemessen werden.

---

[83] Temperaturangaben in K (Kelvin) werden ohne ° (Grad) geschrieben und ausgesprochen.

Ein kleiner Filterkondensator (1 nF) in der Messleitung schadet vor allem bei längeren Zuleitungen nicht und vermindert falsche Messungen durch über die Leitungen eingefangene Störungen. Manche Temperatursensoren vertragen allerdings nur eine begrenzte kapazitive Last am Ausgang (siehe Datenblatt). Eine zusätzliche Mittelwertbildung etwa über 4 bis 8 Messwerte kann die Stabilität des Ergebnisses zusätzlich verbessern, in Härtefällen kann ein RC-Tiefpassfilter zwischen Sensor und ADC helfen (zu RC-Tiefpassfiltern siehe *13.1.4 Grenz- und Resonanzfrequenz* beziehungsweise *Abtasttheorem und Antialiasing*).

Die Ausgangsspannung sollte bei möglichst stabiler ADC-Referenzspannung gemessen werden. Die Auswertung ist verhältnismäßig einfach und wird hier für einen Temperatursensor mit 500 mV Offset und 10 mV/°C Änderung (z. B. MCP9700) dargestellt. Die Referenzspannung beträgt im Beispiel 2,5 V, ein weit verbreiteter Wert bei externen Referenzspannungsquellen.

```
#define MITTELWERTE 8
#define OFFSET 500 //Wert in mV bei 0°C
#define SLOPE 10 //Steigung in mV/°C
#define VREF 2.5 //in Volt
#define STEP (VREF / 1024 * 1000) //direkt in mV rechnen

uint16_t Summe;
float fTemperatur; //alternativ int16_t

…

//Referenzspannung = Pin VREF, CH0
ADMUX = 0x00;

Summe = 0;
for (i=0; i< MITTELWERT; i++) {
  ADCSRA | = (1<<ADSC); //Starte ADC
//Warte bis Wandlung beendet
    while (ADCSRA & (1<<ADSC));
  Summe += (ADCL + ADCH*256);
}
Summe /= MITTELWERTE;
fTemperatur = ( (Summe * STEP) - OFFSET) / SLOPE;
```

10.3 Thermoelement

Bei einem Thermoelement *(Thermocouple)* nutzt man den Thermoelektrischen Effekt (*Seebeck-* oder *Peltier-Effekt*) aus: In einem Stromkreis aus (mindestens) zwei verschiedenen Leitermaterialien entsteht bei einer Temperaturdifferenz der Kontaktstellen eine (kleine) Spannung. Diese ist sehr oft unerwünscht, aber beim Thermoelement nutzt man diesen Effekt aus, um etwa sehr hohe Temperaturen zu messen, da der Temperaturbereich im Prinzip nur durch den Schmelzpunkt der verwendeten Materialien begrenzt wird. Eine verbreitete Anwendung ist die Messung von Abgastemperaturen.

Beachtet werden muss, dass das Thermoelement die Temperaturdifferenz zwischen den Anschlussklemmen misst und dass daher eine der beiden Temperaturen bekannt sein muss. Dies geschieht, indem die Temperatur der Anschlussklemme entweder konstant auf einem bekannten Wert gehalten wird oder durch Messung dieser Temperatur mit einem anderen Verfahren. Die Klemme wird traditionell als *Cold-Junktion* bezeichnet, also als kalte Verbindung, obwohl natürlich auch negative Temperaturen der Messstelle gemessen werden können.

Eine weitere Besonderheit ist, dass nur die Temperatur an der sehr kleinen Kontaktstelle der beiden Materialien eine Rolle spielt, die Messung ist also nahezu punktförmig. Falsch ist übrigens die oft getroffene Aussage, dass die Thermospannung an der Verbindungsstelle entsteht, doch das ist eher für theoretische Betrachtungen wichtig.

Problematisch ist die sehr geringe Thermospannung von beispielsweise 40 µV/°C beim weit verbreiteten *Typ-K-Thermoelement*. Es besteht aus Ni-CrNi (das heißt, ein Draht ist reines Nickel und der andere eine Chrom-Nickel-Legierung). Bei 0 °C Temperaturdifferenz zwischen Klemme und Messpunkt ist die gemessene Spannung 0 V, bei +100 °C Differenz in erster Näherung +4 mV und bei +800 °C +32 mV. Leider stimmt diese Rechnung nicht ganz, da es vor allem bei negativen Temperaturen eine merkbare Nichtlinearität gibt, die mit von den Herstellern der Thermoelemente angegebenen Korrekturfaktoren kompensiert werden kann. Wenn man den Temperaturbereich jedoch einschränkt (< 300 °C) kann darauf meist verzichtet werden.

Auf jeden Fall notwendig ist jedoch eine präzise Verstärkerschaltung. Hierfür gibt es eine Menge an fertigen Schaltungsvorschlägen, auch von den Herstellern analoger ICs. Teilweise haben diese bereits eine eingebaute Cold-Junktion-Kompensation, nutzen also einen analogen Temperatursensor zur direkten Subtraktion der Temperatur an der Anschlussklemme.

Wesentlich einfacher ist es jedoch, wenn der Mikrocontroller die Anschlussklemmentemperatur mit einem beliebigen Temperatursensor misst und dies in der Rechnung berücksichtigt wird. Die Verstärkung der Thermospannung kann dann beispielsweise mit einem Instrumentenverstärker *(INAMP)* erfolgen, der problemlos um einen Faktor von 100 verstärken kann und auch noch sehr effizient Gleichtaktstörungen unterdrückt. Wenn seine Verstärkung über einen Widerstand eingestellt wird, muss dieser sehr temperaturstabil sein. Ansonsten ist die Verwendung von Instrumentenverstärkern mit fest eingestellter Verstärkung zu empfehlen.

Niemals vergessen darf man jedoch die Bereitstellung einer *Common-Mode-Spannung* durch einen oder zwei Widerstände wie in *Abb. 10.2*, da sich die langen Anschlussleitungen ein beliebiges Potenzial »einfangen« und den Verstärker dadurch beschädigen können. Will man keine Temperaturen kleiner als die Temperatur der Anschlussklemmen messen, kann die »negative« Anschlussleitung einfach über einen 10-kΩ-Widerstand direkt auf Masse gehängt werden. Ansonsten ist die in gezeigte Lösung mit zwei (ziemlich hochohmigen) Widerständen eine gute Lösung, da das Potenzial der beiden Eingänge des Verstärkers damit ungefähr bei der halben Versorgungsspannung liegt, was eine einfache Verstärkung ermöglicht. Zudem ermöglicht es diese Schaltung dem Mikrocontroller, einen Kurzschluss oder Bruch der Messleitungen zu detektieren, da in diesem Fall deren Potenzial auf einen eindeutigen Wert gezogen wird. Die Kondensatoren C_1 bis C_3 helfen, Störungen zu unterdrücken. Für C_2 wird ein Wert von etwa 1 µF empfohlen, C_1 und C_3 liegen etwas darunter.

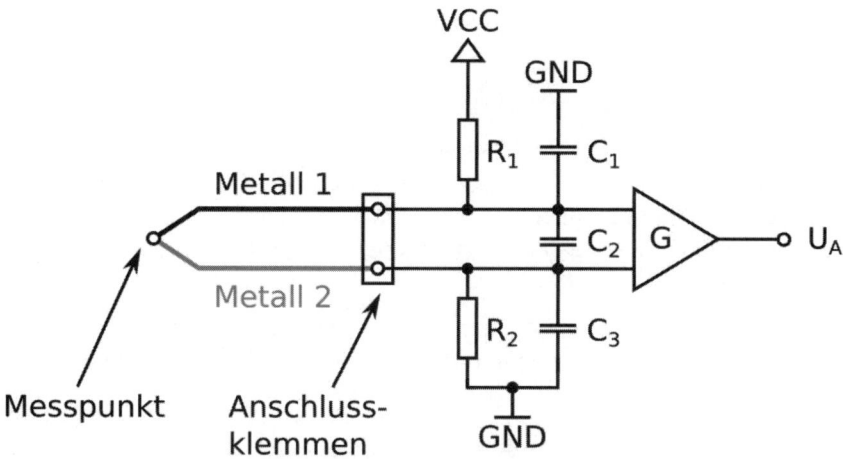

Abb. 10.2: Temperaturmessung mit einem Thermoelement

Bei längeren Anschlussleitungen und/oder einer elektromagnetisch gestörten Umgebung ist eine erweiterte Schutzschaltung empfehlenswert, bei den Schutzdioden muss man jedoch auf einen möglichst geringen Leckstrom achten, da dieser das Ergebnis verfälschen kann.

Der Mikrocontroller muss nun sowohl die Temperatur der Anschlussklemmen als auch die Differenztemperatur messen und diese dann mitberücksichtigen, um die Temperatur des Messpunktes zu erhalten.

```
#define VREF 2.5 //in Volt
#define STEP (VREF / 1024 * 1000) //direkt in mV rechnen
#define GAIN 100 //Verstärkung des INAMP
#define VCM 500 //Common-Mode Spannung in mV
#define FAKTOR 0.04 //mV/°C

float ColdJunctionTemp;
float DiffTemp;
float AbsTemp;
```

Der ADC wird wie im Beispiel zu den externen Temperatursensoren (siehe Abschnitt *10.2.2 Externe Temperatursensoren mit Spannungs-/Stromausgang*) konfiguriert, dieser Teil wird hier daher nicht nochmals gezeigt.

Die `ColdJunctionTemp` wird mit einem beliebigen Sensortyp gemessen. Es empfiehlt sich etwa ein externer Halbleitertemperatursensor.

```
ColdJunctionTemp = … //Temperatur in °C

DiffTemp = (ADCVal * STEP- VCM) / (FAKTOR * GAIN);
AbsTemp = ColdJunctionTemp + DiffTemp;
```

Eine weitere Lösung besteht in der Verwendung eines hochauflösenden externen (Delta-Sigma-)ADCs. Diese benötigen keine zusätzliche Verstärkung und können meist noch eine weitere Temperatur mit einem Widerstandtemperatursensor messen. Entsprechende Schaltungen findet man als Beispielschaltung in nahezu jedem Datenblatt eines Delta-Sigma-Wandlers.

Es sei noch erwähnt, dass es fertige Auswerte-ICs mit SPI-Schnittstelle gibt (beispielsweise MAX31855), allerdings zu einem recht hohen Preis, der sich jedoch je nach Anwendung rechnen kann.

10.4 Digitale Temperatursensoren

Digitale Temperatursensoren haben die ganze Auswerteschaltung auf dem Chip integriert und liefern direkt die Temperatur als digitalen Wert beispielsweise über die I^2C-Schnittstelle oder über SPI. Dazu gehören die klassischen LM75 sowie die zahllosen mehr oder weniger kompatiblen und verbesserten Nachbauten.

10.4.1 Beispiel LM75-kompatibler I²C-Temperatursensor

Die meisten modernen I²C-Temperatursensoren sind in der Grundeinstellung software-kompatibel zum »bewährten« LM75. Das bedeutet, dass sie eine Auflösung von 9 Bit ausgeben und eine Temperaturauflösung von 0,5 °C besitzen. Die Temperaturausgabe erfolgt also in 0,5°C-Schritten im Zweierkomplementformat.

Bei positiven Werten ergibt der ausgelesene Wert durch 2 dividiert direkt die Temperatur in °C.

Bei negativen Zahlen muss man umrechnen, indem zuerst 1 subtrahiert und die Bits dann invertiert werden. Anschließend wird wieder durch 2 geteilt (die Vorgehensweise ist noch einmal detailliert unter *13.12 Zweierkomplement* beschrieben).

Der Vorteil der Darstellung von negativen Zahlen im Zweierkomplement ist, dass es eine eindeutige Darstellung der Zahl 0 gibt und man sehr effiziente Rechenoperationen entwickelt hat, sodass fast alle modernen Digitalrechner intern damit arbeiten.

> **Beispiel:**
> Sehen wir uns einige Werte des LM75 an:
> 0b000000000 entspricht 0 °C
> 0b011111010 (250) ist +125 °C und
> 0b110010010 steht für −55 °C.
> Wie kommt man auf diese Werte?
> 0b011111010 ist 250, entspricht also 125 °C.
> Bei negativen Zahlen wird zuerst 1 subtrahiert, man erhält also für unser Beispiel 0b110010001. Der Wert wird invertiert, indem man ihn von 0x111111111 (511) subtrahiert. Man erhält 0b1101110, was 110 entspricht. Durch 2 geteilt kommt man auf 55. Da der Wert negativ war, muss noch das Vorzeichen richtig gesetzt werden, wir erhalten 0b110010010 für −55°C.

Die tatsächliche Implementierung unterscheidet sich etwas von dieser Berechnung, da das Ergebnis im LM75 um 7 Bit nach links geschoben vorliegt, jedoch dazu mehr im Beispielcode.

Zusätzlich verfügt der LM75 über einen programmierbaren Schaltausgang O.S. *(Overtemperature Shutdown)*, der bei einer vorgegebenen Temperatur TOS einschaltet (standardmäßig +80 °C) und nach Unterschreitung der Temperatur THYST (default: 75 °C) wieder ausschaltet. Damit kann beispielsweise ein Alarm ausgelöst oder mit einer zusätzlichen Treiberstufe direkt ein Kühlventilator oder eben eine Systemabschaltung (Shutdown) ausgelöst werden.

Die festgelegte I^2C-Adresse des LM75 ist 1001xyz, wobei x, y und z über die Pins A2, A1 und A0 eingestellt werden.

Viele der weiterentwickelten Varianten können per Softwarebefehl in einen 12-Bit-Modus mit entsprechend höherer Auflösung geschaltet werden und besitzen eine Genauigkeit, die besser ist als die (maximal) ±3 °C des originalen LM75. Zudem haben sie einen verringerten Stromverbrauch und/oder einen größeren Versorgungsspannungsbereich. Manchmal verfügen sie auch über eine andere Busadresse sowie weitere Einstellmöglichkeiten, die prinzipielle Vorgehensweise unterscheidet sich jedoch nicht.

Das Auslesen des Temperaturwertes ist sehr einfach, da die Wandlung kontinuierlich erfolgt und man sich daher jederzeit den aktuellen Temperaturwert abholen kann, ohne auf das Ende einer Wandlung zu warten und ohne die Wandlung vorher starten zu müssen. Manche Varianten müssen jedoch erstmalig initialisiert werden, bevor sie mit der Wandlung beginnen.

In unserer Implementierung verwenden wir einen mit 8 MHz laufenden AVR®. Die I^2C-Busfrequenz soll etwa 100 kHz sein, eine genaue Einhaltung dieses Wertes ist nicht kritisch.

Mit der Formel

$$SCL_{FREQ} = \frac{CPU_{FREQ}}{16 + 2 \cdot TWBR \cdot TWI_{PSC}}$$

kommt man auf einen Wert von 32 für TWBR (vergleiche Kapitel *2.7.11 I^2C / TWI / 2-Wire*).

Es werden die im Abschnitt *2.7.11 I^2C / TWI / 2-Wire – Master-Mode* gezeigten TWI-Routinen

- `TWI_Start()`

- `TWI_stop()`

- `TWI_Select_Read()`

- `TWI_Select_Write()`

- `TWI_Read()`

- `TWI_Write()`

verwendet. Diese findet man bei Bedarf im dortigen Abschnitt.

Die Kommunikation mit dem LM75 erfolgt wie bei sehr vielen I^2C-Bausteinen: Zuerst wird die Adresse gesendet und mitgeteilt, dass man lesen will (das letzte Bit im Adressregister ist gesetzt). Es folgt ein Byte, dessen Bits 0 und 1 angeben, welches Register als Nächstes gelesen beziehungsweise geschrieben werden soll. Das Temperaturregister hat den Wert 0, 1 ist das Konfigurationsregister, 2 das Register für THYST und 3 die Alarmschaltschwelle TOS. Die anderen Bits müssen beim originalen LM75 0 sein, können bei LM75-kompatiblen Typen aber auch zusätzliche Bedeutungen haben.

Anschließend wir das 16-Bit-Temperaturregister ausgelesen (2x 8 Bit). Der gewünschte Wert ist nach links geschoben, die Bits 0 bis 6 enthalten die Nachkommastellen der Wandlung, deren Richtigkeit aber nicht spezifiziert (garantiert) ist. Bei Varianten mit beispielsweise 12 Bit Auflösung sind nur die letzten 4 Bit nicht spezifiziert und man erhält eine Temperaturauflösung (*nicht* Genauigkeit) von 0,0625 °C.

Der Vorteil ist, dass man das erste Byte direkt als Temperaturwert nehmen kann (bei negativen Temperaturen Zweierkomplementwandlung nicht vergessen!) und im zweiten Byte nur noch die Nachkommastelle steht, die man bei Bedarf verwenden kann. Es ist also keine Division durch 2 nötig.

Ist der Wert im ersten Byte größer als 128, bedeutet das, dass das Vorzeichenbit gesetzt ist, es sich also um eine negative Zahl handelt und eine Umwandlung nötig ist. Dazu wird der 8-Bit-Wert einfach von 256 abgezogen, was sowohl die Subtraktion von 1 als auch das bitweise Invertieren erledigt. Eine eventuell vorhandene Nachkommastelle wird sowohl bei positiven als auch bei negativen Temperaturen hinzuaddiert.

Wir verwenden einen LM75 mit einer Adresse im 7-Bit-Format, es folgt die Initialisierung:

```
#include <avr/io.h>

#define I2CADDRESSLM75 0x48 //Adresse LM85, A2=A1=A0=0

float Temperatur;

TWSR = 0x00; //Prescaler = 1
TWBR = 32; //Bitrate ~100KHz@8MHz
```

Folgende Funktion wird nur benötigt, wenn Einstellungen des LM75 verändert werden sollen:

```
//schreibe Anz Bytes
uint8_t writeToLM75(uint8_t DataWrite[], uint8_t Anz) {

  if ( !TWI_Start() ) {
    return (0); //Fehler
  }
```

```
if ( TWI_Select_Write(I2CADDRESSLM75) ) {
  if ( !TWI_Write(DataWrite, Anz) ) {
    return (0); //Fehler
  }
} else {
  return (0); //Fehler
}
TWI_stop();
return (1); //erfolgreich geschrieben
}
```

Es folgt die Leseroutine, welche `Anz. Bytes` vom Register `Register_NR` ausliest.

```
int8_t readFromLM75(uint8_t DataRead[], uint8_t Register_NR, uint8_t
Anz) {

  if ( !TWI_Start() ) {
    return (0); //Fehler beim Startversuch
  }
  if ( TWI_Select_Write(I2CADDRESSLM75) ) {
    if ( !TWI_Write(&Register_NR, 1) ) {
      return (0); //Fehler
    }
  }
  else {
    return (0); //Fehler
  }
  if ( !TWI_Start() ) {
    return (0); //Fehler
  }
  if ( !TWI_Select_Read(I2CADDRESSLM75) ) {
    return (0); //Fehler
  }
  if ( !TWI_Read(DataRead, Anz) ) {
    return (0); //Fehler
  }
  return (1); //erfolgreich gelesen
}
```

In unsere Hauptroutine (vergleiche *2.6 Allgemeiner Programmaufbau*) müssen wir somit nur noch einfügen:

```
uint8_t TWI_DataRead[2]; //2 Byte Lesebuffer
uint8_t TWI_DataWrite[2]; //2 Byte Schreibbuffer
```

```
//2 Byte vom Temperaturregister lesen
readFromLM75(TWI_DataRead, 0, 2);
```

Die zwei gelesenen Bytes müssen noch in eine Temperatur umgerechnet werden:

Wenn man auf Fließkommazahlen verzichten will, kann man die Temperatur natürlich auch ohne Nachkommastelle oder mit zwei multipliziert in halben Grad als Festkommazahl abspeichern.

```
if ( TWI_DataRead[0] & (1<<7) ) { //Vorzeichenbit gesetzt
  Temperatur = 256 - TWI_DataRead[0];
} else { //pos. Temperatur
  Temperatur = TWI_DataRead[0];
}
if ( TWI_DataRead[1] & (1<<7) ) { //Nachkommastelle
  Temperatur += 0.5; //dazuzählen
}
```

Wenn ein 12-Bit-Temperatursensor (beispielsweise DS7505) verwendet wird, kann mittels writeToLM75() eine Umstellung auf 12 Bit Auflösung vorgenommen werden:

```
TWI_DataWrite[0] = 0x01; //Ins Konfigurationsregister
TWI_DataWrite[1] = 0x60; //0b01100000 schreiben
writeToLM75(TWI_DataWrite, 2);
```

11 Kommunikation mit Menschen

Aufgrund der begrenzten Rechenleistung der kleinen Mikrocontroller muss die Kommunikation mit dem Menschen auf möglichst einfache Möglichkeiten wie blinkende LEDs, Taster und bestenfalls Text- und Zahlenausgaben beschränkt werden.

11.1 Eigenes »printf()«

Es kann sehr praktisch oder zumindest informativ sein, wenn der Mikrocontroller lesbare Zeichenketten über die serielle Schnittstelle an ein *Terminalprogramm* auf dem PC überträgt.

Hier soll eine sehr einfache und damit auch möglichst speichersparende Funktion vorgestellt werden, um einfache Strings zu versenden. In C sind Strings nichts anderes als *Arrays of char*.

Es wird die Senderoutine zum Versenden eines Bytes über die serielle Schnittstelle verwendet. Natürlich muss die USART auch entsprechend konfiguriert werden (siehe Kapitel *2.7.9 UART/USART*)

```c
//Zeichen vom Controller an den PC senden
void USART_transmit(const uint8_t data) {
  //Warten bis Datenregister leer
  while ( !( UCSR0A & (1<<UDRE0)) );
    UDR0 = data; //sende 8 Bit Daten
}
```

Wenn man beispielsweise Statusinformationen mit folgender Routine ausgibt, muss man immer bedenken, dass der auszugebende String im RAM gespeichert ist.

Eine Lösung für dieses »Problem« gibt es im Kapitel *12.2 Interner Flash-Speicher*.

Diese Funktion versendet alle Zeichen aus dem übergebenen String, bis das Zeichen für das Ende des Strings (NULL, in C als /0 geschrieben) erkannt wird. Dieser Funktion fehlen alle Sicherheitsüberprüfungen und sie sollte daher äußerst vorsichtig eingesetzt werden. Dafür ist sie schnell und kompakt.

```
void USART_print(const char *data) {
  while( *data != '\0' ) //Ende String
    USART_transmit(*data++);
}
```

Zum Senden eines Textes, in diesem Fall den Klassiker »Hello World!«, wird die Funktion folgendermaßen aufgerufen:

```
USART_print("Hello World!");
```

Zur Erinnerung: Der Stringterminator \0 wird automatisch angehängt, also hat »Hello World!« im Speicher eine Länge von 13 Bytes.

11.2 LEDs und 7-Segment-Anzeigen

11.2.1 LEDs

Bereits im einführenden Beispiel (*2.5 Erste Schritte – ein einführendes Programm*) wurde eine Licht Emittierende Diode (LED) geschaltet. Wie wir gesehen haben, muss dabei lediglich ein freier GPIO-Pin, der mit der LED verbunden ist, als Ausgang initialisiert und zum Einschalten der LED auf HIGH oder LOW geschaltet werden – das hängt davon ab, wie die LED angeschlossen wurde:

Wird die LED *Active LOW* eingebaut, so wird sie zwischen MCU und Versorgungsspannung angeschlossen und leuchtet, wenn der zugehörige Pin auf Masse gezogen wird. Analog ist eine LED *Active HIGH*, wenn sie zwischen Mikrocontroller und Masse angeschlossen ist und nur dann leuchtet, wenn am Pin die Versorgungsspannung anliegt. Durch diese Technik kann man den Strom durch die Versorgungspins aufteilen, indem etwa die Hälfte der LEDs als Active LOW (Stromfluss über GND) und der Rest als Active HIGH (Stromfluss über VCC) angeschlossen werden.

Im Einführungsbeispiel war die LED an Pin PD4 als Active HIGH angeschlossen:

```
DDRD = (1<< DDD4); //schalte PD4 als Ausgang
PORTD |= (1<<PD4); //setze PD4 auf HIGH
```

Statt die LED einfach zu schalten, kann man sie natürlich auch nach Belieben toggeln oder mittels _delay_ms() oder mit den Timern zum Blinken bringen.

Das Einzige, was dabei beachtet werden muss, ist, dass es zu keinem zu großen Stromfluss durch die LED (und durch den Mikrocontroller!) kommen darf, damit sie nicht beschädigt werden. Aus diesem Grund muss seriell zur LED ein korrekt dimensionierter

Widerstand eingefügt werden, der einerseits noch genügend Spannungsabfall an der LED erlaubt, dass sie hell genug leuchtet, und andererseits einen zu hohen Stromfluss verhindert. Die Dimensionierung des Vorwiderstands wird im Anhang unter *13.5 LED-Vorwiderstand* erklärt und durchexerziert.

An dieser Stelle soll nochmals erwähnt werden, dass es LEDs mit bereits eingebautem Vorwiderstand gibt, der innerhalb eines gewissen Betriebsbereichs einen zu hohen Stromfluss verhindert und den Verkabelungsaufwand deutlich minimiert, da man nur ein Bauteil statt zwei benötigt.

11.2.2 7-Segment-Anzeige

Bei einer 7-Segment-Anzeige ist jedes Segment eine LED und wird auch so angesteuert. Im einfachsten Fall benötigen wir also je einen Ausgang pro Segment. Wenn zu wenige Ausgänge vorhanden sind, müssen wir beispielsweise Schieberegister (vergleiche Kapitel *3.2 Pinerweiterung mit I/O-Bausteinen*) verwenden.

In folgendem Beispiel wird eine 7-Segment-Anzeige implementiert, die periodisch im Sekundentakt hochzählt. Beim Wechsel einer Zahl auf die andere müssen natürlich die davor geschalteten Segmente erlöschen, da ansonsten irgendwann alle leuchten (eine Acht wird angezeigt).

Die sieben Segmente wurden dabei auf zwei Ports verteilt (*Tabelle 11.1*). Sie korrespondieren mit den Bezeichnungen in *Abb. 11.1*, wobei der Punkt (Segment h) hier nicht verwendet wird.

Tabelle 11.1: Mit Segmenten korrespondierende Ausgangspins

Segment	a	b	c	d	e	f	g
Pin	PB0	PB1	PB2	PD2	PD3	PD4	PD5

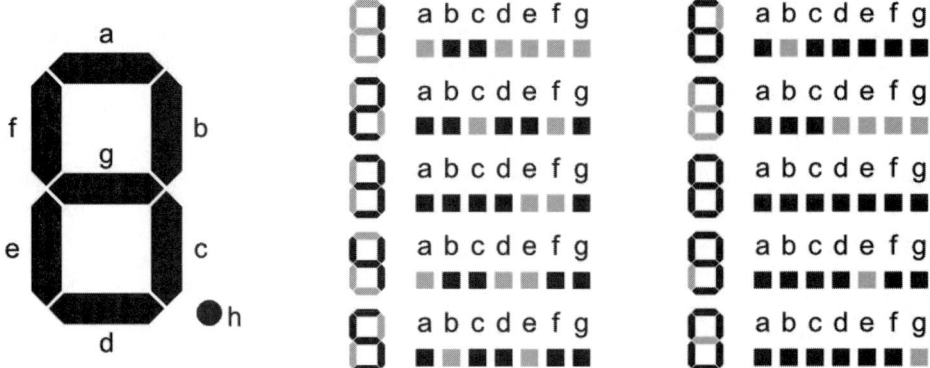

Abb. 11.1: Zifferndarstellung mit 7-Segmentanzeige

Die hier angeführte Durchzählung von a bis g ist zwar gebräuchlich, Sicherheit liefert aber nur ein Blick ins Datenblatt.

```c
#include <avr/io.h>
#include <util/delay.h>


void Init(void) { // Initialisierung Ausgänge 7-Segment
  DDRB = (1<<DDB0) | (1<<DDB1) | (1<<DDB2);
  DDRD = (1<<DDD2) | (1<<DDD3) | (1<<DDD4) | (1<<DDD5);
}


void Clearsegments { // Lösche alle Segmente
  PORTD &= ~((1<<PD2) | (1<<PD3) | (1<<PD4) | (1<<PD5));
  PORTB &= ~((1<<PB0) | (1<<PB1) | (1<<PB2));
}


void show_number(uint8_t number) { // Zeige Ziffern

switch (number) {

  case 1:
    Clearsegments();
    PORTB |= ((1<<PB1) | (1<<PB2));
  break;

  case 2:
    Clearsegments();
```

```
    PORTB |= ((1<<PB0) | (1<<PB1));
    PORTD |= ((1<<PD2) | (1<<PD3) | (1<<PD5));
break;

case 3:
    Clearsegments();
    PORTB |= ((1<<PB0) | (1<<PB1) | (1<<PB2));
    PORTD |= ((1<<PD2) | (1<<PD5));
break;

case 4:
    Clearsegments();
    PORTB |= ((1<<PB1) | (1<<PB2));
    PORTD |= ((1<<PD4) | (1<<PD5));
break;

case 5:
    Clearsegments();
    PORTB |= ((1<<PB0) | (1<<PB2));
    PORTD |= ((1<<PD2) | (1<<PD4) | (1<<PD5));
break;

case 6:
    Clearsegments();
    PORTB |= ((1<<PB0) | (1<<PB2));
    PORTD |= ((1<<PD2) | (1<<PD3) | (1<<PD4) | (1<<PD5));
break;

case 7:
    Clearsegments();
    PORTB |= ((1<<PB0) | (1<<PB1) | (1<<PB2));
break;

case 8:
    Clearsegments();
    PORTB |= ((1<<PB0) | (1<<PB1) | (1<<PB2));
    PORTD |= ((1<<PD2) | (1<<PD3) | (1<<PD4) | (1<<PD5));
break;

case 9:
    Clearsegments();
    PORTB |= ((1<<PB0) | (1<<PB1) | (1<<PB2));
```

```
    PORTD |= ((1<<PD2) | (1<<PD4) | (1<<PD5));
  break;

  case 0:
    Clearsegments();
    PORTB |= ((1<<PB0) | (1<<PB1) | (1<<PB2));
    PORTD |= ((1<<PD2) | (1<<PD3) | (1<<PD4));
  break;

  default: Clearsegments();
}
}

int main(void) { //Hauptprogramm
uint8_t nr = 0;

  for (;;) { //Hauptschleife
    if (nr <= 9) {
      show_number(nr); //zeige Ergebnis
      _delay_ms(1000); //warte eine Sekunde
      nr++; //zähle hoch
    } else {
      nr = 0; //starte von vorne
    }
  }
}
```

Alternativ zur if-Abfrage kann auch einfach eine Modulo-Operation verwendet werden. Die Hauptschleife würde dann folgendermaßen aussehen:

```
for (;;) { //Hauptschleife
  show_number(nr); //zeige Ergebnis
  nr = nr++ % 10;
  _delay_ms(1000); //warte eine Sekunde
}
```

Hinweis:
Der *Modulo-Operator* % errechnet den Divisionsrest zweier Zahlen:

$r = a \% b$ mit $a = n \cdot b + r$

Folgende Beispiele verdeutlichen die Rechenweise:

$$7 \% 3 = ? \quad \longrightarrow \quad 7 = 2 \cdot 3 + 1 \quad \longrightarrow \quad 7 \% 3 = 1$$
$$32 \% 13 = ? \quad \longrightarrow \quad 32 = 2 \cdot 13 + 6 \quad \longrightarrow \quad 32 \% 13 = 6$$
$$2 \% 3 = ? \quad \longrightarrow \quad 2 = 0 \cdot 3 + 2 \quad \longrightarrow \quad 2 \% 3 =$$

In der Hauptschleife unseres Beispiels ergeben sich daher abhängig von nr folgende Werte:

$$nr = nr{+}{+} \% 10$$
$$nr = 1 \quad \longrightarrow \quad nr = 2 \% 10 = 2$$
$$nr = 2 \quad \longrightarrow \quad nr = 3 \% 10 = 3$$
$$...$$
$$nr = 9 \quad \longrightarrow \quad nr = 10 \% 10 = 0$$

Die Modulo-Rechnung setzt somit nr automatisch auf 0 zurück.

Natürlich müssen dazu die geschalteten Ausgänge über richtig dimensionierte Widerstände mit den Pins der Siebensegmentanzeige verbunden werden (siehe dazu auch *13.5 LED-Vorwiderstand*).

In unserem Beispiel ziehen wir die Pins zum Schalten auf HIGH, wir haben also eine *Common Cathode*-Siebensegmentanzeige (mit gemeinsamem Masseanschluss). Daneben gibt es noch *Common Anode*-Modelle, welche über eine gemeinsame Versorgung verfügen und deren Pins dementsprechend auf Masse geschaltet werden müssen.

Hinweis:
An dieser Stelle stellt sich natürlich die Frage, ob man die Strombegrenzung für die LEDs nicht auch über einen einzigen Widerstand am gemeinsamen Versorgungs- oder Massepin erledigen könnte, anstatt über jeden einzelnen Segmentpin. Das ist zwar möglich und wird auch manchmal so gemacht, hat aber folgende Auswirkung: Da der Strom immer derselbe ist und sich auf die parallelgeschalteten Segmente aufteilen würde, ist die Anzeige umso heller, je weniger Segmente aktiv sind. Die Eins leuchtet also beispielsweise heller als die Acht, weil der gleiche Strom im ersten Fall durch zwei, im zweiten durch alle sieben Segmente fließt.

Analog werden übrigens sämtliche mit Segmenten arbeitenden Displays angesteuert, wobei Dot-Matrix-Displays (Punktraster) häufig über einen eigenen Treiberbaustein verfügen, sodass nur noch das anzuzeigende Zeichen über eine Schnittstelle an das Display gesendet werden muss.

11.2.3 RGB-LED mit PWM

Bei einer RGB-LED handelt es sich um nichts anderes als drei verschiedenfarbige LEDs (Rot, Grün und Blau) in einem gemeinsamen Gehäuse. Die LEDs teilen sich üblicherweise entweder die Kathode oder die Anode, sodass nur vier Pins angeschlossen werden müssen. Jede (interne) LED muss mit einem eigenen Vorwiderstand versehen werden, der für jede Farbe einen anderen Wert haben wird, da sich die Flussspannungen der verschiedenfarbigen LEDs stark unterscheiden (siehe *13.5 LED-Vorwiderstand*).

Mit drei Potentiometern, deren Mittelabgriff mit den ADC-Eingängen ADC0, ADC1 und ADC2 verbunden sind, wird das PWM-Verhältnis für jede der drei LEDs eingestellt und damit die Farbe der RGB-LED gewechselt. Mit einer PWM-Auflösung von 8 Bit kann man damit theoretisch $256 \cdot 256 \cdot 256 = 16777216$ verschiedene Farben darstellen.

Die CPU wird mit einer für diese Anwendung völlig ausreichenden sehr niedrigen Taktrate von 62,5 kHz betrieben. Dazu werden der interne RC-Oszillator mit 8 MHz und ein Vorteiler (Prescaler) von 128 eingesetzt. Die PWM wird im 8-Bit-Phase-Correct-Modus betrieben, damit auch 0 % PWM sauber dargestellt wird (vergleiche Kapitel *2.7.8 PWM – Weitere PWM-Modi*). Es wird also von 0 bis 255 hoch- und dann wieder bis 0 heruntergezählt. Damit ergibt sich eine PWM-Frequenz von 8 MHz / 128 / 512 = 122 Hz. Da drei PWM-Ausgänge benötigt werden, müssen zwei Timer verwendet werden. Von Timer 0 werden beide PWM-Ausgänge (OC0A und OC0B) und von Timer 2 nur OC2B verwendet.

Der ADC wird im 8-Bit-Modus betrieben, sodass ADCH ausgelesen und direkt in das entsprechende 8-Bit-PWM-Register geschrieben werden kann. Der ADC wird nur mit 62,5 kHz / 8 = 7,8 kHz betrieben, was deutlich unterhalb seiner Spezifikation ist. Es wird jedoch keine höhere Geschwindigkeit benötigt und der Controller kann so mehr Zeit im Schlafzustand verbringen.

Da es sich hier um eine stromsparende Applikation handeln soll, lohnt es sich, den analogen Komparator zu deaktivieren und so rund 60 µA einzusparen.

```
#include <avr/io.h>
#include <avr/interrupt.h>
#include <avr/sleep.h>
#include <avr/power.h>

void Init(void) { //Onboardperipherie initialisieren

  ACSR = (1<<ACD); //Analogen Komparator deaktivieren
  clock_prescale_set(clock_div_128); //62,5kHz CPU-Takt
  DDRD = (1<<DDD3) | (1<<DDD5) | (1<<DDD6); //Ausgänge
```

```
//phase correct PWM, Nichtinvertierend
  TCCR0A = (1<<COM0A1) | (1<<COM0B1) | (1<<WGM00);
  TCCR0B = (1<<CS00); //Kein prescaling

//phase correct PWM, Nichtinvertierend
  TCCR2A = (1<<COM2B1) | (1<<WGM20);
  TCCR2B = (1<<CS20); //Kein prescaling

//Digitale Inputs an den ADC-Kanälen deaktivieren
  DIDR0 = (1<<ADC0D)| (1<<ADC1D) | (1<<ADC2D);
//REF = AVCC mit KERKO an AREF, ADC left adjust (8 Bit)
  ADMUX  = (1<<REFS0) | (1<<ADLAR);

//ADC Enable, Enable Interrupt, Prescaler 8
  ADCSRA = (1<<ADEN) | (1<<ADIE) | (1<<ADPS0) | (1<<ADPS1);

  ADCSRA =| (1<<ADSC); // Start Conversion

  sei(); //Interrupts an
}

ISR( ADC_vect ) { //ADC auslesen und neu starten
static uint8_t AKTADCChannel = 0;
uint8_t erg = ADCH;

  switch (AKTADCChannel) {
  case 0:
    OCR0A = erg; //8-Bit Ergebnis
    AKTADCChannel = 1;
    ADMUX  = (1<<REFS0) | (1<<ADLAR) | 0x01;
  break;
  case 1:
    OCR0B = erg; //8-Bit Ergebnis
    AKTADCChannel = 2;
    ADMUX  = (1<<REFS0) | (1<<ADLAR) | 0x02;
  break;
  case 2:
    OCR2B = erg; //8-Bit Ergebnis
    AKTADCChannel = 0;
    ADMUX  = (1<<REFS0) | (1<<ADLAR) | 0x00;
  break;
  default: //Sollte nicht vorkommen
```

```
    AKTADCChannel = 0;
    break;
  }
  ADCSRA |= (1<<ADSC); //ADC neu starten
}

int main (void) {

Init();
set_sleep_mode( SLEEP_MODE_ADC );

  for(;;) { //FOREVER
    sleep_mode(); //Schlafen
  }
}
```

Abb. 11.2 zeigt zwei mit einem Oszilloskop aufgenommene PWM-Ausgänge mit verschiedenen Tastverhältnissen.

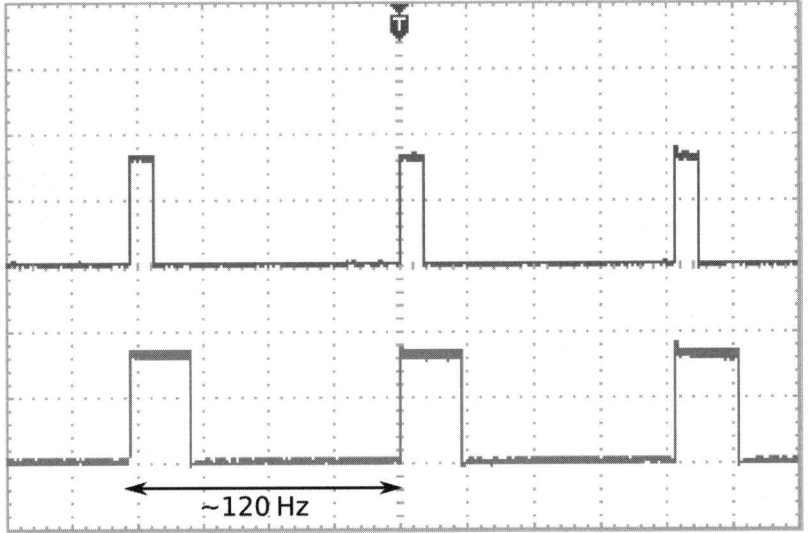

Abb. 11.2: PWM-Ausgangssignale für RGB-LED

11.3 Taster und Keypads

Eine häufige Eingabeform sind Schalter und Taster. Aufgrund ihrer Einfachheit muss wohl nicht allzu viel dazu gesagt werden. Ein Serienwiderstand im Bereich von einigen 100 Ω und ein kleiner Filterkondensator (KERKO) helfen gegen ESD und können unerwünschte Effekte durch Prellen minimieren, man sollte in kritischen Fällen aber immer zusätzlich eine Softwarelösung wie zum Beispiel ein mehrfaches Einlesen verwenden, da man das Prellverhalten eines Tasters nicht genau einschätzen kann. Näheres dazu im Abschnitt *2.7.1 Interrupts – Exkurs: Entprellen.*

11.3.1 Matrixtastatur

Bei einer Matrixtastatur sind alle Tasten einer Zeile miteinander verbunden. Auch die Spalten sind durchgängig verbunden. An jedem Kreuzungspunkt von Zeile und Spalte befindet sich eine Taste: wenn diese gedrückt wird, werden an dieser Stelle Zeilenleitung und Spaltenleitung miteinander verbunden und die Taste kann als gedrückt erkannt werden.

Übliche Ausführungen sind 3x4-Tastaturen und 4x4-Tastaturen, also mit 12 oder 16 Tasten.

Zum Schutz vor ESD ist es empfehlenswert, zwischen den Tasten und dem jeweiligen Pin noch Widerstände im Bereich von 100 Ω bis 1 kΩ vorzusehen. Es können die internen Pullups des AVRs verwendet werden, um externe Widerstände einzusparen.

> **Hinweis:**
> Beim Umschalten eines Pins von Eingang auf Ausgang oder umgekehrt kann es wichtig sein, zuerst den Wert zu setzen und dann die Richtung umzuschalten bzw. zuerst den Pullup zu aktivieren/deaktivieren.

Wenn der AVR® durch einen Tastendruck aus dem Schlafzustand aufgeweckt werden soll, kann man wie in *Abb. 11.3* alle Zeilen mit vier Kleinsignaldioden (z. B. 1N4148) verbinden *(Hardware-OR)* und auf den externen Interrupteingang legen. Vor dem Einschalten des Schlafzustandes werden alle Spalten auf LOW gelegt, sodass eine beliebige gedrückte Taste zu einem LOW-Pegel am externen Interrupteingang (mit aktiviertem Pullup) führt, was den AVR® bei richtiger Konfiguration aufweckt.

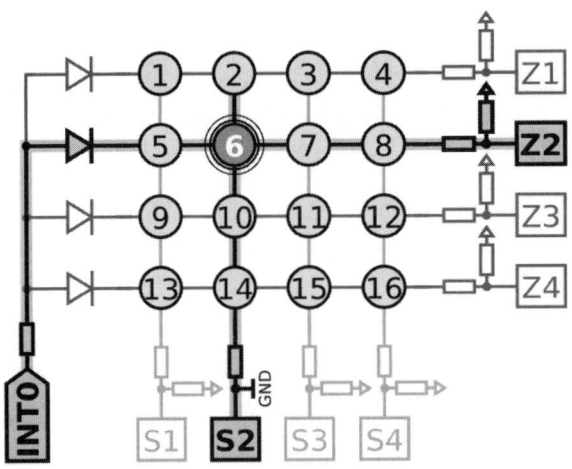

Abb. 11.3: Matrixtastatur mit gedrückter Taste 6

Ist der AVR® aufgewacht, wird der externe Interrupt deaktivert und die gedrückte Taste kann eingelesen werden. Die Aufweck-Interruptroutine wurde im Beispiel allerdings nicht mehr implementiert, da die externen Interrupts ausführlich in Kapitel *Externe Interrupts* behandelt werden.

Das Grundprinzip der Abfrage ist, dass nacheinander alle Spalten auf Masse gelegt werden. Wenn eine Zeile daraufhin auch auf Masse gezogen wird (wie Zeile 2 in Abb. 11.3), weiß man, dass die entsprechende Taste gedrückt ist. Ist keine Taste gedrückt, wird 0 zurückgegeben, sonst die Nummer der Taste. Im Beispiel werden die Anschlusspins per #define angegeben, um eine einfache Anpassung an andere Mikrocontroller zu ermöglichen.

```
#define Z_PORT PORTC //Zeilen der Tastatur
#define Z_PIN PINC
#define S_PORT PORTB //Spalten der Tastatur
#define S_DDR DDRB
```

Streng genommen bräuchte man eigene #define für PINCn und DDBn. Die Werte sind jedoch identisch zu PCn und PBn und werden daher, etwas unsauber, auch verwendet.

```
#define Z1 PC0
#define Z2 PC1
#define Z3 PC2
#define Z4 PC3

#define S1 PB1
#define S2 PB2
```

```
#define S3 PB3
#define S4 PB4


uint8_t Get_Key( void ) {
uint8_t TempKey = 0;

//S1 Ausgang und LOW
  S_PORT &= ~(1<<S1);
  S_DDR |= (1<<S1);
  if ( !(Z_PIN & (1<<Z1)) ) {
    TempKey = 1;
  } else if ( !(Z_PIN & (1<<Z2)) ) {
    TempKey = 5;
  } else if ( !(Z_PIN & (1<<Z3)) ) {
    TempKey = 9;
  } else if ( !(Z_PIN & (1<<Z4)) ) {
    TempKey = 13;
  }
//S1 wieder Eingang mit Pullup
  S_DDR &= ~(1<<S1);
  S_PORT |= (1<<S1);

//S2 Ausgang und LOW
  S_PORT &= ~(1<<S2);
  S_DDR |= (1<<S2);
  if ( !(Z_PIN & (1<<Z1)) ) {
    TempKey = 2;
  } else if ( !(Z_PIN & (1<<Z2)) ) {
    TempKey = 6;
  } else if ( !(Z_PIN & (1<<Z3)) ) {
    TempKey = 10;
  } else if ( !(Z_PIN & (1<<Z4)) ) {
    TempKey = 14;
  }
//S2 wieder Eingang mit Pullup
  S_DDR &= ~(1<<S2);
  S_PORT |= (1<<S2);

//S3 Ausgang und LOW
  S_PORT &= ~(1<<S3);
  S_DDR |= (1<<S3);
```

```
  if ( !(Z_PIN & (1<<Z1)) ) {
    TempKey = 3;
  } else if ( !(Z_PIN & (1<<Z2)) ) {
    TempKey = 7;
  } else if ( !(Z_PIN & (1<<Z3)) ) {
    TempKey = 11;
  } else if ( !(Z_PIN & (1<<Z4)) ) {
    TempKey = 15;
  }
//S3 wieder Eingang mit Pullup
  S_DDR &= ~(1<<S3);
  S_PORT |= (1<<S3);


//S4 Ausgang und LOW
  S_PORT &= ~(1<<S4);
  S_DDR |= (1<<S4);
  if ( !(Z_PIN & (1<<Z1)) ) {
    TempKey = 4;
  } else if ( !(Z_PIN & (1<<Z2)) ) {
    TempKey = 8;
  } else if ( !(Z_PIN & (1<<Z3)) ) {
    TempKey = 12;
  } else if ( !(Z_PIN & (1<<Z4)) ) {
    TempKey = 16;
  }
//S4 wieder Eingang mit Pullup
  S_DDR &= ~(1<<S4);
  S_PORT |= (1<<S4);

  return (TempKey);
}


int main(void) { //Hauptroutine
uint8_t key = 0;

//Interne Pullups aktivieren
Z_PORT |= (1<<Z1) | (1<<Z2) | (1<<Z3) | (1<<Z4);
S_PORT |= (1<<S1) | (1<<S2) | (1<<S3) | (1<<S4);

  for (;;) {//Endlosschleife
    key = Get_Key();
```

```
if ( key > 0) {
  //Gedrückte Taste hier Auswerten
  key = 0;
  }
 }
}
```

Diese Ausleseroutine ist sehr einfach gehalten und wird beispielsweise bei mehr als einer gleichzeitig gedrückten Taste nur die erste gedrückte Taste zurückgeben. Die Routine kann aber leicht erweitert werden, um mehrere Tasten zu erkennen. Dann muss man sich allerdings eine Möglichkeit überlegen, um mehrere gedrückte Tasten zurückzumelden. Eine naheliegende Möglichkeit hierfür wäre eine 16-Bit unsigned Variable, in der jedes Bit einer Taste entspricht.

Wenn es Probleme mit prellenden (mechanisch »hüpfenden«) Tastern gibt, sollte das Einlesen mehrfach durchgeführt und erst dann als gültig betrachtet werden, wenn mehrmals hintereinander dasselbe Ergebnis eingelesen wurde. Zu lange darf man sich mit der Auswertung aber auch nicht Zeit lassen, da der Benutzer dann die Taste eventuell nicht mehr gedrückt hat.

12 Daten speichern

Daten irgendwo zu speichern kommt oft vor, und die konkrete Ausführung dieser Aufgabe hängt sehr stark von den Anforderungen wie Geschwindigkeit, Zuverlässigkeit, Sicherheit etc. ab. Aufgrund des Umfangs dieser Aufgabe können hier nur einige Beispiele und allgemeine Hinweise gezeigt werden.

12.1 Internes EEPROM

Das EEPROM kann bei den AVRs natürlich auch »von Hand« über die dafür vorgesehenen Register angesprochen werden. Jedoch nimmt der Compiler, oder besser gesagt die AVR Libc, uns die meiste Arbeit ab.

Um Werte im EEPROM zu speichern, kann man das EEMEM-Attribut verwenden. Damit wird die Variable vom Compiler nicht mehr im SRAM, sondern im EEPROM abgelegt.

Die direkte Konsequenz daraus ist, dass man nicht mehr direkt auf sie zugreifen kann, sondern den Wert in eine Variable im SRAM kopieren muss, um damit zu arbeiten.

Benötigt man, wie im folgenden Beispiel, Initialisierungswerte für die im EEPROM abgelegten Variablen, muss unbedingt das vom Compiler erzeugte .EEP-File nach dem Überspielen des Programmfiles in den Flash-Speicher ins EEPROM geladen werden. Diese Aufgabe übernimmt praktisch jeder Programmieradapter, sie muss jedoch explizit durchgeführt werden.

Wenn die EESAVE-Fuse nicht gesetzt ist (was im Auslieferzustand der Fall ist), wird der EEPROM-Speicher bei jedem Programmiervorgang mitgelöscht. Das .EEP-File muss dann neu übertragen werden. Der unprogrammierte Wert aller Speicherstellen im EEPROM ist übrigens (technologiebedingt) 0xFF (255).

Man muss immer beachten, dass der EEPROM-Speicher nur für 100.000 Schreibzugriffe spezifiziert ist (vergleiche *1.2.5 Speicher – Flüchtige Speicher*). Das mag viel erscheinen, aber man muss bedenken, dass manche Mikrocontroller jahrelang ohne Pause im Einsatz sein sollen. Lesen ist hingegen uneingeschränkt möglich.

Weiterhin ist empfehlenswert, alle Interrupts vor dem Zugriff auf das EEPROM zu deaktivieren.

```
#include <avr/io.h>
#include <avr/eeprom.h>
```

EEMEM sagt dem Compiler, dass der Wert im EEPROM gespeichert wird.

```
uint8_t Datenbyte_EEPROM EEMEM = 1;
uint16_t Datenword_EEPROM EEMEM = 512;
uint32_t Datendoppelword_EEPROM EEMEM = 65537;
float Fliesskommazahl_EEPROM EEMEM = 23.42;
uint8_t Text_EEPROM[16] EEMEM = "Test Text";

//Auslesen der Werte z. B. beim Programmstart
uint8_t Datenbyte = eeprom_read_byte(&Datenbyte_EEPROM);
uint16_t Datenword = eeprom_read_word(&Datenword_EEPROM);
uint32_t Datendoppelword = eeprom_read_dword(&Datendoppelword_EEPROM);
float Fliesskommazahl = eeprom_read_float(&Fliesskommazahl_EEPROM);
```

Die Blockleseroutine hat eine leicht andere Syntax:

```
uint8_t Text[16];
eeprom_read_block ( (void*)&Text,
                    (const void*)&Text_EEPROM,
                    sizeof(Text) );

//Mache was mit den Werten
```

Die Casts (Typumwandlungen) sind empfehlenswert, da die Blockroutinen sehr universell geschrieben wurden.

Man kann natürlich auch direkt von einer Adresse lesen, hier z. B. von Adresse 1:

```
Datenbyte = eeprom_read_byte( (uint8_t*)0x01 );
```

Aufgrund der begrenzten Schreibzyklen ist es sehr empfehlenswert, die Werte im EEPROM nur dann abzuspeichern, wenn sie sich wirklich geändert haben. Dazu gibt es praktischerweise entsprechende Routinen:

```
eeprom_update_byte(&Datenbyte_EEPROM, Datenbyte);
eeprom_update_word(&Datenword_EEPROM, Datenbyte);
eeprom_update_dword(&Datendoppelword_EEPROM, Datenbyte);
eeprom_update_float(&Fliesskommazahl_EEPROM, Datenbyte);
eeprom_update_block( (void*)&Text,
                     (const void*)&Text_EEPROM,
                     sizeof(Text));
```

12.2 Interner Flash-Speicher

Vor allem längere Texte und größere Daten speichert man sinnvollerweise im verhältnismäßig großen Flash-Speicher und nicht im sehr knappen RAM oder EEPROM.
Immer zu beachten ist, dass ein Schreibzugriff auf einzelne Bytes im Flash nicht vorgesehen ist, praktisch gesehen handelt es sich daher um einen Nur-Lese-Speicher, obwohl
ein Schreibzugriff natürlich sehr wohl möglich ist, aber eben nur auf den ganzen
Bereich.

Über den Sinn von längeren Texten und vor allem von Stringoperationen in kleinen 8-
Bit-Mikrocontrollern kann man natürlich streiten, aber es gibt Funktionen hierfür, falls
solche Operationen notwendig sein sollten.

Zum Abspeichern von Werten im Flash wird das PROGMEM-Attribut verwendet.

```
#include <avr/io.h>
#include <avr/pgmspace.h>

const uint8_t Text_FLASH[] PROGMEM = "Text im FLASH";
```

Sehr praktisch ist auch manchmal das Makro PSTR(). Es erlaubt, einen einmal verwendeten String ohne viel Nachdenken im Flash zu speichern und so wertvollen Platz im
RAM zu sparen.

Ein Nachteil kann natürlich die geringere Zugriffsgeschwindigkeit sein. Zudem muss
man immer bedenken, dass es sich eben nicht um einen String im RAM handelt und er
daher anders behandelt werden muss. **Folgendes Beispiel funktioniert nicht:**

```
void USART_print(const char *data) {
  while( *data != '\0' )
    USART_transmit(*data++);
}

USART_print(PSTR("Ich bin ein Text aus dem FLASH"));
```

Die Senderoutine muss an die Daten aus dem Flash-Speicher angepasst werden, um mit
Daten aus dem Flash-Speicher umgehen zu können:

```
void USART_print_FLASH(const char *data) {
  while( pgm_read_byte(data) != 0x00 )
    USART_transmit( pgm_read_byte(data++) );
}

USART_print_FLASH(PSTR("Ich bin ein Text aus dem FLASH"));
```

funktioniert dann ohne Probleme und ist gleichbedeutend zu:

```
const char Text1_FLASH[] PROGMEM =
        "Ich bin ein Text im FLASH";
USART_print_FLASH(Text1_FLASH);
```

Muss man Stringoperationen (Vergleich, Zusammenfügen etc.) mit im Programmspeicher abgelegten Texten ausführen, gibt es spezielle Funktionen, die diese Aufgabe erledigen können. Zu erkennen sind sie an der Endung _P (bzw. _PF). Ein Beispiel hierfür wäre memcmp_P() zum Vergleichen der ersten n Bytes von zwei Arrays (Strings sind ja in C nichts anderes als Zeichenarrays).

12.2.1 Lookup-Tabelle im Flash

Wesentlich häufiger als Zeichenketten wird man in der Praxis umfangreiche Daten, beispielsweise Lookup-Tabellen (LUTs), im Flash abspeichern. Genaueres zu den Lookup-Tabellen im Anhang unter *13.9 Lookup-Tabellen*.

Die folgende Beispieltabelle mit den ersten 100 Primzahlen würde 200 Byte RAM »verbrauchen«. Wenn man nicht die allerhöchste Zugriffsgeschwindigkeit haben muss (wobei der AVR® hier eine durchaus brauchbare Geschwindigkeit erreicht), ist es also wesentlich besser, die Daten im Flash abzulegen und mit den entsprechenden Befehlen darauf zuzugreifen.

```
#include <avr/io.h>
#include <avr/pgmspace.h>

const uint16_t Primzahlen_FLASH[] PROGMEM = {
    2,   3,   5,   7,  11,  13,  17,  29,  23,  29,
   31,  37,  41,  43,  47,  53,  59,  61,  67,  71,
   73,  79,  83,  89,  97, 101, 103, 107, 109, 113,
  127, 131, 137, 139, 149, 151, 157, 163, 167, 173,
  179, 181, 191, 193, 197, 199, 211, 223, 227, 229,
  233, 239, 241, 251, 257, 263, 269, 271, 277, 281,
  283, 293, 307, 311, 313, 317, 331, 337, 347, 349,
  353, 359, 367, 373, 379, 383, 389, 397, 401, 409,
  419, 421, 431, 433, 439, 443, 449, 457, 461, 463,
  467, 479, 487, 491, 499, 503, 509, 521, 523, 541
};

uint16_t primzahl;
```

```
...
//Lese die 24. Primzahl (=89)
primzahl = pgm_read_word( &Primzahlen_FLASH[23] );
```

Natürlich gibt es auch Funktionen zum Lesen eines Bytes (prgm_read_byte()), eines Doppelwords (pgm_read_dword()) und einer Fließkommazahl (pgm_read_float()).

Wenn man einen Controller mit mehr als 64k Flash-Speicher verwendet (leider nur im SMD-Gehäuse erhältlich) und im Adressbereich über 64k Daten ablegen will, muss man spezielle, leider langsamere Versionen der Leseroutinen verwenden. Sie sind durch ein angehängtes _far erkennbar (beispielsweise pgm_read_byte_far) und können mit 32-Bit-Adressen umgehen.

12.3 Externe Speicher

Benötigt man mehr Speicher als der AVR® intern verfügbar hat, kann man aus einer sehr großen Auswahl an externen Bausteinen wählen. Beispielhaft wird hier die Ansteuerung eines externen SPI-Flash-Speichers gezeigt.

Über I²C angeschlossene Bausteine können mit den Routinen aus dem Kapitel *2.7.11 I2C / TWI / 2-Wire* einfach angesteuert werden.

12.3.1 SPI-Flash

Mit SPI-Flash-Bausteinen (zum Beispiel der AT45-Serie) kann man den doch eher knappen internen Speicher einfach und zuverlässig erweitern. Es gibt sie in verschiedenen Speichergrößen und mit unterschiedlichen Seitengrößen (*Page Sizes*). Eine *Page* ist dabei ein ohne Umschaltbefehl adressierbarer und auf einmal löschbarer Datenbereich.

Die konkrete Implementierung ist bei den verschiedenen Herstellern leicht unterschiedlich, daher erfolgt hier eine möglichst allgemeingültige Beschreibung.

Die meisten externen Speicherbausteine brauchen nach dem Einschalten der Betriebsspannung eine gewisse Zeit zum Starten (siehe Datenblatt), die vor dem ersten Zugriff abgewartet werden sollte:

```
_delay_ms(25);
```

Die Konfiguration der SPI-Schnittstelle muss natürlich gemäß den Wünschen des Speicher-ICs erfolgen. Meistens sind dabei mehrere SPI-Modi erlaubt (beispielsweise 0 und 3), da meist nur entscheidend ist, ob bei fallender oder steigender Taktflanke die Daten gelesen werden, während der Ruhepegel der Taktleitung egal ist.

Die Ansteuerung des externen Flash erfolgt durch Befehle, oft auch als *OPCodes* bezeichnet. Aus Kompatibilitätsgründen gibt es oft mehrere OPCodes für denselben Befehl. Zum Beispiel führt der OPCode 0x57 (oder 0xD7) dazu, dass der Inhalt des Statusregisters bei der nächsten Übertragung eines Dummy-Bytes (0) an den Mikrocontroller gesendet wird.

```
SPI_MasterTransceive(0x57); //OPCODE senden

//Statusregister einlesen
StatusRegister = SPI_MasterTransceive(0x00); //empfangen
```

Das Auslesen von Speicherzellen geschieht, indem zuerst der OPCode zur Auswahl der entsprechenden Seite, die Seitennummer und dann die Adresse der Speicherzelle auf dieser Seite übertragen werden. Bei der nächsten Übertragung eines Dummy-Bytes wird dann der Inhalt der gewünschten Speicherzelle übertragen.

Diese Adressierung führt zu sehr viel Protokoll-Overhead, daher gibt es auch einen kontinuierlichen Lesemodus: Dazu werden der OPCode zum kontinuierlichen Lesen, die entsprechende Seitennummer und eine Startadresse gesendet. Die Daten können dann durch die Übertragung von Dummy-Bytes kontinuierlich ausgelesen werden, bis ein neuer OPCode übertragen wird.

Da ja ein Flash-Speicher nur blockweise geschrieben werden kann, gibt es einen – bei den meisten ICs sogar zwei oder noch mehr – SRAM-Buffer mit jeweils derselben Größe wie eine Page.

Per OPCode wird das Laden einer kompletten Seite in den SRAM-Buffer veranlasst, wo die Daten beliebig manipuliert werden können. Will man die Daten nur schreiben, muss natürlich vorher nichts ausgelesen werden und man schreibt die abzuspeichernden Daten direkt in den Buffer.

Mit einem weiteren Befehl wird der Buffer in der gewählten Seite im Flash komplett gespeichert. Da der Speichervorgang, auch durch die vorher nötige Löschung der Seite im Flash, eine Weile braucht, kann in der Zwischenzeit mit dem zweiten SRAM-Buffer weitergearbeitet werden. Ist der zweite Buffer voll, wird der Befehl zum Speichern des zweiten Buffers gesendet und mit dem inzwischen gesicherten ersten Bufferspeicher weitergearbeitet.

13   Anhang

Im Anhang finden sich nützliche Formeln, Tabellen und Hinweise.

13.1   Elektrotechnische Grundgleichungen

Sehr viele praktische Probleme in der Elektronik kann man mit ein paar einfachen Formeln und einigen Überlegungen auch ohne höhere Mathematik lösen. Ist das nicht der Fall, hilft oft der Einsatz eines Simulationstools (SPICE).

13.1.1   Das Ohm'sche Gesetz

Die Spannung U in Volt (V) berechnet man abhängig von Widerstand R, Strom I und/oder Leistung P mit:

$$U = R \cdot I = \frac{P}{I} = \sqrt{P \cdot R}$$

Den Widerstand R in Ohm (Ω) bekommt man aus:

$$R = \frac{U}{I} = \frac{U^2}{P} = \frac{P}{I^2}$$

Für den Strom I in Ampere (A) gibt es die Formeln:

$$I = \frac{U}{R} = \frac{P}{U} = \sqrt{\frac{P}{R}}$$

Und die Leistung P in Watt (W) kann man folgendermaßen berechnen:

$$P = U \cdot I = R \cdot I^2 = \frac{U^2}{R}$$

13.1.2 Serien- und Parallelschaltung R, C, L

Werden Widerstände in Serie geschaltet, so addieren sich die Widerstandswerte zum Gesamtwiderstand. Werden Widerstände parallel zueinander geschaltet (Symbolisiert mit ∥), so addieren sich ihre Kehrwerte zum Kehrwert des Gesamtwiderstands:

$$R_{GES,SERIE} = R_1 + R_2 + R_3 + ... + R_N$$

$$\frac{1}{R_{GES,\parallel}} = \frac{1}{R_1} + \frac{1}{R_2} + \frac{1}{R_3} + ... + \frac{1}{R_N}$$

Für die Parallelschaltung zweier Widerstände R_1 und R_2 gilt auch die Formel:

$$R_{GES,R1\parallel R2} = \frac{R_1 \cdot R_2}{R_1 + R_2}$$

Wenn zwei Kondensatoren parallelgeschaltet werden, addiert sich ihre Kapazität. Sie verhalten sich also umgekehrt wie Widerstände. Schaltet man zwei Kondensatoren in Serie (was aber eher selten vorkommt), so ergibt sich der Kehrwert der Gesamtkapazität aus der Summe der Kehrwerte der Einzelkapazitäten:

$$\frac{1}{C_{GES,SERIE}} = \frac{1}{C_1} + \frac{1}{C_2} + ... + \frac{1}{C_N}$$

$$C_{GES,\parallel} = C_1 + C_2 + ... + C_N$$

In Serie beziehungsweise parallel geschaltete Induktivitäten summieren sich wertmäßig wiederum wie Widerstände. Man muss bei Induktivitäten allerdings immer das sie umgebende Magnetfeld berücksichtigen, durch das es zu einer Beeinflussung danebenliegender Bauteile kommen kann.

$$L_{GES,SERIE} = L_1 + L_2 + ... + L_N$$

$$\frac{1}{L_{GES,\parallel}} = \frac{1}{L_1} + \frac{1}{L_2} + ... + \frac{1}{L_N}$$

13.1.3 Spannungsteiler

Die Spannung am unteren Widerstand R2 eines unbelasteten Spannungsteilers (*Abb. 13.1a*) mit den Widerständen R1 und R2 und der Gesamtspannung U berechnet sich zu:

$$U_2 = U \cdot \frac{R2}{R1+R2}$$

Ist der Widerstandsteiler belastet, also wenn parallel zum unteren Widerstand ein weiterer Widerstand R3 hängt (*Abb. 13.1b*), muss zuerst die Parallelschaltung dieser Widerstände berechnet werden. Wenn die Widerstände R2 und R3 parallelgeschaltet werden, schreibt man hierfür auch kurz R2∥R3.

$$R2\| R3 = \frac{R2 \cdot R3}{R2+R3}$$

Dieser Wert wird dann anstelle von R2 in die Spannungsteilerformel eingesetzt.

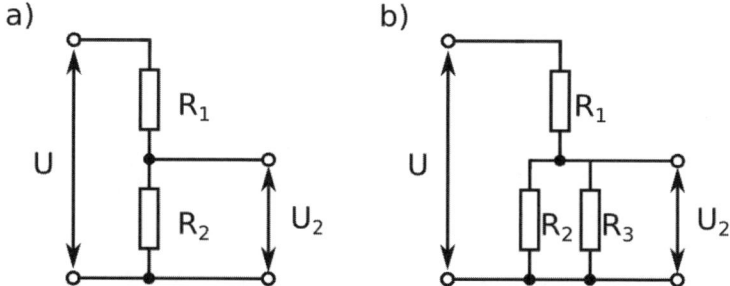

Abb. 13.1: Unbelasteter (a) und belasteter (b) Spannungsteiler

13.1.4 Grenz- und Resonanzfrequenz

Ein Tiefpass lässt »tiefe Frequenzen passieren« und wird daher eingesetzt, um hochfrequente Störungen oberhalb der Grenzfrequenz des Filters aus einem Signal herauszufiltern.

Die *Grenzfrequenz* f_g eines RC-Tiefpassfilters (Abb. 5.1 im Kapitel *5.3.2 Für Fortgeschrittene: Filterauslegung*), also jene Frequenz, bei der die Ausgangsspannung nur mehr 70,7 % der Eingangsspannung beträgt, berechnet man mit

$$f_g = \frac{1}{2 \cdot \pi \cdot R \cdot C}$$

Kombiniert man einen Spannungsteiler und einen Tiefpassfilter, indem man einen Kondensator parallel zum unteren Widerstand R2 schaltet, berechnet man die Grenzfrequenz dieses Filters, indem man die Parallelschaltung von R1 und R2 in die Formel für die Grenzfrequenz des RC-Tiefpassfilters einsetzt.

Analog können natürlich auch Hochpassfilter implementiert werden, also Filter, die den tiefen Frequenzbereich unterdrücken, indem man die Position von R und C vertauscht. Die Formel zur Berechnung der Grenzfrequenz ändert sich nicht, nur die Interpretation: Alle Frequenzen unterhalb der Grenzfrequenz werden beim Hochpassfilter gedämpft.

Ein Hochpassfilter entfernt auch den Gleichspannungsanteil (Frequenz 0 Hz) aus dem Signal.

Werden kapazitive und induktive Bauteile in einer Schaltung kombiniert, so ergibt das einen *Schwingkreis*, also eine Schaltung, die bei einer definierten Frequenz schwingen kann, wenn sie *angeregt* wird.

Die *Thomsonsche Schwingungsformel* beschreibt, bei welcher Frequenz die Zusammenschaltung aus einem Kondensator und einer Induktivität schwingen würde – dabei ist es egal, ob diese parallel oder in Serie zueinander geschaltet sind. Diese Frequenz bezeichnet man auch als die Resonanzfrequenz f_{RES}:

$$f_{RES} = \frac{1}{2 \cdot \pi \cdot \sqrt{L \cdot C}}$$

13.1.5 Bandbreite eines Rechtecksignals

Die Anstiegszeit t_{RISE} ist definiert als die Zeit, die das Signal braucht, um von 10 % der maximalen Amplitude auf 90 % anzusteigen (*Abb. 13.2*).

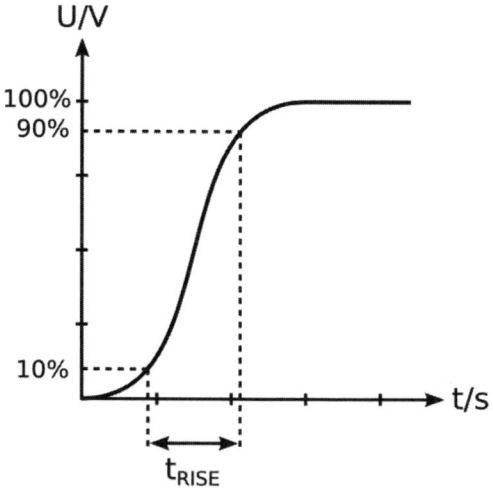

Abb. 13.2: Anstiegszeit eines Signals

Die Bandbreite in Hertz eines Digitalsignals kann mit der Formel

$$B = \frac{0,35}{t_{RISE}}$$

abgeschätzt werden. Man kann ebenso die Abfallzeit in die Formel einsetzen. Zur Bestimmung der maximalen Bandbreite nimmt man natürlich die kürzeste Anstiegs- bzw. Abfallzeit.

Beträgt die Anstiegszeit also beispielsweise 1 ns, ist die Bandbreite des Signals

$$B = \frac{0,35}{1\,\text{ns}} = 350\text{MHz}$$

In der Praxis muss man überprüfen, ob die Anstiegszeit in Wirklichkeit nicht noch schneller ist und das Oszilloskop sie nur nicht richtig darstellen kann. Wenn die berechnete Bandbreite im Bereich der Bandbreite des Oszilloskops liegt, kann man nicht von einer korrekten Messung ausgehen und kann nur die Aussage treffen, dass die Bandbreite des Digitalsignals gleich oder größer sein wird als die Bandbreite des Oszilloskops.

13.2   Darstellung von Bauteilwerten

Bei Bauteilangaben (aber auch Frequenzen) hat man mit einer großen Bandbreite von Werten zu tun. Um nicht 1.000.000 Ω oder 0,000000001 F ausschreiben zu müssen, haben sich sogenannte Präfixe eingebürgert: man spricht stattdessen von 1 MΩ (Mega-Ohm) oder 1 nF (nano-Farad).

Eine Übersicht über gängige Präfixe bietet *Tabelle 13.1*.

Tabelle 13.1: Gängige Präfixe

Wert › 0	Präfix	Wert ‹ 0	Präfix
1000 (10^3)	k (kilo)	0,001 (10^{-3})	m (milli)
1000000 (10^6)	M (Mega)	0,000001 (10^{-6})	μ (mikro)
10^9	G (Giga)	10^{-9}	n (nano)
10^{12}	T (Tera)	10^{-12}	p (piko)
10^{15}	P (Peta)	10^{-15}	f (femto)

In einigen Bereichen, vor allem in Schaltplänen, hat es sich durchgesetzt, das Komma in Zahlenwerten (Dezimaltrennzeichen) durch das Präfix (oder das Symbol) zu ersetzen: 5,6 kΩ werden dann als 5k6 angeschrieben (und 1,5 Ω sind 1R5). Die Einheit, hier Ohm, kann dabei weggelassen werden, wenn es zu keinen Verwechslungen kommen kann. Neben der kürzeren Schreibweise, ist es natürlich von Vorteil, dass bei diesen Angaben auf Sonderzeichen verzichtet werden kann. Um Sonderzeichen zu vermeiden, wird statt einem μ auch oft einfach ein u geschrieben.

Vor allem im akademischen Bereich ist auch die Verwendung von Potenzen üblich. Man schreibt also beispielsweise 10^3 Ω für 1 kΩ.

Zu kleine Abweichungen können nicht mehr sinnvoll in Prozent (%), also 1/100, angegeben werden, auf Promilleangaben (‰), also 1/1000, trifft man auch eher selten. Meist wird in der Elektrotechnik stattdessen ppm (parts per million) verwendet, also einem Millionstel. Diese Angabe findet man etwa bei den Frequenzabweichungen von Schwingquarzen oder den Genauigkeitsangaben von (hochwertigen) Referenzspannungsquellen.

13.3 E-Reihe

Passive Bauteile sind nicht in beliebigen Werten erhältlich. Es gibt sie in festen, mehr oder weniger groben Abstufungen – je gröber, desto einfacher sind sie meist zu beschaffen. Die Abstufungen folgen dabei Normreihen, den sogenannten E-Reihen.

Am einfachsten sind Bauteilwerte der Normreihen E3, E6 und E12 erhältlich (*Tabelle 13.2*).

Tabelle 13.2

E3	1			2,2			4,7			
E6	1		1,5	2,2		3,3	4,7		6,8	
E12	1	1,2	1,5	1,8	2,2	2,7	3,3	3,9	4,7	5,6	6,8	8,2

Das ist folgendermaßen zu verstehen: Bei der Reihe E3 gibt es zwischen den Multiplikatoren 1 und 10 drei Stufen: 1, 2,2 und 4,7. Das bedeutet, es gibt in der Reihe E3 beispielsweise die Widerstandswerte 1 Ω, 2,2 Ω, 4,7 Ω, 10 Ω, 22 Ω, 47 Ω, 100 Ω, 220 Ω und so weiter. Bei höheren E-Reihen sind die Abstufungen entsprechend feiner.

Bei den meisten Designs ist es vorteilhaft und ohne große Einschränkungen möglich, Bauteilwerte aus niedrigeren E-Reihen zu wählen. Selbst wenn wir uns einen speziellen Wert wünschen, werden wir den in den seltensten Fällen erhalten, weil günstige Bauteile (gerade Widerstände und Kondensatoren) mit Toleranzen von rund 10 % behaftet sind.[84]

Vorsicht ist lediglich geboten, wenn ein Hersteller sich im Datenblatt oder Application Note für die Beschaltung seines ICs spezielle Bauteilwerte wünscht. Meistens weiß er, was er tut, und hat sehr gute Gründe dafür, warum er genau diese Werte vorgibt.

13.4 Temperaturbereiche

Man spezifiziert Elektronikbauteile nach ihrem vorgesehenen Einsatzzweck, *Tabelle 13.3* gibt einen Überblick über gängige Temperaturbereiche und ihre Grenzen.

---

[84] Bauteile durchmessen und nach besonders genauen Exemplaren suchen bringt nichts. Die haben die Hersteller bereits aussortiert und verkaufen sie teurer in höheren Toleranzklassen.

Tabelle 13.3: Gängige Temperaturbereiche

Temperaturbereich	Grenzen
Consumer	0 °C bis +70 °C
Industriell	–40 °C bis +85 °C
Automotive	–40 °C bis +125 °C
Militärisch	–55 °C bis +125 °C

Einige Komponenten erfüllen diese Bereiche nicht oder nur teilweise. Dann werden die Temperaturgrenzen explizit angegeben. Vor allem gewöhnliche Displays, aber auch LEDs, können tendenziell nicht oder nur eingeschränkt bei Minusgraden eingesetzt werden.

Nicht oft genug erwähnt werden kann, dass es sich bei diesen Temperaturen um die zulässigen Werte *im Bauteil* (Korrekter: die Temperatur des Siliziumchips) handelt. Sie müssen nicht mit der Gehäusetemperatur oder gar der Umgebungstemperatur übereinstimmen. Vor allem Bauteile mit einem großen Leistungsumsatz wie Spannungsregler oder Transistoren können bei einem entsprechenden Stromfluss eine innere Temperatur erreichen, die deutlich über der Umgebungstemperatur liegt. Die Hinweise des Herstellers zur Kühlung sind unbedingt zu beachten und eventuell auch etwas vorsichtiger auszulegen.

13.5 LED-Vorwiderstand

Jeder mag bunt blinkende LEDs. In der Mikrocontrollerprogrammierung verhelfen sie zu tollen Erfolgserlebnissen. Doch beim praktischen Einsatz Licht emittierender Dioden ist zu beachten, dass sie für den Betrieb gewisse Anforderungen an die angelegte Spannung und den durchfließenden Strom stellen, die sich aus ihrer Kennlinie herleiten.

Eine LED hat eine Kennlinie wie jede andere Diode (*Abb. 13.3*), jedoch mit anderen Werten. Die Kennlinie ist durch folgende Punkte charakterisiert:

Sie leitet nur in einer Richtung, ihrer Durchflussrichtung. Wird sie in Sperrrichtung betrieben, kommt es wesentlich früher als bei anderen Diodentypen zu einem *Durchbruch* und damit zur Zerstörung der LED.

Sie leitet erst ab einer gewissen Spannung, ihrer Durchlassspannung. Wird die Durchlassspannung überschritten (kontinuierlicher Verlauf), so steigt der Stromfluss durch die Diode auch bei kleiner Spannungsänderung sehr stark an (siehe Kennlinie).

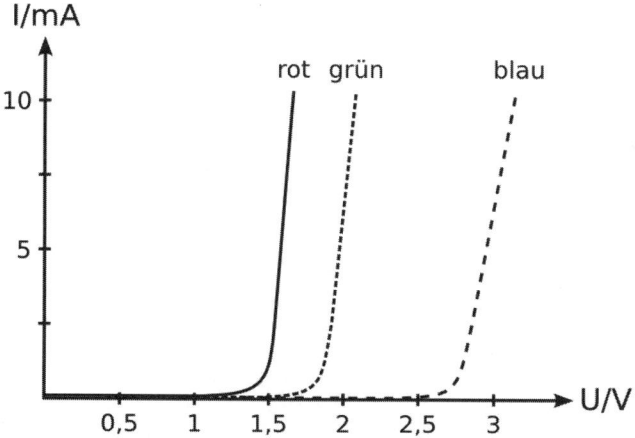

Abb. 13.3:
Beispielhafte Kennlinien
verschiedenfarbiger LEDs

Daraus lässt sich erkennen, dass es für eine LED einen gewissen Bereich um die Durchlassspannung herum gibt, in dem einerseits bereits so viel Strom fließt, dass die LED sichtbar leuchtet – und andererseits noch nicht so viel, dass sie beschädigt wird.

Die Durchflussspannung liegt je nach LED zwischen 1,6 V und 4 V. Rote LEDs haben tendenziell die niedrigste Durchflussspannung, grüne und gelbe LEDs liegen mit typischerweise knapp über 2 V im Mittelfeld, während blaue und weiße LEDs höhere Spannungen benötigen. Der genaue Wert der Durchflussspannung ist zudem temperaturabhängig und unterliegt gewissen Herstellungstoleranzen.

Gleichzeitig muss der durchfließende Strom beachtet werden, damit die in der LED umgesetzte Leistung nicht zu hoch wird.

13.5.1 Berechnung

LEDs sind *stromgesteuerte* Bauelemente. Wir müssen also den Strom durch die LED vorgeben, die an ihr abfallende Spannung ergibt sich dann anhand ihrer Kennlinie. Im einfachsten Fall nimmt man dazu einen Vorwiderstand.[85] Die Rechnung ist eine grobe Näherung, wie man schon am stromabhängigen Verlauf der Durchlassspannung

---

[85] Bei Hochleistungs-LEDs ist diese Methode ungeeignet. Dort werden Konstantstromquellen eingesetzt.

erkennen kann. Da die Vorwiderstände auch toleranzbehaftet sind und nicht in allen Werten vorliegen, reicht diese Abschätzung jedoch für sehr viele praktische Fälle aus.

Dabei folgt die minimale Spannung U_R, die am Vorwiderstand abfallen muss, aus der Versorgungsspannung U und der LED-Durchflussspannung U_D

$$U = U_R + U_D \quad \rightarrow \quad U_R = U - U_D$$

Der Widerstand wird nun gemäß dem Ohm'schen Gesetz so gewählt, dass bei U_R der Nenndurchflussstrom der LED fließt:

$$R = \frac{U_R}{I_{NENN}}$$

Durchflusswiderstand und Nennstrom finden sich im Datenblatt der LED. Als Widerstandswert sollte anschließend der im Vergleich zum errechneten Wert nächstgrößere Widerstand gemäß der E-Reihe (siehe *13.3 E-Reihe*) gewählt werden.

Beispiel

Angenommen, wir arbeiten mit einer Versorgungsspannung U von 5 V. Wir wollen eine LED betreiben, die eine Durchflussspannung U_D von 2 V und einen Nennstrom I_{NENN} von 15 mA hat.

Daraus folgt, dass am Vorwiderstand eine Spannung von

$$U_R = U - U_D = 3\,V$$

abfallen muss. Wir wollen den Nennstrom (15 mA) fließen lassen, wobei erwähnt werden soll, dass die LED bei 10 mA kaum dunkler erscheinen wird. Für Stromsparanwendungen gibt es hocheffiziente LEDs, die bereits mit 2 mA deutlich sichtbar leuchten.

Hieraus folgt wiederum, dass unser Widerstand einen Wert von mindestens

$$R = \frac{U_R}{I_{NENN}} = \frac{3\,V}{15\,mA} = 200\,\Omega$$

haben muss. Eine mögliche Wahl wäre beispielsweise R = 220 Ω.

13.6   Dezibel (dB)

Wenn gleichzeitig mit sehr großen und sehr kleinen Zahlen umgegangen wird, wie etwa bei Filtern oder in der Hochfrequenztechnik, trifft man häufig auf Angaben in Dezibel (dB). Dabei handelt es sich um eine Möglichkeit, Verhältnisse anzugeben und dabei sich um Größenordnungen unterscheidende kleine und große Zahlen einfach darzustellen.

Zur Berechnung verwendet man den 10-fachen dekadischen Logarithmus[86] zweier Leistungen P_1 und P_2:

$$Leistungsverhältnis_{dB} = 10 \cdot \log \frac{P_2}{P_1}$$

Hat man zwei Spannungen U_1 und U_2, kann man diese ebenso in ein Verhältnis zueinander setzen. Da dB allerdings ein Leistungsverhältnis angibt, und die Leistung (wie wir in *13.1 Elektrotechnische Grundgleichungen* festgestellt haben) sich bei gleichbleibendem Widerstand quadratisch zur Spannung ergibt, folgt mit

$$\log(x^2) = 2 \cdot \log(x)$$

der Zusammenhang

$$Spannungsverhältnis_{dB} = 20 \cdot \log \frac{U_2}{U_1}$$

Dieser Umweg erscheint auf den ersten Blick vielleicht sinnlos, hat aber mehrere Vorteile: Zum einen hat man handlichere Zahlenwerte und zum anderen gelten für Logarithmen einige Rechenregeln, die die Arbeit erleichtern:

$$\log(x \cdot y) = \log(x) + \log(y)$$

---

[86] Logarithmus zur Basis 10, bei den meisten Taschenrechnern als LOG bezeichnet

$$\log\left(\frac{x}{y}\right) = \log(x) - \log(y)$$

$$\log(x^y) = y \cdot \log(x)$$

Wir können also Werte einfach addieren oder subtrahieren, anstatt sie zu multiplizieren oder zu dividieren. Auch die Potenzrechnung vereinfacht sich zu einer Multiplikation. Einmal umgerechnet, kann mit Werten in dB beliebig weiter gerechnet werden, egal um was für ein Verhältnis es sich handelt.

Beispiel:
Man hat einen Verstärker mit 42-facher Verstärkung

$10 \cdot \log(42) = 16{,}23 \; dB$

und einen weiteren mit 23-facher Verstärkung:

$10 \cdot \log(23) = 13{,}62 \; dB$

Schaltet man diese hintereinander, kann man beide Verstärkungsfaktoren einfach addieren. Es ergibt sich eine Gesamtverstärkung von 29,85 dB.

Eine Abschwächung um 3 dB bedeutet halbe Leistung oder $1/\sqrt{2}$-fache Spannung (= 70,7 %). Daher stammt auch die Definition der Grenzfrequenz beim Tiefpassfilter.

13.6.1 Signal-Rausch-Verhältnis SNR

Das Signal-Rausch-Verhältnis, auch Signal-Rausch-Abstand, Störabstand oder englisch SNR (Signal-to-Noise Ratio) genannt, beschreibt in der Nachrichtentechnik die »Qualität« eines Signals. Laut Definition ist es das Verhältnis der mittleren Nutzsignalleistung zur mittleren Rauschleistung

$$SNR = \frac{P_{SIGNAL}}{P_{RAUSCHEN}}$$

oder in dB

$$SNR_{dB} = P_{SIGNAL,\, dB} - P_{RAUSCHEN,\, dB}$$

Aus der Auflösung kann man die theoretische Grenze für den Signal-Rausch-Abstand eines ADCs oder DACs bei einem Full-Scale-Sinussignal als Eingang angeben:

$$SNR = Bits \cdot 6{,}02\,dB + 1{,}76\,dB$$

Also hätte ein idealer 12-Bit-ADC eine SNR von 74 dB.

Sieht man nun im Datenblatt einiger Bauteile nach, bemerkt man, dass die angegebene SNR von 12-Bit-Wandlern oft deutlich geringer ist (< 70 dB). Man muss sich also von der Angabe der Auflösung als zuverlässiges Unterscheidungskriterium verabschieden und sollte eher die SNR verwenden. Nutzt man nicht den gesamten möglichen Eingangsspannungsbereich aus, hat Störungen auf dem Signal oder unsaubere Versorgungsspannungen, wird der Störabstand noch weiter sinken.

13.7 Kalibrierung

13.7.1 Kalibrieren, Justieren und Eichen

Bevor wir auf den Vorgang der Kalibrierung eingehen, müssen wir auf die Begriffe »Kalibrieren«, »Eichen« sowie »Justieren« und ihre unterschiedlichen Bedeutungen eingehen.

Die Eigenschaften eines elektrischen Systems ändern sich durch Alterungseffekte mit der Zeit. Zudem kommt zu allen angegebenen Werten eine gewisse Toleranz dazu, die die Gesamtgenauigkeit der Schaltung beeinflusst. Daher muss bei Messgeräten die korrekte Funktion in regelmäßigen Abständen überprüft und korrigiert werden, und auch für prinzipbedingt toleranzbehaftete Bauteile, wie beispielsweise Sensoren, existieren Methoden zur Verbesserung des Ergebnisses.

Bei einem Messgerät wird beim *Kalibrieren* das Gerät mit einer (mindestens 10-mal) genaueren Soll-Referenz verglichen und die Abweichungen werden festgehalten. Handelt es sich dabei um einen offiziellen, durch eine Behörde oder zertifizierte Stelle durchgeführten Vorgang, so wird dafür der geschützte Begriff der *Eichung* verwendet. Dabei wird untersucht, ob die Abweichungen noch innerhalb der gesetzlichen Toleranzen liegen, was insbesondere im professionellen und kommerziellen Bereich von Bedeutung ist.

Beim Vorgang des *Justierens* wird in das Gerät eingegriffen und versucht, die Abweichungen möglichst zu verringern. Üblicherweise – auch in diesem Buch – wird der Begriff der Kalibrierung für die kombinierte Kalibrierung und Justierung verwendet.

Auch wenn das laut Definition nicht ganz korrekt ist, hat es sich im normalen Sprachge-
brauch so durchgesetzt.

Kalibrierung und Justierung machen auch bei Bauteilen Sinn, wenn wir etwa eine
Messung vornehmen wollen. Da die meisten Sensoren ein messgrößenbezogenes Spannungssignal liefern, erfolgt die Justierung meist mit Hilfe eines Potentiometers[87].

Beim Kalibrieren von Bauteilen vergleichen wir sie hingegen meist nicht mit einer Referenz, sondern ermitteln die tatsächlichen Bauteilwerte so genau wie möglich. Anschließend passen wir Schaltung und Software so an, dass wir das genauestmögliche Ergebnis
erhalten. Im Folgenden werden wir uns ansehen, wie man dazu vorgehen kann.

13.7.2 Grundprinzip der Kalibrierung

Nehmen wir an, wir möchten mittels eines beliebigen Sensors eine Größe messen –
beispielsweise eine Temperatur. Wir wählen also unseren Sensor, welcher ein nichtelek-
trisches Signal in eine Spannung umwandelt (beispielsweise einen temperaturabhängigen
Widerstand) und nehmen diese Spannung auf, beispielsweise indem wir ihn an den
ADC unseres Mikrocontrollers anschließen und den eingelesenen ADC-Wert betrachten. Wie können wir aber damit auf die Temperatur rückschließen? Wie ist also dieser
Wert zu interpretieren?

Im einfachsten Fall ist der Zusammenhang zwischen gemessener Größe und ausgegebe-
nem Spannungssignal *linear*. Das heißt, wenn wir die jeweils korrespondierenden Werte
von Temperatur und Spannung bzw. ADC-Wert in ein Diagramm eintragen, so ergibt
sich eine Gerade.

Dabei können wir aber nur den Spannungswert direkt messen – unsere Aufgabe besteht
also darin, ausgehend davon auf die Temperatur zurückzuschließen. Bildlich betrachtet
heißt das, wir suchen eine eindeutige Definition für die *Gerade*, denn wenn wir diese
kennen, können wir zu jedem beliebigen Spannungswert die zugehörige Temperatur
bestimmen.[88] Um dem tatsächlichen Zusammenhang möglichst nahe zu kommen, vor
allem unter genau unseren Experimentierbedingungen und mit den uns zur Verfügung
stehenden Bauteilen samt ihrer Abweichungen, müssen wir eine *Kalibrierung* durchführen.

Dazu müssen wir als Erstes verstehen, wie eine Gerade (im zweidimensionalen Raum)
definiert ist. Um eine Gerade eindeutig zu definieren, benötigen wir entweder:

---

[87] Ein Potentiometer ist ein einstellbarer Widerstand. In der einfachsten Ausführung erfolgt das Einstellen per Hand oder
Schraubenzieher.

[88] Dies gilt natürlich nur für den Geltungsbereich gemäß den Spezifikationen des Sensors. Auch wenn es einen linearen
Zusammenhang zwischen Messgröße und gemessener Spannung gibt, so kann dieser nur über einen bestimmten Bereich
hin gelten und außerhalb dessen nichtlinear werden (von der Gerade abweichen).

a) Zwei Punkte P1 und P2 mit den Koordinaten P1 (x1, y1) und P2 (x2, y2), durch die die Gerade führt (*Abb. 13.4*)

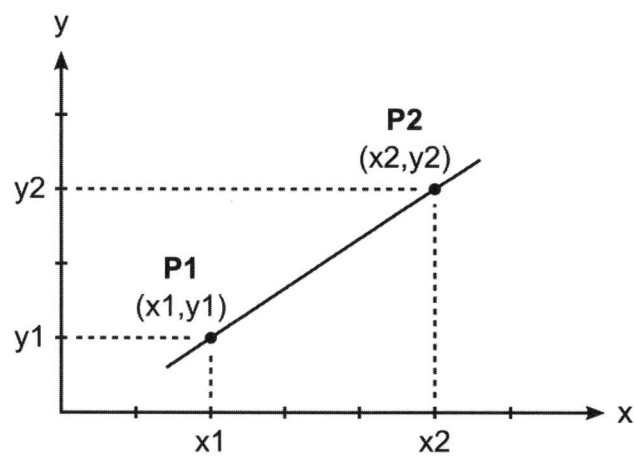

Abb. 13.4: Durch zwei Punkte definierte Gerade

oder b) Einen Punkt P1 mit den Koordinaten P1 (x1, x2) und die Steigung m der Geraden in *Abb. 13.5*, mit

$$m = \frac{\Delta y}{\Delta x}$$

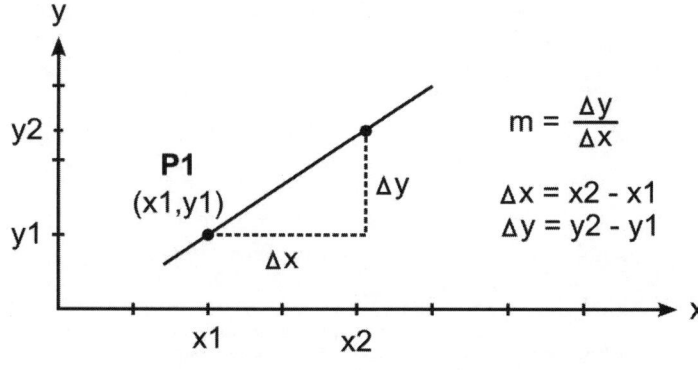

$$m = \frac{\Delta y}{\Delta x}$$

$$\Delta x = x2 - x1$$
$$\Delta y = y2 - y1$$

Abb. 13.5: Durch einen Punkt und die Steigung definierte Gerade

Die Steigung beschreibt die Steilheit der Geraden. Für $\Delta y = \Delta x$ wäre die Steigung 1. Eine Steigung von 1 oder auch 100 % entspricht also 45°. Wird Δy größer als Δx, ist die Gerade also steiler als 45°, so ist m größer als 1, und umgekehrt.

Daraus folgt, dass wir jeweils zwei Bestimmungspunkte brauchen, um unseren Messaufbau kalibrieren zu können – entweder zwei Punkte oder einen Punkt und die zugehörige Steigung. Formell ausgedrückt ist das auch die Aussage der Geradengleichung:

$$m = \frac{\Delta y}{\Delta x} = \frac{y2 - y1}{x2 - x1}$$

Sehen wir uns nun die beiden Kalibrierungsmethoden im Detail an:

13.7.3 Ein-Punkt-Kalibrierung

Häufig erhalten wir vom Hersteller genau eine Information zum Sensor: die Steigung der Geraden. Das kann beispielsweise so aussehen: Bei einer Temperaturerhöhung von Δx °C steigt die ausgegebene Spannung um Δy V.[89]

Es wird klar, dass die Steigung alleine nicht ausreicht. Wir brauchen einen Punkt, in welchem wir Spannung und Temperatur eindeutig kennen.[90] Das heißt, wir müssen Konditionen schaffen, unter denen wir die Temperatur x1 genau wissen und den zugehörigen Spannungswert y1 messen können. Dadurch erhalten wir einen Referenzpunkt P1 (x1, y1).

Beispiel Temperatursensor Teil 1
Wenn wir wie in *Abb. 13.6* auf der x-Achse die Spannung U, und auf der y-Achse die Temperatur T auftragen, so hieße das beispielsweise für eine Spannungserhöhung um 2 mV bei einer Temperaturerhöhung von 1 °C für unsere Steigung:

$$m = \frac{\Delta y}{\Delta x} = \frac{\Delta T}{\Delta U} = \frac{1\,°C}{2\,mV}$$

---

[89] Zur Veranschaulichung betrachten wir an dieser Stelle vereinfachend einen direkten Zusammenhang Messspannung-Temperatur. Natürlich hängt der genaue Wert von der Widerstandsänderung des jeweiligen Temperatursensors sowie der Betriebsspannung ab.

[90] Zur Wahl geeigneter Referenztemperaturen siehe Kapitel *10 Temperaturmessung*.

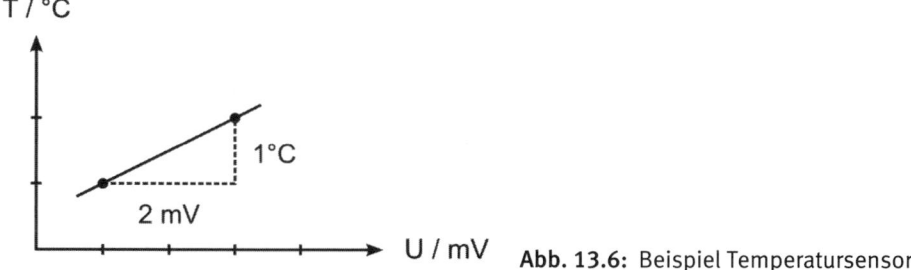

Abb. 13.6: Beispiel Temperatursensor

Als Referenzpunkt nehmen wir eine Messung bei T1 = 0 °C vor und bestimmen bei dieser Temperatur einen Spannungswert von U1 = 23 mV. Unser erster Punkt lautet somit P1 (23 mV, 0°C). Mit Hilfe des Referenzpunktes und der bekannten Steigung können wir nun zu jedem beliebigen gemessenen Spannungswert die zugehörige Temperatur berechnen, indem wir sie in unsere Geradenformel einsetzen:

$$\text{Geradenformel Temperatursensor:}\quad m = \frac{T2 - T1}{U2 - U1} = \frac{1\,°C}{2\,mV}$$

Wir wissen also m sowie T1 und U1 aus unserer Referenzmessung. Messen wir nun beispielsweise für unsere Raumtemperatur einen Wert von U2 = 67 mV, so folgt daraus:

$$m = \frac{T2 - T1}{U2 - U1}$$
$$\rightarrow \quad m \cdot (U2 - U1) = T2 - T1$$
$$\rightarrow \quad T2 = m \cdot (U2 - U1) + T1$$

Durch Einsetzen der Zahlenwerte folgt daraus

$$T2 = \frac{1\,°C}{2\,mV} \cdot (67mV - 23mV) + 0\,°C = 1\,°C \cdot \frac{44mV}{2\,mV} = 22\,°C$$

Wir haben somit die Raumtemperatur mit 22 °C bestimmt.

13.7.4 Zwei-Punkt-Kalibrierung

Wie man sich vorstellen kann, wird eine ungenaue Angabe der Steigung bei weit auseinanderliegenden Punkten zu einem nicht zu vernachlässigenden Fehler führen.

Es empfiehlt sich daher, wenn möglich, mindestens zwei Referenzpunkte zu bestimmen und aus diesen auf die genaue Steigung zurückzurechnen. Die daraus resultierende Kalibrierung ist meist wesentlich genauer.

Der Vorgang ist dabei analog, nur dass zwei (möglichst weit auseinander liegende) Referenzpunkte P1 (x1, y1) und P2 (x2, y2) benötigt werden – beispielsweise zwei Temperaturpunkte. Daraus bestimmen wir die genaue Steigung gemäß der Formel

$$m = \frac{y2 - y1}{x2 - x1}$$

Beispiel Temperatursensor Teil 2
Messen wir zusätzlich zu unserem Referenzpunkt P1 (T1, U1) = (0 °C, 23 mV) einen zweiten P2 (T2, U2) = (30 °C, 84 mV). Daraus resultiert die genaue Steigung

$$m_{NEU} = \frac{T2 - T1}{U2 - U1} = \frac{30\,°C - 0\,°C}{84\,mV - 23\,mV} = \frac{30\,°C}{61\,mV} = \frac{1\,°C}{2,03\,mV}$$

Wir haben festgestellt, dass die tatsächliche Geradensteigung minimal kleiner ist. Setzen wir wieder die Spannung bei Raumtemperatur ein, so erhalten wir einen genaueren Wert für die Raumtemperatur von

$$T2_{NEU} = \frac{1\,°C}{2.03\,mV} \cdot 44\,mV = 21,64\,°C$$

Hinweis
Alle Sensoren haben nur eine begrenzte Genauigkeit. Das ist bei der Kalibrierung zu beachten, da es keinen Sinn macht, auf diverse Nachkommastellen genau zu kalibrieren und zu rechnen, wenn der Sensorwert um einige Prozentpunkte schwanken kann.

13.8 Linearisierung

13.8.1 Vorgehensweise

Unter dem Begriff *Linearisierung* werden verschiedene Vorgehensweisen verstanden, die jedoch alle auf das Ziel hinauslaufen, aus einem nichtlinearen Eingangswert – typischerweise einem Widerstandswert oder einer Spannung – einen Ausgangswert zu erzeugen, der zumindest in einem gewissen Bereich linear ist. Unter »linear« wird dabei üblicherweise die Eigenschaft »doppelter Eingangswert = doppelter Ausgangswert« verstanden. Streng genommen müsste der Ausgangswert bei einem Eingangswert von 0 dann ebenfalls 0 sein, es gibt also keinen *Offsetwert*. Praktisch wird diese Eigenschaft oft ignoriert, und man beschränkt sich auf die Forderung, dass der Ausgangswert auch um den mit einem festen Faktor skalierten Wert steigen muss, wenn der Eingangswert um einen bestimmten Wert steigt.

Praktisch gibt es nur sehr wenige Beispiele mit diesen Eigenschaften, und wenn man die theoretischen Regeln ganz genau nimmt, gibt es gar keine linearen Systeme. Für viele praktische Betrachtungen ist es jedoch sehr wohl möglich, von einem linearen Zusammenhang vieler Werte auszugehen. Damit vereinfachen sich manche Berechnungen stark, man muss dafür aber mit einem gewissen Fehler und einem eingeschränkten Wertebereich leben.

Als konkretes Beispiel soll ein Pt1000-Temperatursensor betrachtet werden. Dessen Verhalten ist für viele Zwecke zwar ausreichend linear, streng genommen folgt der Widerstandsverlauf aber einer Funktion höherer Ordnung. Näherungsweise kann man diese im Bereich von –200 °C bis 850 °C mit folgendem Polynom mit $R_0 = 1000\ \Omega$ angeben, wobei der letzte Teilausdruck nur unter 0 °C berücksichtigt werden darf:

$$R(T) = R_0(1 + 3,9083 \cdot 10^{-3} \cdot T - 5,775 \cdot 10^{-7} \cdot T^2 - 4,183 \cdot 10^{-12} \cdot (T - 100) \cdot T^3)$$

Man kann nun zeigen, dass man mit einem gemittelten Temperaturkoeffizienten von 3,85 Ω/°C in einem Messbereich von 0 bis 100 °C durch eine einfache Linearisierung nur einen maximalen Fehler von 1,5 Ω macht, also weniger als ein halbes °C. Diesen Fehler kann man oft ignorieren, da viele Messschaltungen eine deutlich größere Abweichung verursachen.

Interessanter wird die Geschichte bei stärker nichtlinearen Sensoren wie den KTY-Siliziumtemperaturfühlern. Für das Beispiel wird ein KTY81-110 verwendet. Bei 25 °C hat er laut Hersteller einen Widerstand zwischen 990 und 1010 Ω und kann zwischen –55 °C und +150 °C eingesetzt werden. Die Widerstandswerte in Abhängigkeit von der Temperatur sind in Form einer Tabelle im Datenblatt angegeben und haben einen Verlauf gemäß *Abb. 13.7*.

Man kann nun versuchen, eine Gerade zu finden, sodass die Abweichung zur nichtlinearen Funktion im gewünschten Bereich minimal ist. Das geht am einfachsten mit einem Tabellenkalkulationsprogramm: Als Startwert für den Offset der Geraden dient der Wert im Nullpunkt der nichtlinearen Funktion. Zudem muss die Steigung der Geraden ungefähr abgeschätzt werden, am einfachsten anhand zweier Original-Datenpunkte. Dadurch erhalten wir die erste Abschätzung unserer Geraden (zur Geradengleichung vergleiche Kapitel *13.7 Kalibrierung*).

Durch die Differenzbildung von Originaldaten und linearisierter Gerade können wir den Fehler abschätzen und alle drei Kurven in ein Diagramm eintragen. Nun beginnt die Feinarbeit: Wir drehen an Offset und Geradensteigung, bis der Fehler im für unsere Anwendung besonders interessanten Bereich (beispielsweise zwischen 0 und 100 °C) minimal wird.

Bei Mikrocontrollern wird man oft Kompromisse eingehen und eine etwas größere Abweichung tolerieren, wenn man dafür ohne Fließkommarechnung auskommt.

Die Geradengleichung in diesem Beispiel hat somit die Form

$$R(T)_{LIN} = 785 + 9 \cdot T$$

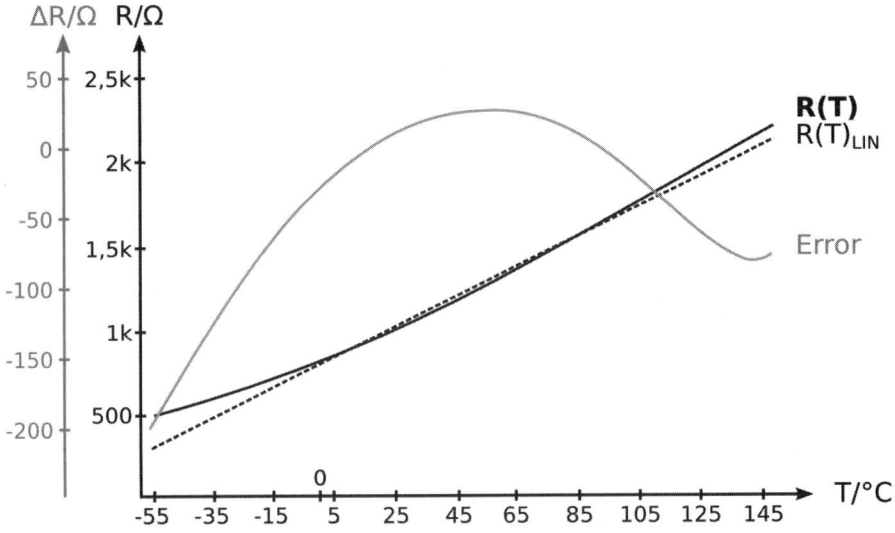

Abb. 13.7: Widerstandswert KTY81-110 mit Linearisierung und dadurch verursachtem Fehler

> **Hinweis:**
> Benötigt man eine bessere Annäherung, muss man auf die Linearisierung verzichten und auf eine Gleichung höherer Ordnung zurückgreifen. Beim S-förmigen Verlauf der Spannung am KTY bietet sich ein zusätzlicher Term 3. Ordnung (Kubische Funktion) an. Die genauen Werte findet man am einfachsten durch Ausprobieren.

Eigentlich interessiert uns der Widerstandswert aber gar nicht, wir brauchen die Temperatur. Dazu wird ein Spannungsteiler mit einem Referenzwiderstand RRef und dem Temperatursensor aufgebaut. Natürlich empfiehlt sich eine Ratiometrische Messung.

Mit $R_{Ref} = 3,3\ k\Omega$ ergibt sich bei 5 V Versorgungsspannung ein Strom im Bereich von einigen mA durch den Spannungsteiler und ein Spannungsverlauf am unteren Teilwiderstand wie in *Abb. 13.8*. Man erkennt, dass durch die Beschaltung als Widerstandsspannungsteiler ein deutlich linearer Ausgangswert entsteht.

Mit der Geradengleichung

$$U(T)_{LIN} = 1\,V + 0,007 \cdot T$$

hat man einen sehr geringen Spannungsfehler, vor allem im mittleren Messbereich des KTY81.

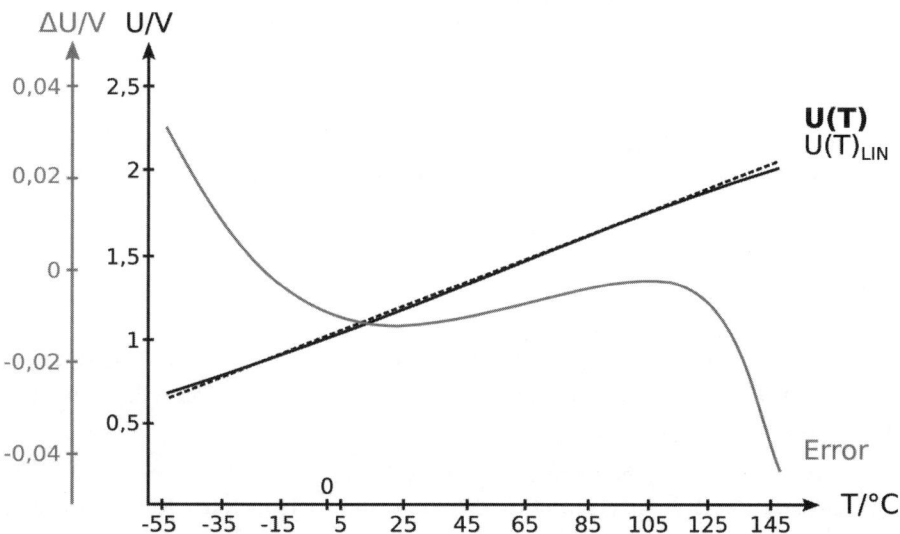

Abb. 13.8: Spannung am KTY81-110 mit Linearisierung und Fehler

Aber auch das ist nicht unser eigentliches Ziel: Wir brauchen eine Möglichkeit, um direkt von den ADC-Counts auf den Temperaturwert zu kommen.

Das ist möglich mittels der Gleichung

$$T_{LIN} = 0{,}6875 \cdot (n_{Count} - 202)$$

und wir erreichen dadurch einen Fehler wie in *Abb. 13.9*. Das ist aber nur die halbe Wahrheit, denn die Rundungsfehler bei der AD-Wandlung spielen in diesem Bereich eine deutliche Rolle.

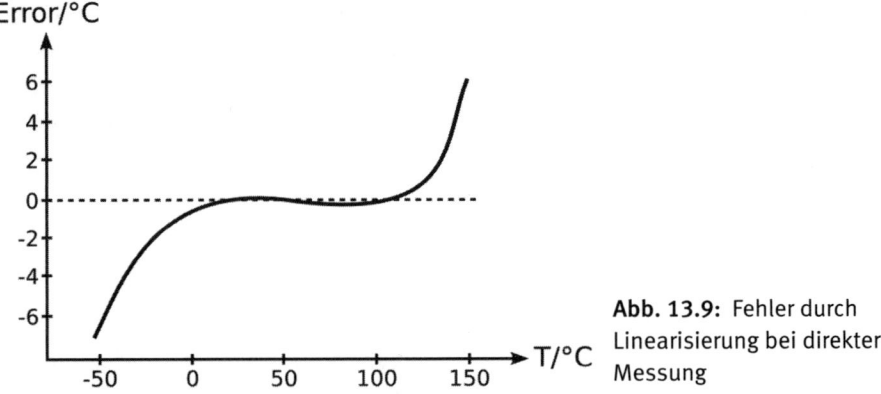

Abb. 13.9: Fehler durch Linearisierung bei direkter Messung

Die Multiplikation mit einer Fließkommazahl ist beim Mikrocontroller natürlich nicht wirklich empfehlenswert. Es bietet sich an, eine Vorgehensweise wie im Kapitel *Fließkommarechnung* zu wählen und zu versuchen, durch geschickte Mittelwertbildung die Fließkommarechnung zu umgehen. Durch Multiplikation der Geradensteigung mit 11 und eine anschließende Division durch 16 kommt man auf die Formel:

$$T = \frac{11 \cdot (n_{Count} - 202)}{16}$$

Die Multiplikation mit 11 erzielt man durch das Aufsummieren von 11 verschiedenen Messungen und eine Division durch 16 ist rechentechnisch kein Problem, da es sich um eine einfache Shiftoperation handelt.

Um die Auflösung der Temperaturmessung zu verbessern, kann man eine Verstärkerschaltung einsetzen oder zu Oversampling greifen, womit sich auch der Rundungsfehler reduzieren lässt.

13.9   Lookup-Tabellen

Wenn eine Linearisierung nicht funktioniert oder nicht sinnvoll ist, die Berechnung sehr schnell sein soll oder man irgendwelche anderen Zahlenwerte braucht, kommt eine sogenannte *Lookup-Tabelle* zum Einsatz. Die Zahlenwerte sind in einer großen Tabelle abgespeichert und werden nur noch ausgelesen.

Aufgrund der Datenmenge passt eine Lookup-Tabelle nur in Ausnahmefällen ins RAM und wird daher üblicherweise im Flash-Speicher abgelegt. Daher findet man das Beispiel zu diesem Thema unter *12.2.1 Lookup-Tabelle im Flash*. Dort werden die ersten Primzahlen im Flash abgespeichert, sodass man schnell auf sie zugreifen kann, da eine Berechnung auf dem AVR® sehr lange dauern würde.

Sehr beliebt sind Lookup-Tabellen auch, wenn man Ausgangssignale wie einen Sinus generieren will. Die Sinusberechnung ist nicht unbedingt »berechnungsfreundlich« (auch wenn es hierfür eine Menge Tricks gibt), sodass es meist besser ist, auf abgespeicherte Werte zurückzugreifen.

Wenn nicht die ganze Tabelle im Flash abgespeichert werden kann, gibt es die Möglichkeit, Symmetrien auszunutzen (etwa $\sin(x) = -\sin(-x)$) oder zwischen den abgespeicherten Punkten linear zu interpolieren, also die Geradengleichung zu berechnen. Beim AVR® sind solche Rechnungen aber nicht unbedingt empfehlenswert und machen den Vorteil einer Lookup-Tabelle zunichte, sodass man versuchen sollte, die ganze Tabelle im Flash unterzubringen und auf Berechnungen zu verzichten. Wenn der interne Speicher nicht reicht, kann auf per SPI angebundenen Speicher zurückgegriffen werden.

13.10   Steckbrett, Loch- und Streifenrasterplatinen

Ein Steckbrett ist gewissermaßen der Sandkasten des Elektronikentwicklers. Auf ihm können die meisten Schaltungen[91] mit bedrahteten Bauteilen aufgebaut und getestet werden. Steckbretter bestehen aus einem Kunststoffgitter mit darunterliegender Kontaktierung, sodass einadrige Kabel und bedrahtete Bauelemente einfach eingesteckt und wieder herausgezogen werden können.

Steckbretter sind in den allermeisten Fällen nach dem gleichen Schema wie in *Abb. 13.10* aufgebaut. In der Mitte befinden sich zwei angrenzende Rasterbereiche mit quer verbundenen (elektrisch kontaktierten) »Löchern«, die links und rechts von je zwei Reihen

---

[91] Bei Hochfrequenzschaltungen beispielsweise bekämen wir auf einem Steckbrett Probleme.

längs verbundener »Löcher« umrandet werden (in der Abbildung sind die jeweils verbundenen Löcher/Kontakte grau unterlegt).

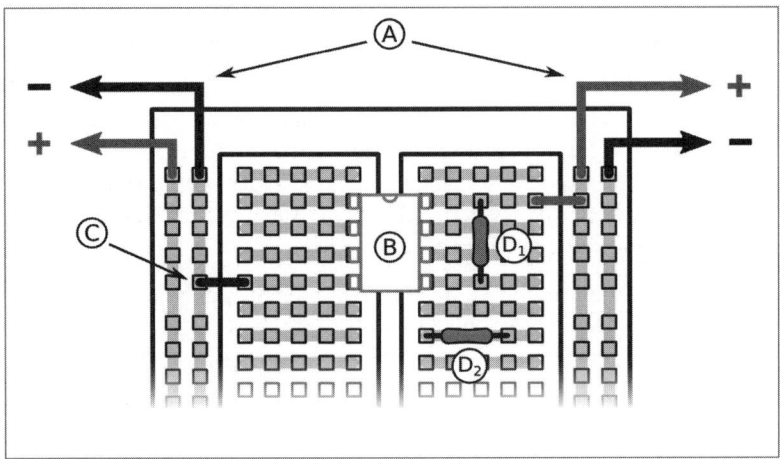

Abb. 13.10: Steckbrett

Typischerweise wird auf die beiden Reihen links und rechts jeweils Versorgung (+) und Masse (−) angelegt (Abb. 13.10 (A)), da diese häufig von der Mitte des Steckbretts aus kontaktiert werden müssen. Sie sind bei größeren Steckbrettern oft nach einigen Kontakten unterbrochen (wenn ein größerer Abstand sichtbar ist). In diesem Fall müssen die zweireihigen Blöcke jeweils durch einen Drahtbügel verbunden werden, wenn man Versorgungsspannung und Masse weiterführen will. Man kann dort aber natürlich auch etwa eine zweite Versorgungsspannung anlegen.

Der mittlere Bereich des Steckbretts ist so angelegt, dass ein Baustein im DIP-Gehäuse genau über den Abstand passt (Abb. 13.10 (B)). Auf diese Weise ist jeder Pin des Bausteins (beispielsweise ein ATmegax8) kontaktiert, ohne dass zwischen den Pins ein Kurzschluss entsteht. Nun kann mit jedem Pin mittels der quer verlaufenden Kontakte ein Kabel oder Bauteil durch einfaches Einstecken verbunden werden. In Abb. 13.10 beispielsweise ist der vierte Pin des ICs über den Drahtbügel (C) direkt mit Masse verbunden, während der achte auf Versorgung hängt. Die Pinnummerierung verläuft gegen den Uhrzeigersinn.

Natürlich kann diese Verbindung auch mit Hilfe von Bauteilen hergestellt werden, wenn sie für eine Schaltung benötigt werden. So ist in Abb. 13.10 zwischen den Pins 5 und 8 des ICs ein Widerstand geschaltet (D_1). Auch hier gilt wieder, die interne Kontaktierung zu beachten: Der Widerstand (D_2) macht keinerlei Sinn, da seine Anschlüsse kurzgeschlossen sind.

Zum Arbeiten mit einem Steckbrett lohnt es sich, eine gewisse Anzahl einadrige[92] Kabel in mehreren Farben (*Abb. 13.11*) bereitzuhalten. Dazu sind Kabel mit einem Kupferdurchmesser von bis zu 0,5 mm^2 geeignet, dickere könnten das Steckbrett beschädigen. Die Kabel werden in den gewünschten Längen abgeschnitten und die Isolierung an den Enden über eine Länge von etwa 5–8 mm entfernt, sodass man sie beidseitig einstecken kann.[93]

Zusätzlich kann es notwendig sein, an einige der abisolierten Kabel Einzelelemente von Buchsenleisten anzulöten (Abb. 13.11). Die werden eventuell benötigt, um eine Verbindung zwischen Steckbrett und Stiftleisten – beispielsweise für die ISP-Anschlüsse auf dem Programmieradapter – herzustellen.

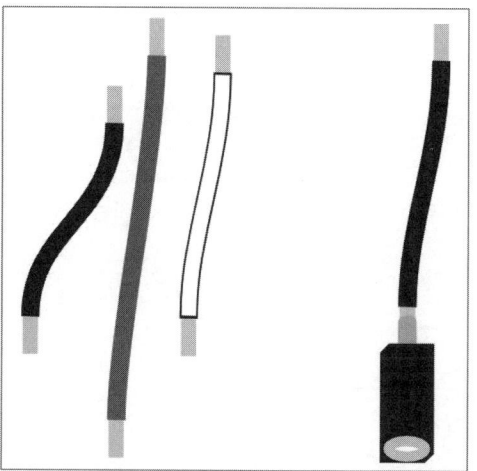

Abb. 13.11: Kabel ohne und mit angelöteter Buchse

In *Abb. 13.12* ist eine einfache Schaltung mit einem ATtiny25 aufgebaut, die uns hier nur als Beispiel dient, um den Aufbau derselben Schaltung auf Steckbrett sowie Punkt-, Streifen- sowie Streifenpunktrasterplatinen nachzuvollziehen.

---

[92] Einadrig bedeutet, dass das Kabel aus einem einzigen »dicken« Draht besteht. Mehradrige Kabel, sogenannte Litzen, in deren Innerem also mehrere Kupferdrähte verdrillt sind, eignen sich nicht für Steckbretter. Sie können sich im Steckbrett-Inneren verzweigen oder brechen und so zu Kurzschlüssen führen.

[93] Besonders nützlich hierfür sind Abisolierzangen, bei denen Drahtdicke und Abisolierlänge einstellbar sind, oder die sich, besser noch, selbständig einstellen, sodass sich die Abisolierung sauber mit einem Handgriff erledigen lässt.

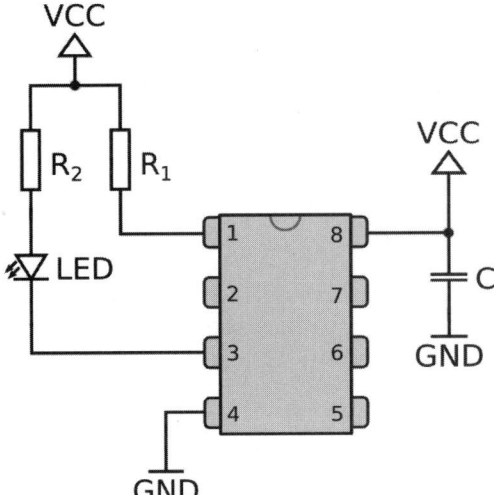

Abb. 13.12:
Beispielschaltung mit ATtiny25

Wir erkennen den Pullup-Widerstand an Pin 1, die LED-Beschaltung (bestehend aus LED und Vorwiderstand) an Pin 3, den Masseanschluss GND (Ground) an Pin 4 und die Versorgung VCC an Pin 8 mit Kondensator (mit Polarität, »−« gekennzeichnet) auf Ground. In *Abb. 13.13* wurde die gleiche Schaltung auf einem Steckbrett aufgebaut.

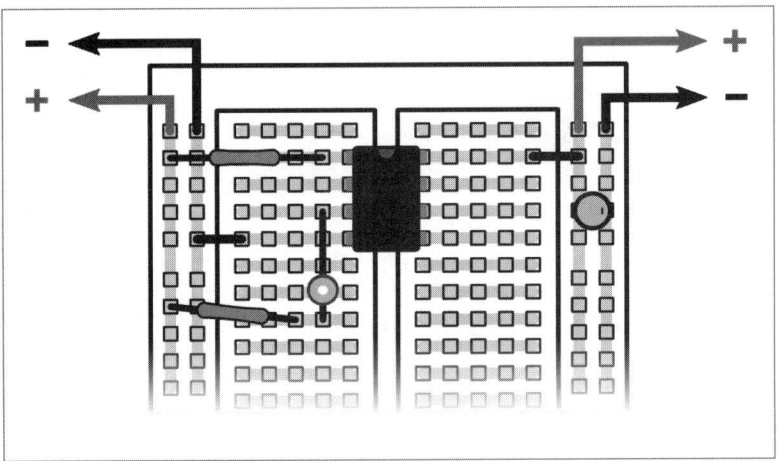

Abb. 13.13: Aufbau auf einem Steckbrett

Will man eine Schaltung dauerhaft verwirklichen, so kann das gewünschte Bauteil im DIP-Gehäuse (oder ein passender Sockel, in welchen der Controller gesteckt und später gegebenenfalls ausgetauscht werden kann) auch in eine Lochrasterplatine eingelötet werden. Lochrasterplatinen verfügen über ein Raster kupferumrandeter, aber gegeneinander isolierter Löcher. Elektrische Verbindungen müssen daher mit Hilfe von Kabeln, Drahtbrücken oder Lötzinn hergestellt werden, was in den folgenden Bildern auf der Rückseite der Platine als gestrichelte Linien angedeutet ist. In *Abb. 13.14* ist unsere Schaltung mittels einer Lochrasterplatine aufgebaut.

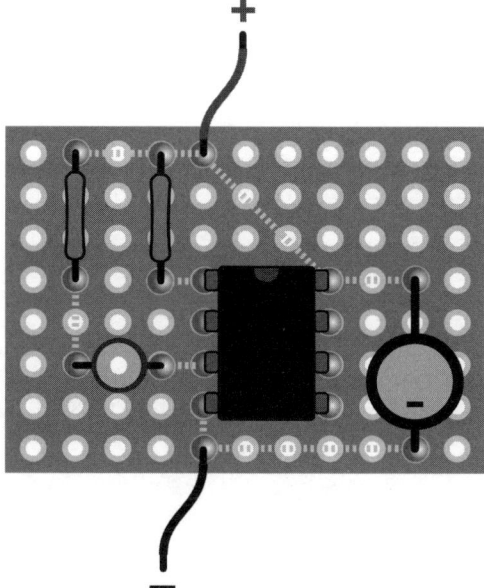

Abb. 13.14: Schaltung auf einer Lochrasterplatine

Im Gegensatz dazu sind bei Streifenrasterplatinen jeweils alle Löcher in einer Reihe mittels einer Kupferfläche miteinander in Kontakt. Bei einer Punktstreifenrasterplatine sind nur jeweils drei Löcher miteinander verbunden. Dadurch können auch direkt elektrische Verbindungen hergestellt werden, indem Bauelemente in zwei Löcher derselben Kupferfläche eingelötet werden. Es kann aber auch vorkommen, dass eine solche Verbindung nicht erwünscht ist, und daher mit Hilfe eines Skalpells oder eines Bohrers die Kupferschicht durchtrennt werden muss. In *Abb 13.15* und *Abb. 13.16* ist die gleiche Schaltung auf einer Streifenraster- beziehungsweise Punktstreifenrasterplatine aufgebaut.

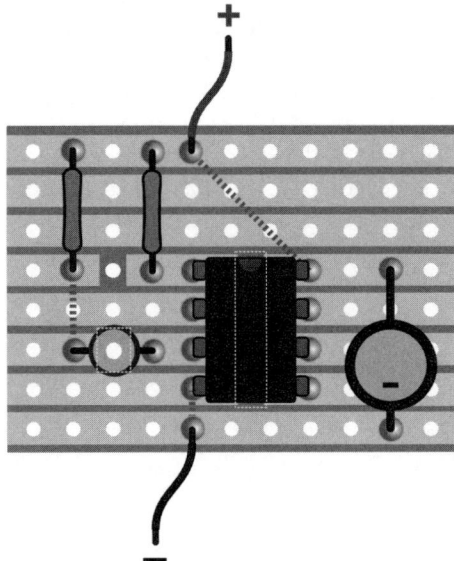

Abb. 13.15: Aufbau mit
Streifenrasterplatine

Beim Streifenrasteraufbau ist an drei Stellen die Kupferbahn durchtrennt: Die erste ist zwischen den beiden Widerständen sichtbar. Die anderen beiden liegen unter der LED sowie unter dem Controller selbst (als weiß gestrichelte Umrandung dargestellt), da ja ansonsten die Pins kurzgeschlossen wären.

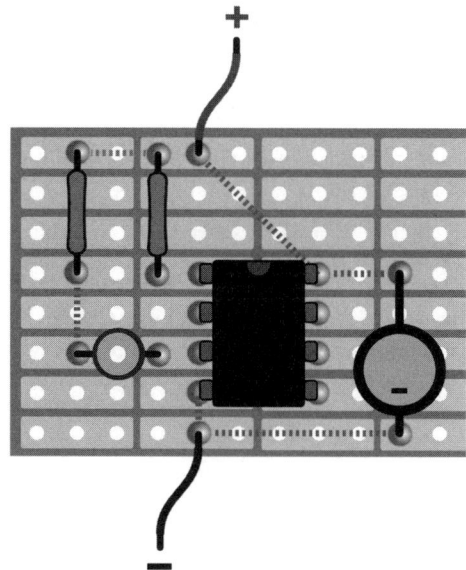

Abb. 13.16: Schaltung auf einer
Punktstreifenrasterplatine

Ob Loch-, Punktstreifen- oder Streifenrasterplatine bevorzugt wird, ist letztendlich
Geschmackssache.

13.11 Dualsystem

Intern arbeiten (nahezu) alle digitalen Recheneinheiten, wie beispielsweise ein Mikroprozessor, im *Dualsystem*. Das bedeutet nichts anderes, als dass Zahlen in einem eindeutig zuordenbaren Muster aus den Zuständen 0 und 1 dargestellt werden (*zwei* mögliche Ziffern, 0 und 1, daher *Dual-* oder *Binär*system, im Gegensatz zu *zehn* möglichen
zwischen 0 und 9 im *Dezimal*system). Benötigen wir lediglich die Zahlen zwischen 0 und
3, so genügen 2 Bit, um jede Zahl eindeutig abzubilden:

Dezimal	Dual
0	00
1	01
2	10
3	11

Wollen wir mit höheren Zahlen rechnen, oder gar Buchstaben oder andere komplexere Gebilde eindeutig repräsentieren, werden entsprechend mehr Bits dazu benötigt. Die Zuordnungsvorschrift, also gewissermaßen »Übersetzung« beliebiger vorliegender Informationen ins Dualsystem, wird auch als *Codierung* bezeichnet.

Wie viele Bits i zur eindeutigen Darstellung von n Einheiten benötigt werden bzw. zur Verfügung stehen, lässt sich folgendermaßen berechnen:

$$n = 2^i \quad \text{mit } i = 1, 2, 3 \ldots$$

Das bedeutet nichts anderes, als dass mit i = 1 Bit n = 2^1 = 2 Zustände dargestellt werden können oder mit i = 2 Bit n = 2^2 = 4 Zustände, wie in unserem Beispiel die Ziffern 0 bis 3. Mit 8 Bits lassen sich dann bereits 2^8 = 256 Einheiten darstellen, und so weiter.

13.12 Zweierkomplement

Beim AVR® werden, wie bei nahezu allen aktuelleren Digitalrechnern, negative Zahlen intern im sogenannten *Zweierkomplement* abgespeichert. Der Vorteil ist, dass es eine eindeutige Darstellung der Zahl 0 gibt und man sehr effiziente Rechenoperationen entwickelt hat.

Die Umrechnung wird beispielhaft anhand der Zahl –42 gezeigt:

Die Darstellung von positiven Zahlen ändert sich nicht (siehe *13.11 Dualsystem*). Bei negativen Zahlen wird zunächst der Betrag der Zahl, also die Zahl ohne Vorzeichen, in das Binärsystem (0b als Präfix zur besseren Unterscheidung) umgerechnet:

1. 42 im Binärsystem entspricht 0b00101010

2. dieser Wert wird bitweise invertiert (negiert):
   NOT 0b00101010 = 11010101

3. abschließend wird eins addiert und man erhält die Zahl –42 im Zweierkomplement
   als 11010110

Bei der Umrechnung gibt es einen kleinen Trick: Hat man eine negative Zahl (8 Bit) im Zweierkomplement, subtrahiert man einfach den direkt ins Dezimalsystem umgewandelten Binärwert von 256 und erhält z. B. für 0b11010110 = 214:

$$256 - 214 = 42.$$

Dann muss natürlich noch das Vorzeichen berücksichtigt werden.

Hinweis:

Null (0b00000000) ist im Zweierkomplement eine positive Zahl. Daher ist der negative Zahlenbereich um eins größer als der positive. So reicht der Wertebereich von int8_t beispielsweise von −128 bis +127.

Stichwortverzeichnis